호랑이 통합 논술

수리
논술 1

대한민국 일등 강사에게 배운다!
곰TV 와 함께하는

호랑이 통합 논술

수리 논술 1

수학 10-가, 나 & 수학 I (인문계 · 자연계 공통)

| 신준호 · 정연수 지음 |

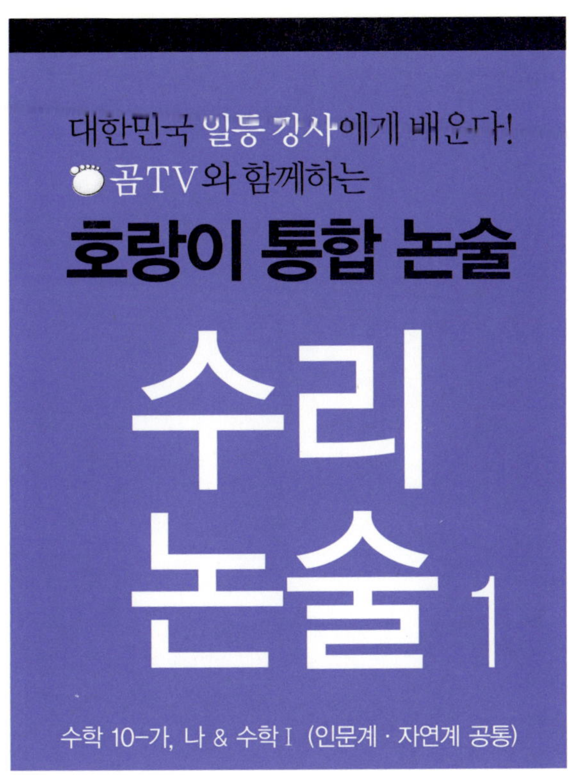

민음in

최근 내신 반영 비율을 둘러싼 논란이 계속되고, 수능만으로도 대학을 갈 수 있는 전형이 생기면서 여러 모로 복잡하고 혼란스러운 상황이지만 대입에서 통합형 수리 논술의 중요성은 간과할 수 없다. 각 대학에서 다른 전형 요소들의 비중을 상대적으로 낮게 평가하고 학생의 수학 능력을 평가하는 적절한 수단으로 통합형 논술을 활용하고자 하기 때문이다.

이런 상황에서 학생들에게 이정표 역할을 할 수 있는 수리 통합 논술 교재가 절실하다는 판단하에 그간 대입 수험생들을 가르쳐 온 경험과 자료들을 종합적이고 체계적으로 총정리하여 이 책을 출간하게 되었다. 이 책은 풍부한 예제와 연습 문제가 실려 있는 게 장점이다. 특히 수리 통합 논술에서 중요한 미적분, 이차곡선, 벡터 등의 문제들을 기존의 어느 교재와 비교할 수 없을 정도로 많이 다루고 있다. 자연계 학생들은 이 점을 잘 활용하고 여러 영역별 문제들을 두루 숙지한다면 통합 논술을 완벽하게 대비할 수 있을 것이다.

또한 일부 대학에서 인문계 수리 논술의 비중을 상대적으로 줄이긴 했지만 여러 많은 대학에서는 인문계 논술에 수리 논술 문제를 필수적으로 반영하려는 경향이 두드러진다. 인문계 학생들은 본 교재의 제1권 정도를 마스터하면 통합 논술을 대비하는 데 큰 도움이 되리라 믿는다.

더불어 곰TV 무료 교육채널인 곰스쿨에서 본 교재의 내용을 저자 직강으로 들을 수 있으니 충분히 활용하기 바란다. 아무쪼록 이 책이 우리 수험생들이 험난한 대학 입시를 헤쳐 가는 데 든든한 길잡이가 되어 주었으면 하는 바람이다.

신준호 · 정연수

통합 논술의 당락은 수리 논술에 달려 있다!

인문계 수리 논술의 비중이 예년에 비해 약화된 것처럼 보이지만 전반적으로 큰 변화는 없다고 할 수 있다. 인문계 수리 논술 시험을 치렀던 고려대, 이화여대 등 몇몇 대학에서 수리 논술 비중이 다소 줄어들긴 했지만, 서울대나 연세대 등에서는 오히려 인문계 논술에 수리 논술이 추가되었다.

통합 교과형 논술에서 수리 논술은 별도의 영역으로 출제되는 것이 아니라 다른 과목들, 특히 사회 과목과 통합된 문제로 출제되고 있다. 하지만 수리적인 요소가 들어간 논술 문제는 사회나 언어 위주의 논술 문제와 비교했을 때 상대적으로 '정답'에 가까운 답안이 존재하므로 수리 논술은 그 비중이 크지 않을지라도 당락의 결정적 요인으로 작용할 수 있다. 고교 교과 과정에 준해 수학적 개념 중심으로 잘 정리해 두면 좋은 성적을 거둘 수 있을 것이다.

2008학년도 대학별 모의 논술에서 인문계열의 경우 주로 확률과 통계에 관련된 문제가 출제되었다. 인문계의 경우, 자료 분석형 문제에서 수리적 도구가 사용되는데, 확률과 통계가 대표적이다. 그 밖에 의사 결정을 하는 데 쓰이는 여러 수학적 원리 및 수열과 행렬, 무한급수 등의 문제가 앞으로도 출제될 가능성이 크리라 예상된다.

개념과 원리 위주로 접근하라

인문계열 학생들의 경우 다음과 같이 수리 논술을 대비하면 좋을 것이다.

첫째, 수학 I 에 해당하는 영역의 기본 개념을 충실히 익혀 두는 것이 필요하다.

실제로 논술 지도를 하다 보면 학생들이 의외로 기본적인 개념, 초보적인 공식 활용에서 능숙하지 못함을 발견할 수 있다. 수리 논술에서도 최종 기착은 물론 '좋은 논술문' 을 작성하는 것이지만, 출발은 수학의 기본 개념 및 공식을 도구로 예리한 문제 분석이라는 점을 잊지 말아야 한다. 수학 I 교과 과정에 나오는 기본 개념을 충분히 숙지하고 공식을 적절히 활용하는 연습을 해 둘 필요가 있다.

특히 수학 I 교과서나 문제집에서 약간씩 다루고 있는 이른바 '실제 상황에 수학적 도구를 적용하는 응용 문제' 들은 수리 논술의 기초를 다질 수 있는 좋은 연습 문제들이다. 기출제된 논술 문제 중에는 수학 교과서나 참고서에서 쉽게 찾아볼 수 있는 소재들을 활용하는 경우가 적지 않다. 그리고 이 책이야말로 이런 유형의 문제들로만 구성되어 있으므로 간편하고 효과적으로 공부할 수 있을 것이다.

둘째, 인문계 교과 과정 밖의 영역, 특히 의사 결정과 최적화 문제 대비를 반드시 해 두자.

의사 결정과 최적화는 자연계열 학생들이 선택하는 과목 중 하나인 '이산 수학' 의 한 주제이다. 시중에 나와 있는 '이산 수학' 교과서 및 참고서를 통해 기본 개념과 방법론을 익힌 다음, 이 책에 실린 관련 문제들을 풀어 보면서 꼼꼼히 공부하면 실전에서 좋은 점수를 얻을 수 있을 것이다.

출제 경향의 맥을 잡아라

올 초에 치러진 각 대학별 2008학년도 통합 교과형 논술 모의고사를 통해 통합 논술의 경향이 뚜렷하게 나타났다. 수리 논술을 중심으로 자연계 통합 논술의 출제 경향을 분석해 보자.

문제 유형으로는 크게 수학과 과학 과목 통합 문제와 수리 단독 문제로 나뉜다. 고려대는 올해 모의 논술을 통해서 기존에 인문 사회 과학적인 내용과 수리를 통합하는 유형에서 수학과 과학 통합 유형 및 수리 단독 유형으로 바꾸었다. 각 대학마다 자연계 통합 논술 문제 유형의 차이가 커서 생기는 수험생의 혼란과 부담을 줄여 보겠다는 고려대 측의 출제 의도가 반영된 것이다. 연세대 역시 자연 과학 영역에 국한하여 수리 통합 논술 문제를 출제하고 있다. 하지만 자연계 논술에 인문 사회 과학적인 내용과의 통합된 유형이 전혀 나오지 않으리라 장담할 순 없다.

그럼, 문제 유형별 출제 경향을 구체적으로 살펴보자.

먼저, 수학과 과학이 통합되어 나온 유형을 살펴보자. 서울대의 자연계 통합 논술은 수학 고유의 내용이 문제화되지는 않았으며, 생물학과 결합된 유형으로 출제되었다. 2008학년도 2차 예시 문제에서도 생물학, 특히 유전학과 결합된 유형이 출제되었던 바, 앞으로도 이러한 경향은 계속될 것으로 예상된다. 연세대와 고려대도 수학과 과학이 통합된 유형의 문제를 출제하였다.

그런데 여기에서 통합된 유형이라 함은 주로 과학적 대상을 분석하는 데 수리적 도구를 사용하는 문제라는 것을 의미한다. 서울대의 경우 행렬이 염기서열을 분석하는 도구로 사용되었으며, 지수함수로 주어지는 반응 속도 결정 요인을 이용하여 수리적 분석을 해야 하는 문항이 화학과 생물이 결합된 문제에 포함되어 있었다. 또한 물리 문제로는 뉴턴의 운동 방정식을 세우고 그것을 분석하는 유형으로 출제되었는데 물리라는 학문 자체가 원래 수리적이기 때문에 통합 유형으로 자주 출제될 수밖에 없다.

출제 대학	통합 영역 및 주제	출제 의도
서울대	자연계 1번 문항 생물+수학 : DNA 염기서열과 행렬	·주어진 정보로부터 결과를 도출하고 이것을 일반화한 다음 새로운 상황에 적용하도록 하는 소논제들로 구성됨. ·과학적 주제에 접목하여 수리적 사고 능력을 측정하고자 함.
	자연계 2번 문항 화학+생물+수학 : 소화제라는 소재에 과학적인 개념과 수리적인 개념 접목	·과학 교과에서 다루는 개념을 상호 접목시키고, 활성화 에너지와 반응 속도의 개념을 수리적으로 설명할 것을 요구하는 문제로 객관적이고 과학적인 실험 설계 능력을 평가하고자 함. ·활성화 에너지와 반응 속도의 상관관계를 나타내는 수식을 에너지와 속도의 관계로 이해하고, 주어진 수식을 논리적으로 전개해야 하는데, 여기서는 정확한 수치(값)를 도출하는 것보다는 수식에 대한 논리적 유추에 더 중점을 두어야 함.
	자연계 3번 문항 물리+천문 : 만유인력 및 케플러의 법칙	·과학 탐구의 과정이라는 주제를 활용하여 과학의 여러 개념에 대한 심층적인 논의 전개가 가능하도록 출제함. ·물리학과 천문학이 결합된 문제지만 물리적 개념을 바탕으로 등식을 세우고 수식을 처리하여 결론을 유추하는 수리적 추론 과정이 필수적으로 요구되기 때문에 수리적 내용이 결합된 것임.
연세대	자연계 2번 문항 수학+전산 : 효율적인 알고리즘 찾기	·순수 수학과 과학이 만나는 문제로, 상황을 분석하는 적절한 모델을 제시하고 이 모델링을 통하여 구체적인 계산이 용이하도록 하였으며, 이러한 논리적 추론을 통하여 합리적이고 의미 있는 결론을 유추하도록 함. ·새로운 개념을 이해하고 이 개념을 응용하는 데 필요한 현실적이고 측정 가능한 지표를 도출하는 능력을 측정하고자 함. ·임의의 숫자를 순서대로 정리하는 두 알고리즘의 근본적인 성격을 파악하고 이를 컴퓨팅 효율과 연계하여 판단 지표를 제시하고 이 판단 지표의 합리성을 적절히 표현하였는가 여부를 평가.
고려대	자연계 4번 문항 물리+수학 : 이차원 운동의 기술	·사과의 자유 낙하 운동이 서로 다른 기준계에서 관찰할 경우 어떻게 달라지는지 분석하는 문제로 벡터를 활용해 시간에 따른 운동의 변화를 밝혀야 함.

    다음으로 수리 단독 유형을 알아보자. 2008학년도 모의 논술에서 수리 문제가 독자적으로 출제된 대표적인 곳은 연세대와 고려대 자연계 모의 논술이었다. 수리 단독 문제라고 해서 단순하게 계산하는 문제라고 생각하면 오산이다. 수학적인 기본 개념을 숙지하고 창의적으로 발상을 해야 풀 수 있는 문제들이다. 연세대의 경우 미분과 적분의 기본 개념을 이해하는 문제가, 고려대는 구간의 간격이 일정하지 않은

구분구적법을 이용하여 입체의 부피를 추정하는 문제가 출제되었다. 연세대의 2차 모의 논술에서는 이차곡선의 광학 성질을 묻는 문제가 출제되기도 했다.

2008학년도 모의 논술 문제 유형 분석 2 – 수리 단독 문제

출제 대학	통합 영역 및 주제	출제 의도
연세대	자연계 1번 문항 미분과 적분	· 순수 수학적인 문제로는 계산 문제 형식이나 중요도가 떨어지는 지엽적인 문제를 지양하고 근본적인 개념과 새로운 아이디어, 여러 가지 아이디어를 종합하는 능력을 측정하도록 문제를 구성함. 특히 수학 (혹은 과학)에서 가장 중요한 도구인 미분과 적분을 중심으로 문제를 구성함. · 미분과 적분의 근원적인 개념을 창의적으로 적용하는 방안을 묻고자 함.
	2차 자연계 1번 문항 이차곡선(광학적 성질)	· 기하학적인 논리 전개를 통하여 최적화 문제를 논리적으로 해결할 수 있는 능력과 최적화 문제를 창의적으로 해석하여 이차곡선의 광학적 성질을 논리적으로 추론하는 능력을 측정하고자 함. · 계산 위주의 해석학적인 도구를 사용하지 않고 추상적인 논리 과정을 통하여 곡선이 가지고 있는 좀 더 근원적인 기하학적인 성질을 유도하는 능력을 보고자 함.
고려대	자연계 6번 문항 적분 및 구분구적법	· 고등학교 수학 과정에서 가장 중요한 분야 중 하나인 적분의 개념을 정확히 알고 있는지 실생활과 관련된 문제를 통해 파악하고자 함.

이제, 수리 통합 논술의 <u>출제 영역</u>을 분석해 보자.

수리 단독 유형의 경우 주로 미분과 적분, 이차곡선 등에서 출제되었다. 서울대에서 2007년 이전에 발표한 통합 논술 예시 문제에서도 이차곡선이 다뤄졌다는 점으로 미뤄볼 때 자연계 수리 논술 문제로 미적분, 이차곡선 문제가 앞으로도 빈번히 출제될 것으로 예상된다.

과학과의 통합 유형의 경우는 좀 더 다양한 영역에서 수리적 내용과 결합된다. 기본적으로 물리학, 지구과학 또는 천문학 문제와 결부될 경우 서울대나 고려대의 경우처럼 이차원 혹은 삼차원 운동의 기술 도구로서 속도, 가속도, 벡터 개념이 주되게 등장할 수밖에 없다. 생물학과 화학에서 행렬, 지수함수 등이 수리적 도구로 출제되었으며, 이외에도 미분방정식 혹은 수열 및 확률, 통계 개념들이 결합되어 출제될 가

능성도 있다.

마지막으로, <u>질문 유형</u>을 정리해 보자.

첫째, 기정사실에 대해 설명하라는 문제 유형이 있다. 이것은 넓은 의미에서 증명 문제이다. 그러나 단순히 수식을 통한 수학적 증명 문제와는 달리 논리적 설명을 요구하는 논술 문제라는 점을 명심해야 한다.

둘째, 주어진 데이터를 이용하여 어떤 변수가 어떻게 변할지 또는 어떤 값의 분포가 어떻게 될지를 찾아야 하는 문제가 있다. 이런 유형의 문제는 정확하게 수치 혹은 수식으로 정답을 요구하지는 않지만 어느 정도는 정답을 구해야 하는 문제에 가깝다. 때문에 수학적 도구를 이용한 정량적인 추론이 필요하다.

셋째, 정답을 찾고 그것에 대해 설명해야 하는 문제 유형도 있었다.

넷째, 제시문에 주어진 과정들을 비교·분석하거나 그 과정들의 타당성에 대해 논해야 하는 문제가 있다.

개념을 익히고 실생활에 응용해 보아라

그러면 통합형 수리 논술은 어떻게 대비해야 할까?

첫째, <u>수학 개념에 대한 깊이 있는 이해가 필수적이다.</u>

내신과 수능의 객관식 문제에 길들여진 수험생들에게 수리 통합 논술에서 물어보는 수리 개념적 문제는 매우 낯설다. 수학 공식이나 개념 하나 하나를 원리적으로 이해해 본 경험이 없는 수험생들에게는 더욱 그러하다.

개념을 효과적으로 이해하는 학습 방법 중 하나는 '역사 발생적 원리'에 따라 개념을 공부하는 것이다. 이것은 수학 개념이 고정불변한 어떤 절대적인 것이 아니라 소박한 개념에서 출발하여 점점 세련되게 다듬어져 온 역사적 과정을 가지고 있다는 사실을 깨닫고, 수학 개념들이 어떤 필요에 의해 어떻게 탄생하고 발전해 왔는지 살펴봄으로써 수학적 사고의 역사를 공부하는 것이다. 수학의 역사를 다루고 있는 수학 교과서나 시중에서 쉽게 구할 수 있는 수학사 관련 도서들을 활용하면 된다.

또 한편으로 수학 개념을 실제 상황과 연관 지어 생각해 보는 것이 개념 이해를 심화시켜 준다. 특히 미적분, 이차곡선과 같은 주제들은 실생활과 결부되어 많이 출제된 주제이다. 수학 교과서에 실린 글을 꼼꼼히 읽고 생각해 보는 것도 좋고, 관련된 수학 도서를 활용할 수도 있다.

둘째, <u>과학 과목을 학습하면서 수리적인 내용들을 접할 경우 면밀히 분석해 보는 것도 훌륭한 수리 논술 대비법 중 하나이다.</u>

과학을 공부할 때 수학적 도구를 적극 활용하는 것은 앞에서 말한 실제 상황과 연관 지어 공부하는 또 다른 측면으로, 보다 직접적인 시험 대비법이라 볼 수 있다. 수리적 도구가 가장 빈번하고, 강력하게 활용되는 실제 상황이 자연 과학의 여러 주제이기 때문이다.

먼저, 물리 공부를 수학적으로 접근해 보자. 물리가 가장 수리적 도구, 특히 미적분과 밀접히 연관되어 있는 과목임에도 불구하고 물리 교재 자체는 미적분을 도구로 기술되어 있지는 않다. 수학적 개념을 중점적으로 사용할 경우 자칫 물리적 개념을 놓칠 수도 있고, 현실적으로 교과 과정의 진도가 맞지 않는 이유도 있다.

물리 학습 시 교과 핵심을 이해한 다음 물리적 개념을 미적분이나 벡터의 수리적 개념을 적용하여 다시 한 번 더 정확히 정의하고 이해해 보는 것은 통합형 수리 논술을 대비하는 데 매우 효과적이다. 특히 물리Ⅱ는 비록 선택 과목이긴 하지만 자연계 통합 논술에서 매우 중요하게 다루어지는 소재들이므로 수리적 개념을 통해 마스터해 두는 것이 좋다.

지구과학 역시 수리적 요소가 여기저기 숨어 있는 과목이다. 지구과학에서 수리적 요소는 크게 두 가지 형태를 띤다. 첫째 물리학적 내용과 연관되어 있을 때 수리적 개념이 들어가 있다. 주로 천문학이나 지구물리학의 주제의 영역이 그렇다. 둘째, 그래프나 도표 등은 수리적 도구를 통하여 도출되는 것이므로 이와 관련된 지구과학 내용을 공부할 때는 반드시 수리적 분석을 해 보도록 하자.

생물학이나 화학에도 수리적 요소나 적지 않게 활용되고 있지만 교과 과정에서 해당 부분을 학생 스스로 파악하기는 쉽지 않다. 이와 관련한 통합형 논술 문제를 찾아 풀어 보는 것이 바람직하다. 그리고 생물학과 화학은 과학 과목 간 통합 문제로 자주 출제되기 때문에 이에 대비하는 것도 놓쳐서는 안 된다.

셋째, <u>수리 논술도 글쓰기라는 점을 유념하라.</u>

질문 유형 분석에서 말했듯이 통합형 수리 논술은 기존의 단순 계산형 문제가 아니라 주어진 정답을 논리적으로 추론하고 설명하는 문제들이 큰 비중을 차지한다. 따라서 일반적인 논술과 마찬가지로 통합형 수리 논술에서도 글쓰기는 매우 중요하다. 논술의 글쓰기는 감상문이나 에세이와는 달리 자신의 주장을 과학적 근거에 입각하여 다른 사람에게 설명하는 것이다. 설득력과 논리력 등을 중심으로 표현 능력을 강화하는 데도 노력해야 한다. 그리고 적절한 그림과 그래프도 자연계 논술에서 매우 중요한 설득 수단이므로 그러한 도구를 적절히 활용하는 연습 역시 필요하다.

이 책은 지금까지 말한 세 가지 대비법을 동시에 충족할 수 있도록 꾸며졌다. 시험에 임박한 고3 수험생은 이 책을 통해 단기에 압축적으로 위의 과정들을 밟을 수 있을 것이다. 그리고 종합적인 구성과 풍부한 논술 예제가 수록되어 있어 통합 논술을 체계적으로 대비할 수 있는 고1, 2 학생들에게 실전 적응력을 키워 주는 데 효과적이라고 본다.

'수학 10-가, 나와 수학Ⅰ'을 다룬 이 책의 제1권은 인문계와 자연계 공용이다. 인문계 수리 논술로 출제 가능성이 가장 높은 단원은 자료 분석 문제와 긴밀한 관계가 있는 확률과 통계, 행렬 등이므로 각별히 신경을 써서 공부해 두는 것이 좋다. 그리고 파트 5 '의사 결정의 방법'은 인문계 교과 과정에는 없지만 종종 출제되고 있기 때문에 빠뜨리지 말고 공부해 두자.

자연계 수리 논술에서는 과학과 통합된 유형 및 수리 단독형 문제들에서 미분과 적분, 공간도형과 벡터, 이차곡선이 주로 다루어진다. 그리고 과학 과목 간 통합형 문제들, 특히 물리학이나 지구과학이 들어간 문제는 학문의 특성상 미적분과 벡터 등이 수리적 도구로 쓰이고 있다. 자연계열 학생들은 이 책의 제2권을 심층적으로 공부해야 한다. 그렇지만 수리 단독형 문제의 경우, 출제 영역이 '수학Ⅱ'에 국한되어 있으리라는 법은 없으므로 이 책의 제1권의 내용을 충분히 마스터해 둘 필요가 있다. 실제로 연세대 모의 논술에서 수열 개념을 활용한 문제가 출제되기도 했다.

이 책의 모든 내용은 무료 인터넷 교육 사이트인 곰스쿨(www.gomschool.com)의 고교 논술에서 저자 직강으로 들을 수 있다. 강의 시청은 한층 학습 효과를 높여 줄 것이다. 내용이 잘 이해가 안 되는 부분이 있거나 궁금한 점은 곰스쿨 강의 청취 후 〈Q&A〉에 글을 올리면 답변을 받을 수 있다.

역사적 배경 ▶▶▶

각 장의 주요 개념이 역사적으로 어떻게 확립되었는지를 보여 준다. 하나의 개념이 머릿속에 확실히 자리 잡기 위해서는 개념에 대한 구조적, 역사적 이해가 이루어져야 한다. 다음 섹션인 '핵심 개념'에서 개념에 대한 구조적 이해를 돕는다면, 여기서는 역사적 이해를 도모해 준다. 수학 개념도 다른 개념들과 마찬가지로 처음에는 어떤 필요에 의해 소박한 형태로 생겨나, 시간이 지남에 따라 일반화 및 추상화되는 과정을 거쳐 점점 정교한 형태로 발전하게 된다. 개념의 진화 양상을 살펴보는 것은 개념을 보다 깊이 있게 이해할 수 있게 해 줄 것이다.

핵심 개념 ▶▶▶

각 장마다 논술 문제에 접근하는 데 꼭 알아 두어야 하는 기본 개념을 간추려 정리하고 있다. 그리고 원리를 파악하는 것이 중요한 개념은 상당한 지면을 할애하여 설명이 추가되어 있기도 하다. 개념이 잘 잡혀 있다면 가볍게 읽고 넘어가도 좋으나, 이것만은 반드시 기억한다는 마음으로 임해 주길 당부한다.

필수 논제 ▶▶▶

논술 기출 문제들 중 핵심적이고 필수적인 개념이 들어가 있는 문제와 출제될 가능성이 높은 핵심 예상 문제 위주로 선별하여 모아 놓은 것이다. '문제 분석'은 해당 문제의 성격을 짚어 주고, 문제 풀이에 필요한 개념과 해결 방향을 간략하게 정리한 것이다. 어떻게 풀어야 할지 막막할 경우 '문제 분석'을 먼저 참고해서 답안을 작성해 보길 바란다. 성급하게 예시 답안을 보려 들지 말고 반드시 혼자 힘으로 문제를 풀어 본 다음 '예시 답안'을 확인하길 바란다. 이것이 진정 실력을 향상하는 지름길임을 잊지 말자.

연습 논제 ▶▶▶

기출 문제 가운데 '필수 논제'에 들어가지 않은 문제들과, 기출 문제와 유사한 유형의 연습 문제 및 기출제된 문제는 아니지만 출제 가능성이 있는 예상 문제들이 수록되어 있다. 실전에 임하는 마음가짐으로 일정 시간 안에 답안을 작성해 본 후, 이 책 맨 뒤에 수록한 '연습 논제 예시 답안' 과 비교해 보길 바란다.

수학 상식 업그레이드 ▶▶▶

'역사적 배경'에서 다루지 못한, 이미 출제되었거나 출제가 예상되는 수학적 개념을 소개한다. 폭 넓고 다양한 수학적 사고의 방법을 부담 없이 습득할 수 있을 것이다.

확률과 통계

1장
확률

◦◦◦ 출제 경향

"내일 비 올 확률은 16%", "21세 남성이 80세까지 살 확률은 44%", "로또 복권 당첨 확률은 벼락 맞을 확률보다 높다." 등 실생활에서 가장 흔하게 접하는 수학 개념 중 하나가 확률이다. 불확실한 상황에서 어떤 판단을 내려야 할 경우 확률은 하나의 지표가 된다. 복잡한 사회 현상과 자연 현상에서 여러 경우의 수를 분석하고 각각의 가능성의 정도를 파악함으로써 확률을 토대로 합리적인 결론을 도출하는 것이다. 사회나 과학 과목과 연결된 수리 통합 논술에서 확률은 출제 비중이 매우 큰 논제이다.

확률 문제는 고려대, 이화여대 등 주요 대학 논술에서 꾸준히 출제되었고, 2008학년도 서울대 통합 논술 예시 문제뿐만 아니라 논술 모의고사에서도 다루어졌다. 확률의 여러 개념 중 특히 곱셈정리, 독립과 종속, 수학적 확률과 통계적 확률의 관계 등과 연관된 문제가 집중적으로 출제된다. 확률은 통합 논술의 특성에 매우 부합할 수 있는 논제로서 수학 개념을 기본으로 각자의 창의적인 해석과 서술을 요구하기 쉬운 단원 중 하나이므로 앞으로도 지속적으로 출제될 것이다.

먼저 확률의 핵심 개념을 정확하게 이해하고 논술 문제가 아니더라도 여러 유형의 확률 문제를 충분히 풀어 본다. 그런 다음 통합 논술 문제를 중심으로 수리적 논리를 글로 옮겨 쓰는 연습을 통해 확률 단원을 마스터해 두면, 실전에서 좋은 점수를 얻을 수 있을 것이다.

도박에서 탄생한 수학, 확률

인류가 탄생한 이래로 여러 가지 가능성이 있는 일에 대해서 어떤 결과를 얻을 수 있는지, 그리고 그 결과가 일어날 가능성이 어느 정도인지 궁금해 왔다. 우연과 불확실에 대한 학문적 접근은 이루어지지 않고 있다가 서양에서 16세기에 이르러서 확률이라는 개념을 생각하게 되었다. 그런데 뜻밖에도 확률 이론은 도박에서 비롯되었다.

확률을 처음 조직적으로 연구한 사람은 이탈리아의 수학자 카르다노[1]인데, 도박에서 최대한 이길 수 있는 방법을 고심하다가 확률을 연구하게 된 그는 확률에 관한 저서 『기회의 게임에 대하여』에서 이항정리와 큰수의 법칙 등을 기술하였다. 이 책은 당시 도박사들에 의해 도박 참고서로 애독되었다고 한다.

도박을 통해 확률 이론을 보다 체계화한 것은 파스칼[2]의 도박사 친구인 드 메레가 주사위 문제와 분배 문제를 파스칼에게 제기했을 때부터이다. 두 사람은 서로 서신을 주고받으면서 확률 이론의 기초를 확립하였다. 드 메레는 이 확률 이론을 바탕으로 도박을 해서 상당한 이익을 보았다고 전해진다.

이들 두 사람의 연구는 확률에 대한 지대한 관심을 촉발했고, 이 덕분에 18세기부터 확률 이론이 급격하게 발전했다. 이렇게 도박에서 탄생한 확률 이론은, 1930년대에 콜모고로프[3]가 『확률론의 기초 개념』이라는 책에서 공리적 확률을 정의함으로써 현대의 확률론으로 완성된다.

수학을 잘하면 도박에 능하다는 말도 있듯이 확률 이론은 오늘날에도 유용하게 사용되고 있다. 예를 들면 1990년대에 미국의 유명한 공과대학인 MIT의 천재들이 확률 이론을 사용하여 라스베이거스 카지노에서 수년 동안 수백만 달러를 따서 세상을 깜짝 놀라게 하기도 했다. 도박뿐만 아니라 주식과 관련된 여러 분야에서 확률 이론으로 무장한 많은 수학자들이 활약하고 있기도 하다.

---

1) 카르다노(1501~1576) 르네상스 시대 이탈리아의 수학자, 의사, 자연 철학자. 밀라노 대학·파비아 대학·볼로냐 대학에서 수학·의학을 강의하였다. 한때 파비아 시장(市長)도 역임했다. 수학자로서 확률뿐 아니라 3차 및 4차 방정식 이론을 개척했으며, 점성술가로서 철학을 연구하기도 했다.

2) 파스칼(1623~1662) 프랑스의 수학자, 물리학자, 철학자, 종교 사상가. '파스칼의 정리'가 포함된 「원뿔곡선 시론」, '파스칼의 원리'가 들어 있는 「유체의 평형」 등 많은 수학·물리학에 대한 글들을 발표하고 연구하였다. 또한 활발한 철학적·종교적 활동을 하였으며, 유고집 『팡세』가 있다.

3) 콜모고로프(1903~1987) 구소련의 수학자. 확률론의 개척에 노력하였으며, 푸리에급수론·위상수학 분야와 그 응용면에서 크게 공헌하였다.

핵심 개념

■■■ **확률의 정의**

(1) 수학적 확률(고전적 확률)

같은 조건하에서 여러 번 반복할 수 있는 어떤 시행에서 일어날 가능성이 있는 모든 결과를 원소로 하는 집합 S를 그 시행의 **표본공간**이라고 한다. 이때 표본공간 S의 각각의 원소를 **근원사건**이라 하며, 표본공간 S의 부분집합을 **사건**이라 한다.

각각의 근원사건이 일어날 가능성이 같은 정도로 기대될 때 사건 A가 일어날 수학적 확률은 $P(A)$라 하고 다음과 같이 정의한다.

$$P(A) = \frac{(A\text{에 속하는 근원사건의 개수})}{(\text{근원사건의 총 개수})} = \frac{n(A)}{n(S)}$$

예를 들어, 주사위를 던질 때 짝수의 눈이 나오는 사건 A의 수학적 확률은

$$P(A) = \frac{n(A)}{n(S)} = \frac{3}{6} = \frac{1}{2}\text{이다.}$$

(2) 통계적 확률(경험적 확률)

같은 시행을 N번 반복했을 때 사건 A가 일어난 횟수를 r라고 하자. 이때 $\dfrac{r}{N}$를 사건 A가 일어날 상대도수라고 한다. $N \to \infty$일 때, 사건 A의 상대도수, 즉 $\dfrac{r}{N}$가 일정한 값 p에 한없이 가까워졌을 경우 p를 사건 A의 **통계적 확률**이라고 한다. 그런데 실제로는 N을 무한히 크게 할 수 없으므로 N이 충분히 클 때의 상대도수 $\dfrac{r}{N}$를 통계적 확률로 사용한다.

(3) 기하학적 확률

경우의 수가 무한이라 셀 수 없는 경우, 수학적 확률의 정의를 적용해서 확률을 계산할 수 없다. 이때 기하학적 확률의 개념을 사용하는데 사건 A가 일어날 기하학적 확률 $P(A)$는 다음과 같다.

$$P(A) = \frac{(A\text{가 일어날 수 있는 영역의 크기})}{(\text{일어날 수 있는 전 영역의 크기})}$$

예를 들어, 반지름의 길이가 10인 원 안에 임의의 점 P를 잡을 때, 중심 O와 점 P의 거리가 3이하일 기하학적 확률은 $\dfrac{3^2 \times \pi}{5^2 \times \pi} = \dfrac{9}{25}$이다.

■■■ 확률의 계산

(1) 확률의 덧셈정리

임의의 두 사건 A, B에 대하여 A나 B 중 적어도 하나가 일어나는 사건 $A \cup B$를 **합사건**이라고 하고, 다음이 성립한다.

$$P(A \cup B) = P(A) + P(B) - P(A \cap B)$$

(2) 조건부 확률

사건 A, B가 전사건 S의 두 부분집합이라 할 때, 사건 A가 일어났다는 조건 아래, 사건 B가 일어날 확률을 **조건부 확률**이라고 하고, $P(B \mid A)$ 또는 $P_A(B)$로 표시하며 다음이 성립한다.

$$P(B \mid A) = \frac{P(A \cap B)}{P(A)}$$

(3) 확률의 곱셈정리

조건부 확률의 계산식으로부터 도출된 다음의 식이 성립한다.

$$P(A \cap B) = P(A) \cdot P(B \mid A) = P(B) \cdot P(A \mid B)$$

■■■ 독립시행의 정리

매회의 시행이 다른 회의 시행의 결과에 영향을 미치지 않을 때, 이 시행을 **독립시행**이라고 한다. 한 번 시행에서 사건 A가 일어날 확률이 p로 일정할 때, n회 반복 시행에서 사건 A가 r번 일어날 확률 P_r는 다음과 같다.

$$P_r = {}_n C_r \, p^r q^{n-r} \ (단, \ r = 0, \ 1, \ 2, \ \cdots, \ n이고, \ q = 1 - p)$$

필수 논제 **1**　조건부 확률

　　사람들은 대체로 수치를 정확하게 이해하고 사용한다. 예를 들어, 우리나라 국회 의원 중 남자의 비율이 약 94%라고 했을 때 자신이 대한민국 남자이기 때문에 국회 의원이 될 확률이 94%라 믿는 사람은 없다. 실제로 대한민국 남자가 국회의원이 될 확률은 아주 낮다. 그런데 2002년에 노벨상을 수상한 카네만과 그의 동료들은 사람 들이 수치를 정확하게 이해하지 못해 판단 오류를 범하기도 한다는 것을 보여 주었 다. 이러한 판단 오류는 교육을 잘 받은 사람에게서도 발생한다.

(가)　에이즈를 야기하는 바이러스(HIV)의 발병률이 0.1%라고 하자. 한 과학자가 HIV 보균자를 탐지할 수 있는 검사를 개발하였다. 그런데 이 검사 방법이 완벽 하지는 않다. 이 검사에서 양성이 나오면 보균자로, 음성이 나오면 비보균자로 진단하게 된다. 이 검사는 HIV 보균자일 경우에 검사 결과가 100% 양성으로 나오지만, HIV 비보균자인 경우에도 양성으로 나올 확률이 5%가 된다. 만약 어떤 사람의 검사 결과가 양성으로 나왔을 때, 이 사람이 HIV 보균자일 확률은 얼마일까? 이 질문에 대하여 대부분의 사람들은 95%라고 대답한다. 그러나 정 답은 2% 이하이다.

(가)에서 정답이 2% 이하인 이유와 사람들이 95% 이상이라고 잘못 판단하게 되는 이유를 각각 설명하시오. (300자 이내)

〈 2008 서울대 모의 논술 〉

문제 분석

이 논제는 일상에서 접하는 수리적 해석의 오류에 관한 것이다. 서울대에서 밝혔듯이 고교 교육 과정에 서 다루는 두 사건의 종속 여부에 대한 조건부 확률의 개념을 일상 현실 속에서 적용하여 올바른 해석을 할 수 있는지를 보고자 하는 문제다. 여기서 HIV의 발병과 HIV의 보균은 문맥의 구조상 같은 의미로 해석해야 한다. 서울대의 경우, 수리 논술 예시문들이 대부분 확률과 통계(자료 분석)에서 출제되었기에 특별히 이 부분을 신경 써야 한다.

어떤 사람의 검사 결과가 양성으로 나왔을 때, 이 사람이 HIV 보균자일 확률을 물어보고 있으므로 조건부 확률의 개념을 적용해야 한다.

어떤 사람이 HIV 보균자인 사건을 S, HIV 비보균자인 사건을 T, 검사에서 양성 반응이 나오는 사건을 A라고 했을 때, 우리가 구하려는 확률은

$$P(S|A) = \frac{P(S \cap A)}{P(A)} = \frac{P(S \cap A) + P(T \cap A)}{P(A)}$$

$$= \frac{0.001 \times 1}{0.001 \times 1 + 0.999 \times 0.05} = \frac{100}{5095} < \frac{1}{50} = 0.02$$

이다. 따라서 2% 이하이다.

대부분의 사람들이 95%라고 대답하는 것은 5%의 사람들에게만 틀리게 진단하므로 95%의 사람들에게는 맞게 진단했을 거라 생각하기 때문이다. 그런데 이는 비보균자에 한정해서 검사가 맞을 확률(95%)과 양성으로 나온 사람들 중에서 보균자일 확률(2% 이하)을 혼동하는 데서 비롯된 것이다.

필수 논제 ❷ 확률의 덧셈, 곱셈정리

A형, B형, AB형, O형으로 분류되는 ABO식 혈액형은 사람의 22쌍의 상염색체 중 9번 염색체 쌍을 이루는 두 염색체에 의해 결정된다. 이 두 염색체는 각각 A, B, O 중 한 가지의 유전자를 가지고 있어서 사람에게는 AA, BB, OO, AB, AO, BO의 6가지 유전자형이 있을 수 있다. 그런데 유전자 A와 B 사이에는 우열 관계가 없으나, 두 유전자 모두 O에 대해서는 우성이다. 따라서 혈액형과 유전자형은 아래 표와 같은 관계를 가진다.

혈액형	유전자형
A	AA 또는 AO
B	BB 또는 BO
AB	AB
O	OO

우리나라 사람들의 혈액형의 비율은 A형이 34%, O형이 28%라 한다. 이 정보를 이용하여 B형의 비율과 AB형의 비율을 추정할 수 있는 방법을 한 가지 제시하고, 제시한 방법의 타당성에 대하여 설명하시오.

〈 2006 고려대 수시 1 〉

문제 분석

먼저 유전자 A, B, O의 조합에 의해 혈핵형이 결정되므로 유전자 A, B, O의 비율을 알아내야 한다. B형의 비율과 AB형의 비율을 값까지 계산할 필요는 없고 그 방법만 제시하면 된다. 그 다음 제시한 방법이 언제나 옳은 것인지, 아니면 예외적인 경우가 있을 수 있는지를 수학적인 논리를 바탕으로 밝혀 준다.

예시 답안

A인자의 비율을 a, B인자의 비율을 b, O인자의 비율을 o라 할 때, $a+b+o=1$이라고 할 수 있고 다음 식이 성립한다.

$$(a+b+o)^2 = a^2 + b^2 + o^2 + 2ab + 2ao + 2bo = 1$$

여기서 A형은 $a^2 + 2ao = 0.34$, O형은 $o^2 = 0.28$이므로 a와 o를 구할 수 있고, $b = 1 - a - o$에서 b를 구할 수 있다. 따라서 B형의 비율은 $b^2 + 2bo$, AB형의 비율은 $2ab$로 계산하여 추정할 수 있다.

A, B, O의 유전인자 비율이 각각 a, b, $o(a+b+o=1)$로 일정하다고 가정하고, 다음 표에 의해서 A형이 34%, O형이 28%가 되었다고 보는 것이 합당하다.

유전인자 비율	a	b	o
a	A형	AB형	A형
b	AB형	B형	B형
o	A형	B형	O형

위에서 제시한 방법은 유전자 A, B, O의 결합 비율이 동일하다는 가정하에 성립한다. 가령, A유전자는 B유전자보다 O유전자와 더 잘 결합한다면 위의 방법은 혈핵형의 분포를 정확히 예측하지 못한다. 또한 결합 비율이 동일하더라도 작은 수의 집단에서는 위의 방법이 맞지 않을 수 있다. 그러나 우리나라 전체 인구처럼 많은 수의 집단에서는 '큰수의 법칙'에 의해서 통계적 확률이 수학적 확률에 접근하므로 위의 방법은 타당하다고 볼 수 있다.

큰수의 법칙을 이용한 파이(π)의 근사값 구하기

동일한 조건하에서 어떤 시행을 N회 반복할 때, 특정한 사건 A가 r회 일어났다고 하면, 사건 A의 상대도수는 $\dfrac{r}{N}$로 정의되고, 이때 시행 횟수를 무한 번 반복하면, 그 값은 A의 수학적 확률 $\mathrm{P}(A)$에 가까워진다. 즉, 시행 횟수 N이 충분히 크다면, 상대도수 $\dfrac{r}{N}$는 $\mathrm{P}(A)$와 거의 유사하다. 이것이 바로 큰수의 법칙이다.

한 변의 길이가 1인 정사각형의 한 꼭지점에 중심이 있는 반지름이 1인 사분원을 그려 보자. 정사각형 내부에 임의의 점을 찍을 때 그 점이 사분원 안에 찍히는 사건을 A라고 하면, 기하학적 확률에 의해

$$\mathrm{P}(A) = \frac{(\text{사분원의 넓이})}{(\text{정사각형의 넓이})} = \frac{\pi}{4}$$

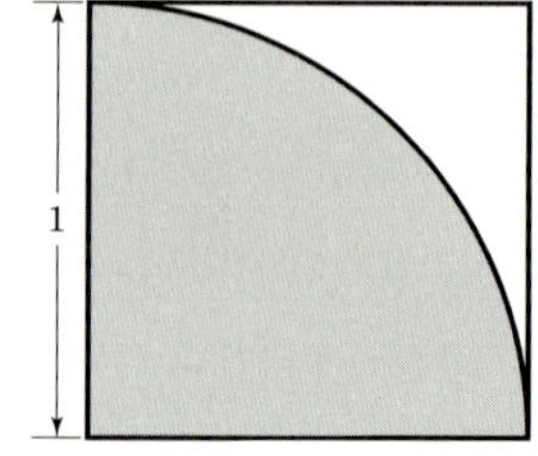

이다. N개의 점을 임의로 정사각형내부에 찍었을 때, 사분원 안에 찍힌 점의 개수가 r개라면, 사건 A의상대도수는 $\dfrac{r}{N}$이다. N을 충분히 크게 하면 큰수의 법칙에 의해 $\dfrac{\pi}{4} \fallingdotseq \dfrac{r}{N}$이다. 따라서 $\pi \fallingdotseq 4 \times \dfrac{r}{N}$를 이용하여 π의 근사값을 구할 수 있다.

네 가지 문자 A, G, C, T로 이루어진 문자열이란 A, G, C, T, AA, AG, AC, AT, GA, GG, GC, GT, …, CAT, …등과 같은 순열을 뜻한다. 이러한 문자열은 일 년이 지나도 대체로 잘 보존되는데 가끔 다음과 같이 변형되기도 한다.

(가) 문자열의 맨 앞에 A, G, C, T 중 한 문자가 추가된다.

(나) 문자열의 맨 뒤에 A, G, C, T 중 한 문자가 추가된다.

따라서 가능한 변형은 문자열의 앞에 한 문자가 추가되는 것 네 가지와 뒤에 추가되는 것 네 가지로 모두 여덟 가지가 있게 된다. 그리고 변형은 일 년에 많아야 한 번 일어나며 각각의 변형이 일어날 확률은 모두 p로 동일하고, 어느 해에 일어난 일이 그 다음 해에 영향을 주지 않는다고 가정하자. 처음에 A라는 문자열로 시작하여 10년 후에 GACT라는 문자열로 변형될 확률은 얼마인가?

【풀이】

한 문자열을 10년 동안 매년 관찰하여 아무런 변형도 일어나지 않았으면 O를, X라는 문자가 앞에 추가되는 변형이 일어났으면 X+를, 뒤에 추가되는 변형이 일어났으면 +X를 차례로 써 넣어서 아래의 표를 완성한다고 가정하자.

해	1	2	3	4	5	6	7	8	9	10
변형										

예컨대 A라는 문자열을 관찰해서 10년 뒤에

해	1	2	3	4	5	6	7	8	9	10
변형	G+	O	O	O	+C	O	O	+T	O	O

위와 같은 표를 얻었다면 이 표는 A로부터 GACT에로의 문자열 변형을 나타낼 것이다.

해	1	2	3	4	5	6	7	8	9	10
변형	O	O	+C	O	O	+T	O	O	G+	O

또 위와 같은 표를 얻었다면 이 표도 A로부터 GACT에로의 문자열 변형을 나타낼 것이다.

이제 처음에 A라는 문자열로 시작해서 10년 후에 GACT라는 문자열로 변형될 필요충분조건을 고려하면 구하는 최종 확률은 $p^3(1-8p)^7 \times 360$임을 알 수 있다. 왜냐하면 10년 뒤에 GACT라는 문자열로 변형된 것을 나타내는 표에는 공통적으로 O가 7개 기록되어 있게 되는데 O가 7개 기록되어 있는 특정한 표 하나를 얻을 확률은 $p^3(1-8p)^7$이고, 또 이러한 GACT 문자열 변형을 나타내는 표의 개수는 $_{10}P_3$을 2로 나눈 것, 즉 360개이기 때문이다. 결국 구하는 확률은 이 둘을 곱한 $p^3(1-8p)^7 \times 360$이다.

위의 내용은 수리 논리적인 문제와 풀이 과정을 제시한 것이다. 그런데 너무 간략하게 정리되어 제시된 풀이 과정을 잘 이해하지 못하는 친구가 있다. 이제 여러분이 풀이 내용을 제대로 이해하지 못하는 친구에게 설명하고자 한다.

1 A라는 문자열을 관찰해서 얻어진 표가 다음과 같을 때 이 표가 얻어질 확률이 문자열 GACT를 얻을 확률과 어떻게 다른지 그 이유를 설명하시오.

해	1	2	3	4	5	6	7	8	9	10
변형	G+	O	+C	O	A+	O	O	+T	O	O

2 A로부터 GACT에로의 문자열 변형을 나타내는 표의 개수가 $_{10}P_3$을 2로 나눈 것, 즉 360개인 이유를 설명하시오.

3 문제 풀이를 제대로 이해하지 못하는 친구를 위하여 문제 풀이 전체에 걸친 내용을 논리적으로 설명하시오.

〈 2008 서울대 논술 1차 예시 〉

문제 분석

이 문제의 출제 의도는 확률의 중요 개념들을 실제 문제에 적용하여 정확히 서술할 수 있는지를 알아보고자 하는 것이다. 먼저, "변형은 일 년에 많아야 한 번 일어나며 각각의 변형이 일어날 확률은 모두 p로 동일하고, 어느 해에 일어난 일이 그 다음 해에 영향을 주지 않는다고 가정하자."라는 핵심 문장을 정확히 이해해야 한다. 답에 도달하기 위해서는 확률의 어떤 개념들이 필요한지를 정확하고 빠짐없이 서술하여야 좋은 점수를 받을 수 있다.

예시 답안

1 주어진 표로부터 A라는 문자열은 ACAGT로 변형됨을 알 수 있다. 따라서 주어진 표가 일어날 확률은 10년 중에 네 번은 변형이 일어나고 여섯 번은 아무 변형이 일어나지 않으

므로 $p^4(1-8p)^6$이다.

GACT의 문자열로 변형될 확률은 $p^3(1-8p)^7 \times 360$이므로 서로 다르다. 이렇게 다른 이유를 크게 두 가지로 설명할 수 있다. 첫째, 변형된 문자열이 길이가 다르다. 변형된 문자열의 길이가 다르므로 변형이 일어날 확률 p가 곱해지는 횟수가 달라진다. 둘째, 문자열을 얻는 방법이 주어진 표에서는 정해져 있지만 문자열 GACT를 얻을 때에는 여러 가지 방법이 있다.

주어진 표로부터 ACAGT로의 문자열 변형은 순서가 정해져 있으므로 ACAGT를 얻을 수 있는 경우의 수를 고려할 필요가 없다.

2 다음 표에서 열 곳의 위치 중 세 곳을 골라 G+, +C, +T를 넣는 방법의 수는 $_{10}P_3$이다. G+, +C, +T가 배열되는 방법 중에서 아래와 같이 +C 앞에 +T가 오면 GATC가 되므로 원하는 변형이 이루어지지 않는다.

해	1	2	3	4	5	6	7	8	9	10
변형	O	+T	O	O	O	+C	O	O	O	G+

따라서 +C 뒤에 +T가 와야 한다. G+, +C, +T를 넣는 $_{10}P_3$가지의 방법 중에서 +C 뒤에 +T가 오는 가짓수를 x개라 하면 +C 앞에 +T가 오는 가짓수도 x개이다. (+C 뒤에 +T가 오는 배열에서 +C와 +T를 뒤바꾸면 +C 앞에 +T가 오는 배열이 되고 그 역도 성립한다.) 따라서 $2x = {_{10}P_3}$이다.

그러므로 A로부터 GACT에로의 변형이 가능한 경우의 수는 $\dfrac{_{10}P_3}{2} = 360$(가지)이다.

3 A로부터 GACT에로의 변형이 가능한 경우의 수는 $\dfrac{_{10}P_3}{2} = 360$(가지)이다. 360가지 각각의 확률을 구해 보면, 즉 아래 표와 같이 변형이 일어난 경우의 확률이다.

해	1	2	3	4	5	6	7	8	9	10
변형	+C	O	O	O	O	+T	O	O	O	G+

1년차 때, 변형이 일어났으므로 그 확률은 p이다. 2년차에는 아무 변형도 일어나지 않았다. 8가지의 변형 중 한 가지도 일어나지 않은 사건은 적어도 한 가지 변형이 일어난 사건의 여사건이다. 따라서 이러한 확률은 전체 확률 1에서 적어도 한 가지의 변형이 일어날 확률을 빼면 된다. 그런데 8가지의 변형은 서로 배반사건 관계이고, 각각 한 가지 변형이

일어날 확률은 p이므로 적어도 한 가지의 변형이 일어날 확률은 $8p$이다. 따라서 아무 변형도 일어나지 않을 확률은 $1-8p$이다. 어느 해의 결과가 다음 해에 아무 영향을 주지 않으므로 2년차에 아무 변형이 일어나지 않을 확률은 $1-8p$라 할 수 있다.

결국 변형이 일어나는 횟수가 3번이고 하나의 변형도 일어나지 않는 횟수가 7번이므로 각각의 경우가 서로 독립이므로 앞의 표와 같이 변형이 일어날 확률은 $p^3(1-8p)^7$이다.

위와 같이 생각하면 360가지의 각각의 확률이 모두 $p^3(1-8p)^7$으로 똑같고, 서로 배반사건 관계이므로 구하고자 하는 문자열 변형의 확률은 $p^3(1-8p)^7 \times 360$이 된다.

필수 논제 4 확률의 함정

(가) O. J. 심슨은 70년대 미국 프로 미식 축구를 주름잡았던 영웅이며 은퇴 후 TV해설가로도 활약하고 영화 「총알 탄 사나이」에서 '노드버그'라는 흑인 형사로 출연하기까지 했다.

1994년 6월 13일 LA 고급 주택가 브렌트우드에 있는 대저택에서 O. J. 심슨의 전처 니콜 브라운 심슨과 그녀의 남자친구인 로널드 골드먼이 살해당한 채 발견, 당시 목격자는 없었으며 O. J. 심슨의 집에서 피 묻은 장갑이 나왔고 게다가 DNA검사 결과 희생자의 혈액으로 밝혀졌다.

유력한 용의자로 체포된 O. J. 심슨은 조니 코크란, 로버트 샤피로, 알랜 더쇼위츠등 유명한 변호사들로 이른바 '드림팀'을 구성, 장갑이 손에 맞지 않는다는 사실을 부각시키고 사건 현장이 제대로 보존되지 않았으며 담당 형사가 인종차별주의자였다는 사실을 부각시키는 등 다양한 정황 단서들이 결정적인 증거가 될 수 없음을 주장해 1995년 형사 재판에서 무죄 평결을 받았다.

(나) 이 사건에서 흥미를 끄는 대목은 O. J. 심슨의 변호인단이 제기하는 몇 가지 주장들 때문인데, 피해자의 변호인단측이 '평소 O. J. 심슨이 아내를 때리고 폭언을 일삼았다.'는 증인들의 증언을 토대로 O. J. 심슨의 살인 가능성을 주장하자, O. J. 심슨의 변호사 중 하나인 알랜 더쇼위츠는 이에 맞서 줄기차게 다음과 같은 주장을 했다.

 '실제로 남편에게 폭행을 당하는 아내 중에서 자신을 때린 남편에 의해 살해 당한 경우는 천 명 중의 한 명, 즉 0.1%도 안 된다.'

 이 말에 따라서 평소 O. J. 심슨이 아내 니콜을 때렸다는 사실이 O. J. 심슨이 아내의 살인범이라는 가능성에 대해 아무런 단서를 제공하지 못한다고 주장했다.

(다) 또 범행 현장에서는 심슨과 발 사이즈가 같은 발자국도 발견됐다. 피해자의 변호인단은 이것을 증거의 하나로 제시했다. 또 범행 현장 바닥에는 범인의 발자국 왼쪽에 범인이 흘린 핏자국이 있었다. 그런데 O. J. 심슨 역시 왼손에 칼에 베인 자국이 있었고 피해자의 변호인단은 이 역시 중요한 증거라고 주장했다.

 그러나 심슨의 변호인단은 심슨과 같은 발사이즈를 가진 사람이 굉장히 많기 때문에 발사이즈가 같다는 것은 증거가 되지 못하며, 왼손을 다친 사람의 수도 충분히 많기 때문에 같은 이유로 이러한 흔적들이 결정적인 증거가 될 수 없음을 주장했다.

(라) 세 번째 증거로 나왔던 DNA 테스트에서 아내의 피살 현장에서 채취된 DNA는 O. J. 심슨의 것과 일치했다. 통상 DNA가 우연히 일치할 확률은 $\frac{1}{10,000}$이다. 피해자의 변호인단측은 O. J. 심슨이 99.99%의 확률로 살인자라고 몰아붙였지만 변호사측은 LA인근의 인구가 3,000,000명이므로 이 중 약 300명이 DNA가 일치할 수 있기 때문에 O. J. 심슨이 살인자일 확률은 $\frac{1}{300} = 0.3\%$, 즉 O. J. 심슨이 살인자라는 결론은 99.7% 오판이라고 주장했다.

1 (나)와 (라)에서 O. J. 심슨의 변호인단이 주장하는 내용 중 잘못된 곳을 지적해서 바로잡고, (라)에서 피해자측 변호인단의 입장에 서서 각자의 의견을 밝히시오.

2 (다)에서 O. J. 심슨의 변호인단이 주장하는 내용 중 잘못된 곳을 지적하고, 각자의 경험에 비추어 O. J. 심슨의 변호인단의 주장을 반박하시오.

문제 분석

실생활에서 확률의 개념을 잘못 적용하는 경우가 많다. 심슨의 변호인단도 그러한데, 무엇이 잘못되었는지 확률의 개념을 이용하여 논리적으로 반박하고 심슨이 진범일 가능성이 높은 이유를 설명해야 한다. 이 문제는 조건부 확률과 확률의 곱셈정리를 핵심 개념으로 하고 있다.

예시 답안

1 (나)에서 알랜 더쇼위츠의 주장 중 '남편에게 폭행당하는 아내 중에서 그 남편에게 살해당한 경우'의 가능성은 0.1%일 수 있다. 그러나 그 결과로 주장한 'O. J. 심슨이 살인범이라는 가능성이 낮다.' 즉, O. J. 심슨이 살인범일 가능성이 0.1%라는 말이 결론으로 등장하는 것은 오류이다. O. J. 심슨이 살인범일 가능성은 '아내가 살해당했을 때 그녀를 평소 때리던 남편이 범인일 확률'인 조건부 확률을 구해 보면 알 수 있다.

다음 그림에서 알랜 더쇼위츠는 남편에게 폭행당하는 아내 중에서 그 남편에게 살해당하는 확률 $\dfrac{n(B)}{n(\text{매 맞는 아내의 집합})}=0.1\%$와 매 맞던 아내가 살해당했을때 그녀를 평소 때리던 남편이 범인일 확률 $\dfrac{n(B)}{n(A\cup B)}$를 같은 것으로 보는 오류를 범했다.

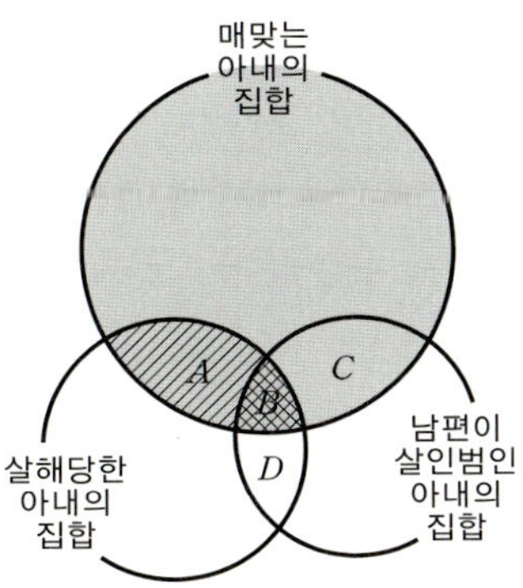

O. J. 심슨의 변호사의 주장은 사실 우리가 일상생활에서 흔히 범할 수 있는 오류를 이용한 거짓 변론인 셈이다.

(라)에서 O. J. 심슨의 변호사의 주장대로 O. J. 심슨은 O. J. 심슨과 같은 DNA를 가지고 있는 300명 중 한 명이다. 그로부터 범인일 가능성이 0.3%라고 보는 것은 오류이다. 왜냐하면 O. J. 심슨이 범인일 확률은 O. J. 심슨이 무죄일 확률, 즉 '무죄인 사람이 범행 현장에 있는 피의 DNA를 가지고 있을 확률'을 구해 봄으로써 알 수 있다.

$$\text{(무죄인 사람이 범행 현장에 있는 피의 DNA를 가지고 있을 확률)}$$
$$= \frac{\text{(범행 현장에 있는 피의 DNA를 가지고 있는 사람 수)} - 1(\text{범인})}{\text{(LA 전체의 인구)} - 1(\text{범인})}$$
$$= \frac{299}{2,999,999} \fallingdotseq 0.0001$$

즉, 심슨과 같은 DNA를 가지고 있는 300명 각각은 범인일 가능성이 99.99%가 된다는 것이다.

피해자측 변호인은 이 점을 배심원들에게 확인시켜야 한다.

2 O. J. 심슨의 변호사는 O. J. 심슨과 발 사이즈가 같은 사람들과, 왼손을 다친 사람들을 따로따로 분리시키는 오류를 범하고 있다. 그러나 O. J. 심슨은 이 두 가지를 모두 충족시키고 있다. 게다가 왼손의 상처는 발 사이즈하고 아무런 인과 관계가 없으므로 왼손에 상처를 입는 사건과 발 사이즈가 O. J. 심슨과 같은 사건은 독립사건이라고 볼 수 있다.

만약 O. J. 심슨과 발 사이즈가 같은 사람의 수가 전체 인구의 5%라고 하고(이것은 LA 전체 인구를 300만 명으로 봤을 때, 15만 명이므로 상당히 많은 수라고 할 수 있다.) 또 그 시기에 왼손에 칼 상처가 난 사람은 넉넉잡아 인구의 0.2%라고 하자.(왼손에 칼로 벤 상처가 나는 것은 발 사이즈가 O. J. 심슨과 같은 것보다 확률적으로 상당히 작다고 가정해 볼 수 있다.)

O. J. 심슨의 변호사의 말처럼 각각 15만 명, 6000명으로 상당히 많은 숫자이지만 두 가지가 서로 독립적이므로 동시에 가지고 있을 확률 $0.05 \times 0.002 = 0.0001$은 상당히 낮은 숫자이다. 인원수로 따지면 300명으로 상당히 적은 숫자이므로 두 증거를 결정적인 증거라고 보는 것이 타당하다.

1

문제 1 서로 다른 9권의 책을 2권, 3권, 4권으로 나누는 모든 방법의 수는 얼마인가?

[풀이❶] 9권 중 2권을 먼저 뽑고, 남은 7권 중 3권을 뽑은 후 4권을 뽑는 경우의 수

$${}_9C_2 \cdot {}_7C_3 \cdot {}_4C_4 = \frac{9 \times 8}{2 \times 1} \times \frac{7 \times 6 \times 5}{3 \times 2 \times 1} = 1260(\text{가지})$$

[풀이❷] 9권 중 3권을 먼저 뽑고, 남은 6권 중 2권을 뽑은 후 4권을 뽑는 경우의 수

$${}_9C_3 \cdot {}_6C_2 \cdot {}_4C_4 = \frac{9 \times 8 \times 7}{3 \times 2 \times 1} \times \frac{6 \times 5}{2 \times 1} = 1260(\text{가지})$$

[풀이❸] 9권 중 4권을 먼저 뽑고, 남은 5권 중 3권을 뽑은 후 2권을 뽑는 경우의 수

$${}_9C_4 \cdot {}_5C_3 \cdot {}_2C_2 = \frac{9 \times 8 \times 7 \times 6}{4 \times 3 \times 2 \times 1} \times \frac{5 \times 4 \times 3}{3 \times 2 \times 1} = 1260(\text{가지})$$

문제 2 다음을 증명하시오.

❶ ${}_nC_r = {}_nC_{n-r}$

❷ ${}_{n-1}C_{r-1} + {}_{n-1}C_r = {}_nC_r \quad (1 \leq r \leq n-1)$

❸ ${}_nC_0 + {}_nC_1 + {}_nC_2 + {}_nC_3 + \cdots + {}_nC_n = 2^n$

[풀이❶] 조합의 정의로부터 ${}_nC_r = \dfrac{{}_nP_r}{r!} = \dfrac{\dfrac{n!}{(n-r)!}}{r!} = \dfrac{n!}{r!(n-r)!}$ 이고,

또한 ${}_nC_{n-r} = \dfrac{{}_nP_{n-r}}{(n-r)!} = \dfrac{\dfrac{n!}{(n-(n-r))!}}{(n-r)!} = \dfrac{n!}{r!(n-r)!}$ 이므로 ${}_nC_r = {}_nC_{n-r}$ 이다.

[풀이❷] ${}_{n-1}C_{r-1} + {}_{n-1}C_r = \dfrac{(n-1)!}{(r-1)!((n-1)-(r-1))!} + \dfrac{(n-1)!}{r!(n-1-r)!}$

$$= (n-1)!\left(\frac{1}{(r-1)!(n-r)!} + \frac{1}{r!(n-r-1)!}\right)$$

$$= \frac{(n-1)!}{(r-1)!(n-r-1)!}\left(\frac{1}{n-r} + \frac{1}{r}\right)$$

$$= \frac{(n-1)!}{(r-1)!(n-r-1)!} \times \frac{n}{r(n-r)} = \frac{n!}{r!(n-r)!} = {}_nC_r$$

[풀이❸] 이항정리에 의하면 $(a+b)^n = \sum\limits_{r=0}^{n} {}_nC_r a^{n-r}b^r$ 이므로

$a=b=1$을 양변에 대입하면 $(1+1)^n = \sum\limits_{r=0}^{n} {}_nC_r 1^{n-r}1^r = \sum\limits_{r=0}^{n} {}_nC_r$ 이다.

그러므로 $2^n = {}_nC_0 + {}_nC_1 + {}_nC_2 + {}_nC_3 + \cdots + {}_nC_n$

(1) **문제 1**의 세 가지 풀이의 답이 같은 이유를

$$_9C_2 \cdot {_7}C_3 \cdot {_4}C_4 = {_9}C_3 \cdot {_6}C_2 \cdot {_4}C_4 = {_9}C_4 \cdot {_5}C_3 \cdot {_2}C_2 = \frac{9!}{2! \times 3! \times 4!}$$

이라는 사실을 이용하여 논리적으로 설명해 보시오.

(2) **문제 2**의 ❶과 ❷의 풀이는 각각 순열로부터 유도된 조합의 정의를 이용한 증명이었다. 그러나 이 증명 방법이 '조합 $_nC_r$는 n개 중에서 r개를 뽑는 경우의 수라는 정의'와 동떨어져 있어 잘 이해가 되지 않는다는 친구가 있다. 이 친구를 위하여 '조합 $_nC_r$는 n개 중에서 r개를 뽑는 경우의 수라는 정의'를 이용하여 ❶과 ❷가 성립함을 논리적으로 (식을 이용하지 말고) 설명해 보시오.

(3) 어떤 학생이 **문제 2**의 ❸의 풀이에서처럼 이항정리를 이용하여 증명하고 있는 것을 옆에서 보고 있던 친구가 "2^n은 어떤 구별되는 두 개의 대상이 있을 때 중복을 허락해서 n개를 뽑는 중복순열의 수이고, $_nC_0 + {_n}C_1 + {_n}C_2 + {_n}C_3 + \cdots + {_n}C_n$은 ($n$개 중에서 0개를 뽑는 경우의 수)$+$($n$개 중에서 1개를 뽑는 경우의 수)$+\cdots+$($n$개 중에서 n개를 뽑는 경우의 수)의 합인데 이 둘이 어떻게 같지?"라고 물었다.

이 친구의 의문을 어떻게 해결해 주어야 할지 논리적으로 설명해 보시오.

〈 2006 중앙대 수시1 〉

2

확률에 관한 다음 주장들의 옳고 그름을 판단하고, 그 근거를 논리적으로 설명하시오.

> (가) 한 개의 동전을 두 번 던질 때 모두 앞면이 나올 확률을 생각하면, (두 번 모두 앞면), (앞면, 뒷면 한 번씩), (두 번 모두 뒷면)의 세 가지 경우이므로 구하는 확률은 $\frac{1}{3}$이다.
>
> (나) 제비뽑기를 할 때, 먼저 뽑는 사람이 유리하다.

3

아래 표는 지영, 지수 자매가 전철을 타고 퇴근하여 역에 도착할 확률을 나타낸 것이다.

전철 시간표와 자매가 전철역에 도착할 확률 (단위 : %)

이름 \ 도착 시간	7 : 05	7 : 15	7 : 25	7 : 35	7 : 45	7 : 55
지영	5	15	15	30	20	15
지수	15	20	35	15	10	5

(1) 위의 표를 보고, 이들 자매가 전철로 같은 시각에 역에 도착할 확률을 구하는 방법을 서술하시오.

(2) 두 자매는 같은 시각에 역에 도착하거나 한 사람이 먼저 도착하면 바로 다음 전철이 올 때까지 기다려서 만날 수 있으면 함께 집에 가기로 하였다. 이들 자매가 역에서 만나 함께 집으로 갈 수 있는 확률이 높을지 따로 갈 확률이 높을지를 판정하고 그 근거를 제시하시오.

〈 2006 이화여대 수시 모의 논술 〉

4

어떤 TV 프로그램에서 출연자에게 승용차를 선물로 주려고 한다. 무조건 주는 것이 아니라 세 개의 보이지 않는 문 앞에서 승용차가 있는 문을 맞혀야 한다.

세 개의 문이 있고, 그중 하나의 문 뒤에는 승용차가, 나머지 두 개의 문 뒤에는 선물이 없다. 출연자가 이 중 승용차가 있는 문을 선택하면 승용차를 받을 수 있지만, 다른 문을 선택하면 아무것도 받지 못한다. A, B, C 세 개의 문 중에서 출연자가 A를 선택하였다고 가정하자. B와 C 중에 적어도 한 문에는 선물이 없다. 어디에 선물이 없고, 어디에 승용차가 있는지 미리 알고 있는 진행자는 B와 C 중에서 승용차가 없는 문을 열어 출연자에게 보여 주고 원래 선택한 A를 고수할 것인지 아니면 선택한 문을 바꿀 것인지 물어본다.

이때 어느 쪽이 더 유리할까? 둘 중 하나를 선택하고 그 이유를 논리적으로 설명하시오.

5

한 고등학교에서 시험 중 부정 행위를 한 경험이 있는 학생들의 비율을 조사하고자 한다. 이 조사를 위하여 수학 선생님은 학생들에게 다음의 두 가지 질문이 담긴 설문지를 배포하였다.

질문 1.

    부정 행위를 한 경험이 있습니까?

질문 2.

    생일이 짝수일입니까?

이 두 질문에 대하여 "예" 또는 "아니오"로 답할 수 있다. 수학 선생님은 학생들에게 각자 동전을 던져서 앞면이 나오면 질문 1에 답하고, 뒷면이 나오면 질문 2에 답하도록 하였다. 즉, 학생들은 각자 동전이 나온 결과에 따라 질문 1 또는 질문 2 가운데 하나에만 답을 하게 된다. 이 조사 결과 "예"의 응답률이 특정값 $P\%$라고 하자. (단, 동전의 앞면이나 뒷면이 나올 가능성과 생일이 짝수일이나 홀수일일 가능성은 각각 50%라고 하자.)

(1) 이 값 P를 이용하여 질문 1에 대한 "예"의 비율(즉, 부정 행위를 경험한 학생의 비율)을 추정하는 과정을 유도하시오.

(2) 위 방법과 학생들에게 부정 행위 경험 유무만을 묻는 설문 조사를 실시하는 방법 중 어느 것이 더 효율적인 조사 방법인가에 대하여 논리적으로 설명하시오.

〈 2006 중앙대 수시 1 〉

6

시청 광장에 분수 시계를 설치하려고 한다. 분수 시계는 빨강, 노랑, 파랑, 초록, 보라의 5개 물줄기들로 구성되고, 오전 6시부터 오후 10시 직전까지 작동되도록 한다. 이 분수 시계는 매 정시에 물줄기의 조합이 변함으로써 시간을 나타낸다. 항상 3개 이상의 물줄기가 나오고, 매 시간대를 표시하는 물줄기의 조합이 중복되지 않도록 분수 시계를 설계하시오. 그리고 같은 조건에서 이 분수시계가 24시간 작동하도록 설계하는 것이 가능한지 논하시오.

〈 2007 이화여대 수시 1 〉

7

교내 테니스 대회가 회전수 n인 토너먼트 형식으로 개최된다. 아래 그림은 회전수가 3인 토너먼트 대진표의 예이다.

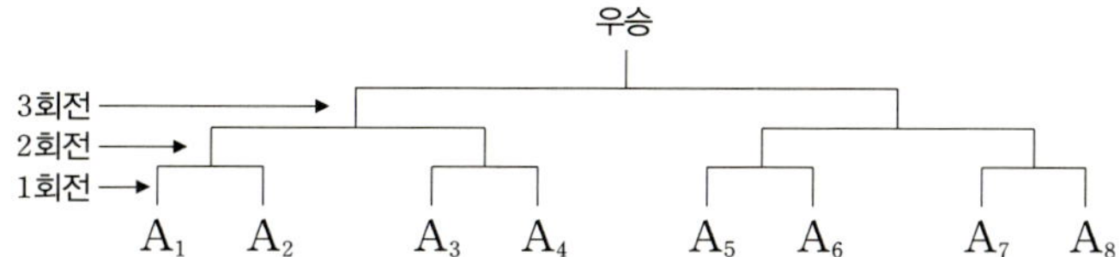

참가자는 2^n명이며, 그중 한 명은 교내 어느 누구와 상대해도 항상 이기는 최고 실력자로서 우승할 것이 확실하고, 철수는 이 최고 실력자를 제외하고는 교내 어느 누구와 상대해도 이길 수 있는 두 번째 실력자이다.

(1) 철수가 교내 두 번째 실력자임에도 불구하고, 준우승이 항상 보장되지는 않음을 설명하시오.

(2) 철수는 자신이 준우승할 가능성이 50% 이상인 경우에만 대회에 참가하려고 한다. 철수의 대회 참가 여부를 토너먼트 회전수 n에 따라 논하시오. (단, 참가 여부 결정은 추첨에 의한 대진표 결정 이전에 한다.)

〈 2006 이화여대 수시 1 〉

8

다음 글을 읽고 물음에 답하시오.

> (가) 어떤 시행에서 얻어지는 각각의 사건이 모두 같은 정도로 발생한다고 기대될 때, $\dfrac{(A가\ 발생할\ 수\ 있는\ 경우의\ 수)}{(발생할\ 수\ 있는\ 모든\ 경우의\ 수)}$를 사건 A가 발생할 확률이라고 하며 이와 같이 정의한 확률을 수학적 확률이라고 한다.
>
> (나) 일정한 조건하에서 시행을 n번 반복하였을 때, A라는 사건이 r번 발생했다고 하자. 시행 횟수를 한없이 크게 할 때 상대도수 $\dfrac{r}{n}$가 일정한 값 p에 가까워질 때 p를 사건 A가 발생할 확률이라고 하며 이와 같이 정의한 확률을 통계적 확률 또는 경험적 확률이라고 한다.

(1) 경험적 확률을 어떨 때 사용하는지 서술하고, 경험적 확률을 적용한 과학의 법칙 한 가지를 말하시오.

(2) 경험적 확률을 정의할 때 가장 곤란한 점은 무엇일까? 그에 대한 해결 방법을 말하시오.

9

(1) 주머니에 세 개의 동전이 들어 있다. 첫 번째 동전은 앞면과 뒷면이 구분된 보통 동전이고, 두 번째 동전은 양면이 모두 앞면인 동전이며, 세 번째 동전은 양면이 모두 뒷면인 동전이다. 주머니에서 동전 하나를 선택해서 세 번 던졌을 때 모두 앞면이 나타난다면 이 동전은 양면이 모두 앞면인 동전이라고 판단하자. 이때 이 결정이 잘못된 판단일 확률을 계산하시오.

(2) 50원짜리와 100원짜리 동전을 이용하는 커피 자동판매기가 있다고 하자. 이 커피 자동판매기 이용자의 수중에 50원짜리 동전과 100원짜리 동전이 충분히 있다고 할 때,

① 200원짜리 보통 커피를 마시기 위해 동전을 투입하는 방법은 (50원, 50원, 50원, 50원), (50원, 50원, 100원), (50원, 100원, 50원), (100원, 50원, 50원), (100원, 100원)의 다섯 가지가 있다. 그렇다면 500원짜리 고급 커피를 먹기 위해 500원을 자판기에 투입하는 방법은 모두 몇 가지인가?

② 어떤 금액을 만드는 데 사용되는 50원짜리 동전의 최대수를 n이라 하고 그 금액을 만드는 방법의 수를 $f(n)$으로 표현하자. 예를 들어 200원을 만드는 데 사용될 수 있는 50원짜리 동전의 최대수는 4이므로 $n=4$이고 200원을 만드는 방법의 수는 다섯 가지이므로 $f(4)=5$이다. $f(0)$을 1로 정의했을 때 $f(n+2)$, $f(n+1)$, $f(n)$ $(n=0, 1, \cdots)$간의 관계를 구하시오.

③ 어떤 금액을 만드는 데 사용되는 50원짜리 동전의 최대수 n이 결정되면 그 금액을 만드는 방법의 수 $f(n)$이 계산될 수 있도록 그 일반식을 유도하시오.

〈 2003 중앙대 수시 1 〉

(가) 우리는 성공을 위해 '만약에=그러면'의 연산 방식에 크게 의존하는 유일한 동물이다. 이러한 추론 능력은 우리 종이 그렇게 빨리 창조의 첨단을 걸을 수 있었던 주요인들 중 하나이다. 불행히도 이 빛나는 이성 뒤에는 결국 우리의 콧대를 꺾을 수 있는 유해한 결점이 있다.

모든 연역법은 전제로 시작한다. 인간은 추론 과정을 활성화시키기 전에, 전제를 차려 놓는 것이 보통이다. 그러나 전제라는 것은 불행히도 종종 불확실한 믿음에 기초하며, 따라서 이후의 추론 과정만큼 정연한 검증을 거치지 못하는 경우가 많다. 어떤 '만약에=그러면' 연산 방식에 결함이 있을 경우, 그 답은 당연히 그릇될 것이다.

(나) 사람들은 보통 좋은 것이든 나쁜 것이든 아무것도 없을 때에도 어떤 패턴이 존재한다고 생각한다. 이는 우리 두뇌가 작업하는 방식이다. 전혀 무계획적으로 되는대로 이루어진 것도 우리 눈에는 종종 어떤 패턴이 있는 것만 같다. 이에 대해 통계학자 윌리엄 펠러는 지금은 고전이 된 예를 하나 들어 보였다. 제2차 세계 대전 당시 독일군이 런던 남부를 집중 폭격할 때였다. 이상하게 몇몇 지역은 몇 차례씩 반복해서 폭격을 당하는데 어떤 지역은 전혀 폭격의 피해를 보지 않았다. 폭격을 당하지 않은 지역들은 마치 독일군이 의도적으로 빼놓은 것처럼 보였으므로 사람들은 그 지역에 독일군 스파이가 있는 모양이라고 결론을 내렸다. 하지만 펠러가 폭격지의 지역 분포도를 분석해 본 결과 그것은 완전히 무작위 폭격이었다. 이와 같이 존재하지도 않는 패턴을 찾고자 하는 경향을 텍사스 명사수의 오류라고 한다. 헛간 벽에 총을 쏘고 총알이 맞은 곳에 과녁을 그려 넣은 텍사스의 명사수처럼, 우리는 예를 들어 하루에 안 좋은 일이 4가지나 생기는 것 같은 범상치 않은 일이 일어나면 거기서 어떤 패턴을 찾으려는 경향이 있다.

(다) 회사원 A씨는 결혼을 앞두고 여러 가지 준비에 한창 바쁜 시간을 보내고 있다. 그러던 중에 보험 회사에 다니는 친구의 권유로 생명 보험에 가입하기로 했다. 친구의 끈질긴 권유도 있었지만 연애 시절과는 달리 결혼을 해서 한 가정의 가장이 된다는 마음에 점점 막중한 책임감을 느끼게 됐기 때문이다. A씨가 가입하기로 한 생명 보험 상품의 내용은 참으로 만족스러워 보였다. 보장되는 질병이 다른 상

품에 비해 월등히 많고 또 지급액도 상당한 수준이었다. 그러나 가입 조건이 까다로워서 현재 가지고 있는 질병이 없어야 하고 특히 피보험자는 반드시 HIV(인체 면역 결핍 바이러스)검사 결과에서 절대로 양성 반응(양성이라는 것은 검사 결과 HIV에 감염된 사람으로 체내에 HIV를 보유하고 있으나 건강해 보이는 반면에 타인에게 전파력이 있고 에이즈 환자로 이행되기 이전 단계에 있는 '에이즈 감염인' 임을 의미한다.)이 나오면 안 된다는 것이다. 검사는 번거로움을 피하기 위하여 병원이 아닌 그 자리에서 실시되었는데 간단한 진단 시약(HIV $\frac{1}{2}$ 3.0 test)에 소변을 묻혀서 시약의 색 변화에 따라 양성과 음성을 판단한 결과 A씨는 양성 반응이 나왔고 보험 설계사인 A씨의 친구는 회사 규정에 따라 가입을 거부할 수밖에 없었다. A씨는 친구로부터 진단 시약(HIV $\frac{1}{2}$ 3.0 test)검사의 정확도는 〈표 1〉, 〈표 2〉와 같이 95%로 A씨가 '에이즈 감염인' 일 가능성이 95%라며 병원에 입원해서 정밀 검사를 받아 볼 것을 권고 받았다.(단, 〈표 1〉과 〈표 2〉는 검사 인원 20,000명 중 실제 '에이즈 감염인' 의 수 200명과 정상인 19,800명을 대상으로 구분하여 행한 결과이다.)

〈표 1〉 AIDS 환자 200명의 HIV $\frac{1}{2}$ 3.0 test 검사 결과

구분	반응 수
양성	190
음성	10
합계	200

〈표 2〉 정상인 19,800명의 HIV $\frac{1}{2}$ 3.0 test 검사 결과

구분	반응 수
양성	990
음성	18,810
합계	19,800

(1) (가)의 관점에서 (다)에 나타난 오류를 찾아내서 바로잡고, (다)의 결과 A씨가 '에이즈 감염인' 일 가능성에 대하여 설명하시오.

(2) (다)에서 A씨는 다시 한 번 진단 시약(HIV $\frac{1}{2}$ 3.0 test)으로 검사를 받은 후 또 다시 양성 반응이 나왔다. 그 후 정밀 진단 결과 정상인으로 판명되었다면 진단 시약(HIV $\frac{1}{2}$ 3.0 test)의 정확도에 대해 (나)에 나타나 있는 내용과 관계 지어 설명하시오.

〈 2006 중앙대 수시 1 〉

2장
통계

인구 동향 분석, 여론 조사, 주식 투자 전망, 기후 예측 등 현대 생활 전면에 활용되고 있는 것이 통계다. 통계 자료는 각종 사회 현상이나 자연 현상을 관찰하고 조사나 실험을 통해 데이터를 수집하여 수량으로 분석 정리한 것을 말한다. 통계 자료를 해석하고 통계적 개념을 적용하는 능력은 오늘날을 살아가는 현대인에게는 필수적인 요소다. 집단의 이해관계에 따라 통계 자료가 왜곡될 수 있고, 올바른 통계 자료라고 해도 그 해석이 달라지므로 통계 자료를 정확히 읽어서 자신에게 필요한 정보를 찾아낼 수 있어야 한다.

통계와 관련한 논술 역시 통계 자료에 대한 분석력과 이해력, 나아가 자료로부터 결론을 도출하는 능력 등을 알아보는 논제들이 출제된다. 통계는 인문계 수리 통합 논술에서는 단골 문제로 나오는 추세며, 자연계 논술에서도 빈번하게 다뤄지고 있다.

통계에 관한 논제는 크게 두 가지 유형으로 정리할 수 있다. 첫째, 통계 자료를 해석하는 논제다. 통계 자료로는 주로 표와 그래프가 주어지며, 두 가지 이상의 자료를 비교 분석하여 가치 판단하고, 변화하는 자료의 추이를 파악하여 미래에 대한 견해를 밝히는 유형이다. 둘째, 통계의 개념을 적용하는 논제다. 평균, 표준편차, 기대값, 확률분포, 신뢰도 등의 개념을 정확히 알고 있어야만 그 개념을 활용하여 올바른 결론을 내릴 수 있는 유형이다.

통계학의 양대 산맥, 추측 통계학과 기술 통계학

통계 조사의 기록은 인류 역사와 더불어 오래된 것으로 고대 이집트까지 거슬러 올라갈 수 있으나, 학문으로서 통계학은 17세기 중엽에 이르러 시작되었다.

그 당시 유럽은 페스트가 유행하던 시기였다. 런던에서는 각 교회가 주축이 되어 페스트에 대한 데이터를 수집하여 해마다 사망표를 발표하였는데 이를 눈여겨 본 상인 존 그랜트[1]는 무려 23년 동안의 사망표를 수집하여 이것을 바탕으로 『사망표에 관한 자연적 및 정치적 제고찰』이라는 저서를 발표하였다. 그 후 이 논문을 근거로 1693년 핼리 혜성을 발견한 에드먼드 핼리[2]가 그 유명한 '생명표'를 만들었다. 이 생명표로 말미암아 생명 보험 제도가 생겼고, 통계학이 발달하게 되었다.

19세기 중엽까지 통계는 정치적 현황에 관한 정보를 의미했다. 당시에는 인구 조사나 세수(稅收) 상황, 무역 규모 등 국가의 상태를 조사, 연구하는 것이 통계학의 기본 개념이었다. 상태라는 뜻의 라틴어 '스타투스(status)'에서 유래한 '스터티스틱스(statistics)'란 말이 통계학으로 쓰이게 된 것도 이 때문이다.

현재 우리가 사용하고 있는 현대적 의미의 통계학은 19세기 말에 이르러 확립된 것이다. 그러나 그때까지 통계학은 대량의 관측값을 기초로 하여 큰 표본 이론에 의하여 추론하는 것이었다. 대량의 자료를 얻지 못하였을 때는 추론 자체가 불가능했다. 그래서 20세기에 영국의 통계학자 피셔가 가설, 검정의 이론을 만들었으며 현대 통계학의 주류를 이루는 추측 통계학을 정립하였다. 추측 통계학은 표본에서 얻는 통계량을 기초로 해서 모집단의 특성을 추론함으로써 늘 방대한 양의 자료를 필요로 했던, 이전의 통계학의 한계를 극복해 주었다.

그런데 그전에 조사하여 얻어진 방대한 자료를 체계적으로 분류하고 정리하여 조사 집단의 특성을 규명하는 기술 통계학이 피어슨[3]에 의해 완성되는데 이는 추측 통계학의 발판이 되어 주기도 했다.

이러한 통계학의 발달에 힘입어 오늘날은 '통계의 시대'라고 해도 과언이 아닐 정도로 정치·경제·사회·문화·과학 등 다양한 영역에서 통계가 활용되고 있다.

----

1) 존 그랜트(1620~1674) 영국의 사회 통계학자로 정치 산술(political arithmetic)의 창시자이다. 인구 현상에 관하여 정치적·사회적 요소의 작용을 파악함으로써 자연적·수량적 법칙성을 다룬 저서 『사망표에 관한 자연적 및 정치적 제관찰』를 썼다.

2) 에드먼드 핼리(1656~1742) 영국의 천문학자. 1682년 출현한 대혜성을 관찰, 그것을 1531년과 1607년에도 출현하였던 혜성의 회귀라 주장하였고, 1705년 뉴턴의 이론을 적용하여 그 궤도를 산정하여 『혜성 천문학 총론』을 간행하였다.

3) 피어슨(1857~1936) 영국의 수리 통계학자, 우생학자. 인류의 유전에 관한 통계적 분석, 두개(頭蓋)의 계측, 결핵의 통계 등으로 유명하다. 피어슨파 수리 통계학의 창시자, 생물 통계학의 선구자로 알려져 있으며 과학 비평가로도 이름이 높다.

■■■ 대표값

자료의 특징이나 경향을 가리키는 수의 값을 대표값이라고 한다. 즉, 분포 전체를 하나의 수의 값으로 대표하는 것이다. 대표값에는 **평균값**(mean), **중앙값**(median), **최빈값**(mode) 등이 있으며 평균값이 가장 많이 사용된다.

■■■ 확률변수의 평균과 분산, 표준편차

확률변수의 확률분포가 다음과 같을 때,

$X=x_i$	x_1	x_2	$\cdots$	x_n
$P(X=x_i)$	p_1	p_2	$\cdots$	p_n

평균 $E(X) = \sum_{i=1}^{n} x_i p_i = x_1 p_1 + x_2 p_2 + \cdots + x_n p_n$

분산 $V(X) = \sum_{i=1}^{n} (x_i - m)^2 p_i$

표준편차 $\sigma(x) = \sqrt{V(X)}$

■■■ 이항분포

(1) 시행을 n회 독립으로 반복할 때 사건 E가 일어난 횟수를 확률변수 X라 하고 이에 대응한 확률을 p라 하면 이때 만들어진 확률분포

$$P(X=r) = {}_n C_r \, p^r q^{n-r} \ (단, \ q=1-p, \ r=0, 1, \cdots, n)$$

을 **이항분포**라 하고 $B(n, p)$로 나타낸다.

(2) 이항분포의 평균, 분산, 표준편차

확률변수 X가 이항분포 $B(n, p)$를 따를 때,

평균 $E(X) = np$

분산 $V(X) = npq$

표준편차 $\sigma(X) = \sqrt{npq}$ (단, $q=1-p$)

(1) 연속확률변수

변수 X가 어떤 구간 $[\alpha, \beta]$의 모든 값을 가지고, $f(x)$가
구간 $[\alpha, \beta]$를 정의역으로 하는 함수의 조건

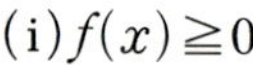

    (i) $f(x) \geqq 0$

    (ii) 이 구간에서 $f(x)$의 그래프와 x축으로 둘러
        싸인 도형의 넓이는 1이다.

    (iii) 변수 X가 구간 $[a, b]$ (단, $\alpha \leqq a \leqq b \leqq \beta$)에 속할 확률 $\mathrm{P}(a \leqq X \leqq b)$는 구간
        $[a, b]$에서 $f(x)$의 그래프와 x축 사이의 넓이와 같다.

를 만족시킬 때, 변수 X를 **연속확률변수** 또는 **연속변수**, 함수 $f(x)$를 X의 **확률밀도함수**,
곡선 $y=f(x)$를 **분포곡선**이라고 한다.

(2) 정규분포

연속확률변수 X의 확률밀도함수 $f(x)$가 특히

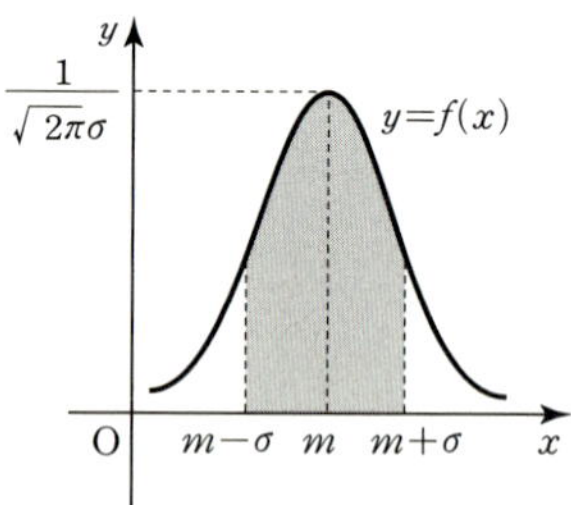

$$f(x) = \frac{1}{\sqrt{2\pi}\sigma} e^{-\frac{(x-m)^2}{2\sigma^2}} \quad (\text{단, } -\infty < x < \infty)$$

로 주어질 때, 이 X의 분포를 **정규분포**라 하고 곡선 $y=f(x)$
를 **정규분포곡선**이라고 한다.
연속확률변수 X의 확률밀도함수가 위와 같이 주어질 때, X는
평균 m, 분산은 σ^2인 정규분포를 따른다고 말하고 $\mathrm{N}(m, \sigma^2)$으로 나타낸다.

(3) 표준정규분포

평균이 0, 표준편차가 1인 정규분포 $\mathrm{N}(0, 1^2)$을 **표준정규분포**라고 한다.

(4) 이항분포의 정규분포로의 근사

확률변수 X가 이항분포 $\mathrm{B}(n, p)$를 따를 때, n이 충분히 크면 변수 X는 근사적으로 정규분
포 $\mathrm{N}(np, npq)$를 따른다.

필수 논제

필수 논제 ❶ 통계의 오류

(가) 선거철에는 지지도와 더불어 여러 가지 통계치가 연일 매스컴을 통해 발표되고 있는데 이것을 모두 믿으면 안 되는 걸까? 물론 믿으면 안 된다. 이들 숫자들은 모두 자기에게 유리하도록 조작된 것일 수 있기 때문이다. 그렇다면 어떻게 옥석을 가릴 것인가. 여기에 저자 대럴 허프가 제시하는 옥석 구별법 다섯 가지가 있다.

첫째, 누가 발표했는가? 출처를 캐 봐야 한다.

둘째, 어떤 방법으로 알게 되었는지 조사 방법에 주의해야 한다.

셋째, 빠진 데이터는 없는지 숨겨진 자료를 찾아보아야 한다.

넷째, 내용이 뒤바뀐 것은 아닐지 쟁점 바꿔치기에 주의해야 한다.

다섯째, 상식적으로 말이 되는 이야기인가 살펴봐야 한다. 석연치 않은 부분은 조사해야 한다.

이 정도만 알고 있어도 통계치의 홍수 속에서 자신의 주관을 지키는 데 도움을 받을 수 있을 것이다. 가뜩이나 국민들을 손에 넣고 짤짤 흔들려고 하는 그들에게 더 당할 수는 없지 않는가.

(나) 무릇 소송을 제기하는 사람의 말이 비록 크게 놀랄만한 일이라도 한쪽 편의 말만을 그대로 믿어서는 안 되는 것이다. 그 시비곡직(是非曲直)을 일체 논단하지 말고 다만 제결(題決)하기를 "양 당사자로 하여금 각기 전후(前後) 소장(訴狀)을 가지고 대질시켜 처리할 터이니 여기에 한 자(字)라도 더 첨가해서는 안 된다."고만 할 것이다.

— 다산 정약용의 목민심서(牧民心書)의 일부

(다) 고려(高麗)의 폐왕 우(廢王 禑)의 원년, 이보림(李寶林)이 경산부(京山府)의 수령으로 있을 때, 길에서 여자의 곡성(哭聲)을 듣고 "곡성이 슬프지 아니하니 반드시 부정이 있다."하고 데려다 신문하니 남편을 모살(謀殺)한 자였다.

〈다산 정약용의 견해〉 상고하여 보면 이 조(條)는 내용이 있을 것이다. 신통

(神通)하다 할 수 없으며 이와 같은 기록은 간략하여 알 수가 없다.

— 다산 정약용의 흠흠신서(欽欽新書)의 일부

(라)   갑은 두 컴퓨터 회사 A, B에서 각각 개최하는 대회의 예선전에 출전하여 각각 270점과 320점을 얻었다. 이 대회에서는 예선전 점수가 상위 10%인 사람들만이 본선에 진출하게 되는데 갑은 270점을 얻은 A회사 대회에서는 본선에 진출이 어렵지만, 320점이나 얻은 B회사 대회에서는 본선에 진출할 것이라고 생각했다. 그러나 결과는 오히려 A회사 대회에서는 본선에 진출했지만 B회사 대회에서는 탈락했다.

(마)   경제 활동 인구는 취업자와 실업자로 구분되고, 실업률은 경제 활동 인구 중 실업자의 비율을 말한다. 아래 표는 취업자를 4가지 유형으로 구분하여, 전체 취업자 중 2005년 기준 각 유형별 취업자의 구성비와 각 유형별 취업자 수의 2005년과 2006년 사이의 증가율을 나타낸 자료이다. 취업자 수 증가율은

$$\frac{(2006년\ 취업자\ 수)-(2005년\ 취업자\ 수)}{(2005년\ 취업자\ 수)}\times 100(\%)$$ 로 정의된다.

취업 유형별 취업자 동향 분석 (단위 : %)

취업 유형	유형별 취업자 구성비(2005년)	유형별 취업자 수 증가율(2006년)
자영업	27	5
상용 근로	35	3
임시 근로	22	1
일용 근로	16	9

취업 연구소 A는 일용 근로가 가장 증가율이 높으므로 올해 새로 취업한 사람들에게 가장 많은 일자리를 제공한 취업 유형은 일용 근로직이라고 발표했다.

(바)   이라크에 전쟁이 종료되고 유엔군이 철군하여 자치 정부가 들어섰다. 그리고 범죄에 대한 재판이 군법 회의에서 사법부로 이관되었다. 종파주의자인 갑은 최근 1년 동안의 살인 범죄 통계인 ⟨표 1⟩을 인용하면서 시아파의 사형 선고율이 수니파에 비해 높다고 주장하였다.

〈표 1〉

가해자 \ 선고	사형	기타	사형 선고율(%)
시아파	53	430	11.0
수니파	21	226	8.5

이에 유엔 인권위의 을은 위에 발표한 통계를 보완하여 〈표 2〉를 제시하였다.

〈표 2〉

피해자	가해자	사형	기타	사형 선고율(%)
시아파	시아파	51	378	11.8
	수니파	3	34	8.1
수니파	시아파	2	52	3.7
	수니파	18	192	8.6

1 (라)에서 갑과 같은 상황이 발생한 이유를 (가)의 관점에서 구체적으로 논술하시오.

2 (마)에서 취업 연구소 A의 발표의 문제점을 논술하시오.

3 (나), (다)의 다산 정약용이 제시한 관점을 적용하여 (바)의 종파주의자의 주장을 반박하고, 인권주의자가 〈표 2〉를 통하여 주장하고자 하는 바가 무엇인지 논술하시오.

문제 분석

통계 자료의 홍수 속에서 살고 있는 현대인들은 올바른 판단을 하기 위해 통계 자료를 정확히 판독하여 올바르게 활용할 필요가 있다. 문제 **1**, **2**는 통계 자료가 불충분해서 생겨나는 문제점에 대해서 분석할 수 있는 능력이 있는지 묻고 있다. 문제 **3**은 인간의 철학적 관점에 따라서 통계 자료의 해석이 달라질 수 있음을 올바른 논거하에 서술할 수 있는지를 알아보고자 한다.

1 상위 10%가 본선에 진출한다는 조건이므로 서로 다른 조건하에서 치러진 대회에서 단순한 점수 비교는 무의미하다는 것을 말해 주는 예이다. 즉, 절대 점수는 낮지만 성적 순위는 오히려 높을 수 있는 경우가 있기 때문이다. 평균과 표준편차를 이용하여 다음과 같은 상황을 생각할 수 있다.

(ⅰ) B회사의 대회 평균 점수가 훨씬 높은 경우를 생각해 보자.

예를 들어, A회사의 대회 평균 점수는 200점, B회사의 평균 점수는 400점이라면, B회사의 대회보다는 A회사의 성적이 상위 10%에 들게 될 가능성이 클 것이다. 따라서 두 회사의 대회 평균 점수에 따라 상황이 달라질 것이다.

(ⅱ) 두 대회 모두 평균보다 높은 점수를 받았으나, B회사의 표준편차가 더 큰 경우를 생각해 보자.

	평균	표준편차
A회사	230	10
B회사	280	50

단순히 갑이 받은 점수와 대회 평균 점수만을 비교해 본다면, 두 대회 점수 모두 평균보다 40점이 더 높다. 때문에, 두 대회의 성적 순위도 비슷할 것처럼 보이지만, 두 대회의 표준편차를 비교해 보면 B회사가 더 크다. 즉, A회사에 비해 B회사의 성적 분포가 평균 점수를 기준으로 좌, 우로 더 광범위하게 퍼져 있음을 알 수 있다. 따라서 A회사 대회 성적이 B회사보다 더 나을 수 있다. 이 경우에는 평균뿐만 아니라, 표준편차까지 물어보아야 한다.

2 취업 연구소 A는 크게 두 가지 오류를 범하고 있다.

첫째, 2005년도의 각 취업 유형별의 취업자 수가 다르므로 취업자 수 증가율이 가장 크다고 해서 취업자 수가 가장 많이 증가한 건 아니라는 사실을 간과하고 있다.

둘째, 계산을 해 보면 일용 근로직의 취업자 수가 가장 많이 증가한 건 사실이나, 취업자수가 가장 많이 늘어난 취업 유형이 새로 취업한 사람들에게 가장 많은 일자리를 제공하는 건 아니라는 사실을 간과하고 있다. 왜냐하면 직업군 간의 이직을 생각해야 한다. 예를 들어 상용 근로직의 사람들이 많이 일용 근로직으로 옮기고 새로운 취업자들로 충원되었다면 일용 근로직이 새로 취업한 사람들에게 가장 많은 일자리를 제공하지 않을 수도 있다. 따라서 주어진 통계 자료로는 가장 많은 일자리를 제공한 취업 유형을 알 수가 없다.

3 다산 정약용의 글은 주요한 정보를 무시하고 어떤 판단을 하는 것은 옳지 않음을 말하고 있다. 이러한 관점에서 종파주의자의 통계는 범죄에서 가장 중요한 사항 중 하나인 가해자와 피해자 관계 중에서 피해자의 정보를 무시한 채 가해자의 종파에만 주목해서 발표한 통계이고, 인권주의자는 이를 보완한 통계라 할 수 있다.

〈표 2〉에서 종파 간의 살인 범죄 사건의 판결을 보면 시아파가 수니파를 살해했을 때 사형 선고율이 3.7%로, 수니파가 시아파를 살해했을 때의 사형 선고율 8.1%보다 작다. 따라서 시아파가 불리한 판결을 받는다고 볼 수 없다.

(다)의 관점에 의하면 수니파가 시아파에 비해 불리한 판결을 받는다고 보기에도 어느 정도 무리가 따르는데, 시아파 살인 범죄의 약 89%가 시아파을 대상으로 이루어지고 있고, 수니파 살인 범죄의 약 85% 역시 수니파를 대상으로 이루어지고 있다.

가해자 \ 피해자	시아파	수니파
시아파	88.9%(429명)	11.1%(54명)
수니파	14.9%(37명)	85.1%(210명)

이 통계를 활용하면 시아파와 수니파의 종파 간의 살인 범죄의 연관성을 주장하기에는 무리가 있다. 즉, 이것은 살인 범죄에 대한 종파 간의 연관성이 없음에도 불구하고 이 둘이 서로 연관성이 있다고 무리하게 주장하고 있는 종파주의자의 결론에 오류가 발생하고 있다는 뜻이다.

(가) 인생은 선택을 위한 의사 결정의 연속이다. 사람은 누구나 현명한 선택, 좋은 결과를 보장하는 선택을 하려고 한다. 한 가지 사안에 대한 결정은 그 자체만으로 끝나는 것도 있지만 다른 결정에 영향을 미치는 경우도 많다. 따라서 어떠한 결정이라도 신중하게 처리해야 하며 그렇지 못한 경우엔 결국 값비싼 대가를 치러야 한다.

이러한 의사 결정 방법은 효과적으로 학습될 수 있다. 성공적인 선택과 의사 결정을 할 수 있는 결정적인 요인은 그 '과정'을 학습하는 것이다. 이는 선택과 의사 결정에 걸리는 시간과 노력, 비용을 줄이고 마음의 안정을 가져다주는 것이다.

(나) 하동의 차 생산 농가는 2,000여 가구이다. 악양과 화개를 중심으로 여기저기 흩어진 차밭만 836ha에 이르고, 70여 개의 다원이 있다. 전국 녹차의 $\frac{1}{4}$이 이곳에서 생산된다. 하동이 차 재배지가 된 것은 타고난 기후 덕분이다. 야생차 밭이 늘어선 화개면 일대는 연평균 기온이 섭씨 13.8도, 강수량은 1,400mm이다. 땅심이 깊고 자갈이 섞인 하동 땅은 차나무가 땅속으로 깊게 뿌리를 내려 온갖 좋은 성분을 빨아들이기에 좋다. 게다가 섬진강과 지리산에 인접한 까닭에 안개가 많고, 습도가 높고, 일교차가 큰 것도 좋은 차를 내는 데 한몫을 거든다.

이곳에서 차를 오늘 수확하는 대신 하루 더 재배하여 내일 수확하면 1.5배의 양을 수확할 수 있다고 한다. 내일 비가 오지 않으면 차 값은 수확 시기에 관계없이 3(천원/kg)으로 일정하지만 내일 비가 올 경우 오늘 수확한 차는 4(천원/kg), 내일 수확할 차는 2(천원/kg)가 된다.

(나)에서 기상청은 매일 다음 날 비가 올 확률을 발표한다. 내일 비가 올지 안 올지 확실하지 않기에 오늘 전량 수확하면 얻을 수 있는 차 400kg의 일정 비율만 오늘 수확하고, 나머지는 하루 더 재배하여 내일 수확하려고 한다. 수입의 기대값을 최대로 하기 위해서 400kg 중 어느 정도를 수확할 것인가를 결정하는 방법을 설명하시오.

불확실한 미래를 염두에 두고 어떤 결정을 내려야 할 때가 많다. 만약 여러 해를 걸쳐 쌓인 통계 자료를 통해 미래의 사건에 대한 확률을 알 수 있다면 우리는 기대 수익이나 기대 수입 등을 최대가 되도록 하는 결정을 내릴 것이다. 비가 올 확률과 수확 비율을 변수로 한 기대 수입을 수학적으로 모델링하는 능력을 물어보는 논제이다.

비가 올 확률을 p라 하고, 400kg 중 오늘 수확하는 비율을 $x\,(0\leqq x\leqq 1)$라 하자.

(ⅰ) 비가 안 올 경우 수입은 $400x\times 3+400(1-x)\times\dfrac{3}{2}\times 3$이다.

(ⅱ) 비가 올 경우 수입은 $400x\times 4+400(1-x)\times\dfrac{3}{2}\times 2$이다.

수입을 확률변수 X라 하면,

X	$400x\times 3+400(1-x)\times\dfrac{3}{2}\times 3$	$400x\times 4+400(1-x)\times\dfrac{3}{2}\times 2$
$\mathrm{P}(X)$	$1-p$	p

수입의 기대값을 $\mathrm{E}(X)$라 하면

$$\mathrm{E}(X)=\left\{400x\times 3+400(1-x)\times\frac{3}{2}\times 3\right\}\times(1-p)$$
$$+\left\{400x\times 4+400(1-x)\times\frac{3}{2}\times 2\right\}\times p$$
$$=(1000p-600)x+(1800-600p)\quad(0\leqq x\leqq 1)$$

따라서 $\mathrm{E}(X)$는 기울기가 $1000p-600$인 x에 대한 일차함수이다. 그러므로

$p>\dfrac{3}{5}$이면 $x=1$일 때, $\mathrm{E}(X)$가 최대가 되고

$p<\dfrac{3}{5}$이면 $x=0$일 때, $\mathrm{E}(X)$가 최대가 되고

$p=\dfrac{3}{5}$이면 x에 상관없이 $\mathrm{E}(X)$는 일정하다.

따라서 비 올 확률이 $\dfrac{3}{5}$보다 크면 오늘 다 수확하고 비 올 확률이 $\dfrac{3}{5}$보다 작으면 내일 다 수확하고 정확히 $\dfrac{3}{5}$이면 임의대로 수확한다. 그러면 수입의 기대값이 가장 클 것이다.

　　요즈음 우리 사회에 이혼이 급증하면서 가족 제도의 붕괴를 우려하는 목소리가 높다. 2003년 보건 복지부와 어느 대학교가 공동 발간한 연구 보고서에는 "2002년 우리나라에서 하루 평균 840쌍이 결혼하고 398쌍이 이혼해 결혼 대비 이혼율이 47.4%로, 이는 미국 51%, 스웨덴 48%에 이어 세계 3위이며, 현재 상태를 유지할 경우 우리나라의 이혼율이 미국을 곧 추월할 것으로 보인다."라고 경고하고 있다. 당시 일부 언론은 이 보고서를 인용하면서 부부 2쌍 중 1쌍이 이혼하는 것으로 오해하여 이혼 유예 제도의 도입 등을 통해 현행 이혼 제도를 개선해야 된다고 주장하기도 하였다. 그런데 이혼율 산정에 관한 공식적인 방식이 마련되지 않은 상태에서 저마다 나름대로의 방식으로 이혼율을 산정하다 보면 통계 수치가 지나치게 높게 나오거나 낮게 나와, 결과적으로 사회적 혼란을 야기할 수 있다. 따라서 합리적인 이혼율 산정 방식은 무엇이며, 그에 따를 경우 우리나라의 이혼율은 어느 정도인지 살펴보는 작업이 필요하다. 이에 현재 우리나라와 외국에서 사용되고 있는 이혼율 산정 방식들을 비교·검토해 보고, 나름대로 합리적인 이혼율 산정 방식을 생각해 보자.

　　첫 번째로는, 특정 연도에 혼인한 부부의 수를 분모로, 그 해에 이혼한 부부의 수를 분자로 하여 산정한 수치를 백분율로 나타내는 방식을 들 수 있다. 이는 보건 복지부가 위 보고서에서 발표한 이혼율 산정 방식으로, 2002년도에 혼인한 부부의 수(306,600쌍)와 이혼한 부부의 수(145,300쌍)를 단순 비교하는 것인데, 이에 따르면 2002년도 우리나라의 결혼 대비 이혼율은 47.4%가 된다.

　　두 번째 이혼율 산정 방식으로는 조이혼율(粗離婚率, Crude Divorce Rate, ‰)을 들 수 있는데, 이는 당해 연도의 인구 1,000명당 이혼 건수를 계산하는 방법이다. 즉, 어느 연도의 1년간 발생한 총이혼 건수를 당해 연도의 연앙 인구(年央人口, 7월 1일을 기준으로 한 총인구)로 나눈 수치를 천분율로 나타내는 방식이다. 이에 따르면, 우리나라의 2002년 연앙 인구가 47,000,000명이고, 2002년 이혼 건수가 145,300건이었으므로, 2002년 우리나라 조이혼율은 3.0이 된다. 이 방식은 OECD 회원국 대부분의 국가들이 채택하는 방식이고, 우리나라 통계청에서도 이 방식에 의하여 이혼율을 산정·발표하고 있으므로, 외국과의 이혼율을 비교할 수 있는 장점이 있다. 2002년 기준 조이혼율에 따라 우리나라의 이혼율을 외국과 비교하여 보면, 미국 4.0, 벨로루시 3.8, 몰도바 3.5, 체코 3.1, 벨기에 3.0, 덴마크 2.8, 일본 2.3

등으로, 우리나라는 OECD 회원국 중 조이혼율이 높은 나라에 속한다.

세 번째 이혼율 산정 방식으로는 일반 이혼율(General Divorce Rate, ‰)을 들 수 있는데, 이는 당해 연도의 이혼 가능한 연령층인 15세 이상 인구 1,000명당 이혼 건수를 계산하는 방법이다. 즉, 어느 연도의 1년간 발생한 총이혼 건수를 당해 연도의 15세 이상 연앙 인구로 나눈 수치를 천분율로 나타내는 방식이다.

네 번째 이혼율 산정 방식으로 배우자가 있는 사람의 이혼율(有配偶離婚率)을 들 수 있는데, 이는 특정 연도말을 기준으로 혼인 부부의 수를 분모로, 특정 연도 중에 이혼한 부부의 수를 분자로 하여 산정한 수치를 천분율로 나타내는 방식이다. 예를 들면, 2002년 말 현재 혼인 부부수가 11,011,902쌍이고 2002년 중에 이혼한 부부의 수는 145,300쌍이므로, 2002년 우리나라의 이혼율은 1.3%라는 것이다.

다섯 번째 이혼율 산정 방식으로는 특정 시점의 혼인 경력자의 총혼인 횟수를 분모로 하고 같은 시점의 이혼 경력자의 총이혼 횟수를 분자로 하여 산정한 수치를 백분율로 나타내는 법원 행정처 방식을 생각할 수 있다. 특정 시점까지의 누적된 총혼인 횟수, 총이혼 횟수 등은 현재 호적이 모두 전산화되어 있으므로 '호적 정보 시스템'을 통하여 쉽게 추출해 낼 수 있다. 이 방식에 의하여 우리나라의 이혼율을 산정해 보면, 2004년 1월말 현재 혼인 경력자의 총혼인 횟수가 28,156,405이고, 총이혼 횟수는 2,623,659이므로 이를 백분율로 계산하면 9.3%가 된다. 이에 따르면 2004년 1월말까지 결혼한 부부 11쌍 중 약 1쌍 정도가 이혼한 것으로 볼 수 있다.

1 이 글에서 소개한 조이혼율 산정 방식이 이혼율을 과대평가하게 하는 이유를 설명하시오.

2 이 글에서 다섯 번째로 설명한 이혼율 산정 방식을 사용하여 매 연말 시점을 기준으로 이혼율을 계산하고, 매년 산정된 이혼율을 비교하여 이혼율 변화의 추이를 논하는 것이 타당한지, 혹은 문제점이 있는지 한 가지 입장을 택하여 이유를 들어 설명하시오.

3 자신이 생각하는 이혼율의 개념을 정의하고, 위의 5가지 이혼율 산정 방식 중 이에 해당하는 방식을 골라 그 타탕성을 입증하시오. (만일 새로운 이혼율 산정 방식을 생각해 냈다면, 그 방식을 제시하고 타당성을 입증하시오.)

〈 2008 서울대 논술 1차 예시 〉

통계 자료를 어떤 방식으로 조합하냐에 따라 그 결과가 상이하게 나올 수 있다. 이 논제는 이혼율을 계산하는 다섯 가지 방식을 소개하고, 각각의 방식의 장단점을 분석해 내는 능력을 물어보고 있다.

예시 답안

1 조이혼율의 계산법에 따르면 실제로 결혼한 적이 없는 사람이나 아동까지도 모두 이혼율 계산에 포함하고 있기 때문에 우리나라가 다른 나라보다 이혼율이 과대평가 받을 수 있다. 우리나라는 결혼을 하게 되면 혼인 신고를 하는 경우가 대부분이고 이에 비해 서양은 혼인 신고를 하지 않은 사실혼 관계가 많다. 따라서 파경을 맞게 되면 우리나라는 이혼 통계에 기록되나 서양은 그렇지 않은 경우가 많다. 그러므로 우리나라가 서양에 비해 상대적으로 조이혼율이 높게 나올 것이다. 그리고 아동의 수가 급속히 줄어들고 있는 우리나라의 현실에서는 미래에는 더욱 다른 나라보다 이혼율이 과대평가 받을 것이다.

2 이혼율이라 함은 결혼 경험이 있는 사람들을 대상으로 생각해야 하므로 법원 행정처의 계산 방법은 이 조건을 충족하고 있다. 그러나 매년 산정된 이혼율을 비교하여 이혼율 변화의 추이를 논하는 것은 타당하지 않을 수 있다. 예를 들면, 가치관의 변화로 결혼하는 인구가 급격히 감소할 경우 실제 총이혼 횟수는 일정하게 유지되는데도 이혼율이 증가하기 때문이다.

3 이혼이란 결혼을 전제로 하는 것이기에 결혼한 사람들 중에서 이혼한 사람들의 비율을 이혼율이라 함이 옳다. 따라서 두 번째와 세 번째 방법과 같이 결혼하지 않은 사람까지 이혼율 산정에 고려하는 것은 옳지 않다고 생각된다. 첫 번째 계산 방법은 특정 연도에 혼인한 부부의 수를 분모에 놓고 특정 연도에 이혼한 부부의 수를 분자에 두었다. 따라서 인구가 급속히 감소하여 그에 따라 특정한 해에 결혼 인구가 적을 경우는 결혼한 사람들이 다 이혼하는 것이 아님에도 불구하고 이혼율이 100%를 넘을 수도 있는 문제가 있다.

네 번째의 경우는 특정 연도 말을 기준으로 혼인 상태인 부부의 총수를 분모로, 특정 연도 중에 이혼한 부부의 수를 분자로 하여 산정한 수치이다. 따라서 최근 몇 년 동안 인구가 급격히 줄어 최근 결혼한 부부 중에서 상당수가 이혼하더라도 이혼한 부부의 절대적 수치가 작으면 이혼율이 상대적으로 작게 나와 역시 부정확하다. 따라서 다섯 번째 방식으로 이혼율을 계산하는 방법이 완벽하지는 않지만 다른 네 가지 방법의 단점을 보완할 수 있어 가장 타당한 방법이라고 여겨진다.

필수 논제 **4** 자료 해석

1 다음은 2006년에 발생한 자동차 사고를 차종과 사고 원인별로 정리한 가상의 자료이다. 사망 사고는 사망자가 포함된 사고이고, 부상 사고는 사망자가 없는 사고이다. 제시된 자료를 보고 다음 질문에 답하시오.

차종과 사고 원인별 자동차 사고 건수

구분		사고 원인별 자동차 사고 건수					(단위 : 만 건)
차종	보유대수(S) (단위 : 만 대)	음주 운전		신호 위반		과속	
		사망(A)	부상(B)	사망(C)	부상(D)	사망(E)	부상(F)
(가)	1,000	2	31	1	5	4	102
(나)	200	2	1	1	1	5	14
(다)	500	2	7	2	5	9	36

(1) 사망 사고에 대한 차종의 사고율 순위와 부상 사고에 대한 차종의 사고율 순위를 구하고 설명하시오.

(2) 차종 (가)부터 차종 (다)까지 세 개의 차종 중에서 사망 사고와 부상 사고의 위험 정도를 고려하여 사고 위험도가 가장 높은 차종을 찾으려고 한다. 표에서 얻을 수 있는 정보 S, A, B, C, D, E, F만을 이용하여 사고 위험도를 구하기 위한 평가식을 만들고 사고 위험도에 대한 순위를 구하는 과정을 설명하시오.

2 물체의 움직임을 표현하고 기술하는 도구로 식, 도표, 그래프를 사용하면 매우 편리하다. 특히 직선 운동을 하는 경우 움직이는 물체의 속도에 관한 식이나 다음과 같은 그래프가 주어지면 우리는 그 움직임을 직접 보지 않고서도 많은 정보를 파악할 수 있다. 다음은 육상 선수 갑, 을, 병 세 명이 100m 달리기 시합을 한 기록을 그래프와 표로 나타낸 것이다. 그래프와 표를 잘 분석하고 다음 물음에 답하시오.

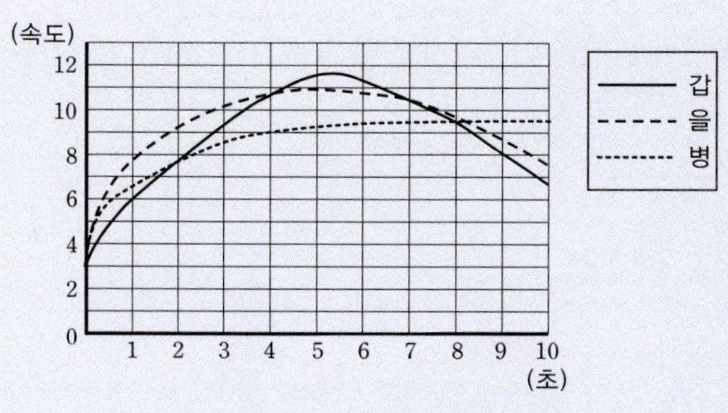

(단위 : m)

선수 \ 초	1	2	3	4	5	6	7	8	9	10	11
A	5.37	12.80	21.05	29.85	39.07	48.62	58.43	68.46	78.66	89.00	99.45
B	5.48	13.40	22.89	33.51	44.78	56.15	67.08	77.07	86.15	94.50	102.09
C	6.32	14.67	24.08	34.21	44.83	55.72	66.70	77.59	88.20	98.32	107.75

(1) 위의 그래프와 표를 통해 알 수 있는 사실을 모두 말해 보시오. (표와 그래프의 관계, 달리기 순위, 순발력 등등)

(2) 육상 경기에는 100m, 200m, 400m달리기와 800m 이상 중장거리 경주, 100m허들, 110m허들, 400m허들 등의 장애물 경기, 릴레이, 경보, 마라톤, 멀리뛰기, 3단 뛰기, 높이뛰기, 장대높이뛰기, 창이나 원반던지기 경기 등이 있다. 코치로서 2, 3등을 한 선수에게 100m 경주가 아닌 다른 육상 경기의 종목을 추천한다면 어떤 종목이 적합하다고 생각하는가? 그 이유를 설명하시오.

〈 2008 연세대 모의 논술 〉

문제 분석

통계 자료를 해석하는 자료 분석형 논제이다. 연세대에서 밝히고 있듯이, 이 논제는 수리 및 과학적인 자료나 모델에 대해 첫째 기본적인 정보를 이해하는 능력, 둘째 주어진 정보를 분석하는 능력, 셋째, 의미 있는 정보들을 종합하고 논리적인 추론을 통하여 종합적으로 문제를 해결하는 능력 등을 측정하고자 하는 논제다. 문제 **1**은 주어진 표의 데이터를 정확히 분석하고 추론하여 차종의 사고 위험도를 따져 보는 문제다. 문제 **2**의 핵심은 그래프와 표 사이의 상관관계를 이해하고, 갑, 을, 병 세 선수의 순발력과 지구력에 관해서 결론을 도출해 내는 것이다.

1 (1) 차종별로 사망 사고율과 부상 사고율은 다음과 같이 정의될 것이다.

$$사망\ 사고율=\frac{(사망\ 사고\ 건수)}{(차량\ 보유\ 대수)}\times100(\%),\ 부상\ 사고율=\frac{(부상\ 사고\ 건수)}{(차량\ 보유\ 대수)}\times100(\%)$$

주어진 표를 이용하여 차종별로 계산하면 아래의 표와 같다.

차종	사망 사고율(%)	부상 사고율(%)
(가)	0.7	13.8
(나)	4.0	8.0
(다)	3.4	9.6

따라서 사망 사고율은 (나), (다), (가) 순이고, 부상 사고율은 (가), (다), (나) 순이다.

(2) 부상 사고의 사고 위험도가 사망 사고의 사고 위험도의 k배라 하자. $(0<k<1)$ 그러면 사고 위험도=(사망 사고율+$k\times$부상 사고율)로 계산할 수 있다. k에 따라서 차종별 사고 위험도 순위가 달라질 수 있다. 예를 들면 $k=0.5$일 때는 사고 위험도가 (다), (가), (나) 순이지만, $k=0.1$일 때는 (나), (다), (가) 순이다.

	사고 위험도	
	$k=0.5$	$k=0.1$
(가)	7.6	2.08
(나)	7.0	4.8
(다)	8.2	4.36

2 (1) 주어진 그래프가 속도, 시간 그래프이므로 그래프 아래 쪽 넓이는 이동 거리를 의미한다. 따라서 정해진 시각까지 그래프 아래쪽 넓이가 주어진 표의 이동 거리 값이 된다. 2초까지 그래프를 보면 속도의 대소 관계가 을, 갑, 병의 순이다. 표에서 2초까지 달린 거리(이동 거리)의 대소 관계가 C, B, A 순이다. 따라서 선수 A는 병, 선수 B는 갑, 선수 C는 을이다. 2초에서 6초까지 그래프를 보면 병과 을이 속도가 역전이 되므로 이동 거리가 비슷해진다. 표에서 2초에서 6초까지 달린 거리가 비슷해지는 선수는 C와 B이다. 그러므로 갑, 을, 병과 선수 A, B, C의 대응 관계가 올바름을 확신할 수 있다. 10초에서 11초까지 표에서 달린 거리를 살펴보면 달리기 순위가 C, B, A 즉, 을, 갑, 병임

을 알 수가 있다. 그래프를 살펴보면 병은 2초까지 순발력이 다른 선수보다 좋고 을은 2초에서 6초까지 순발력이 다른 선수보다 좋다.

(2) (1)에서 분석한 것과 같이 2등은 갑이고, 3등은 병이다.

갑은 6초 이후에 순발력이 급격히 저하되어 을에게 추월당해 1등을 놓쳤음을 알 수 있다. 갑은 자신이 온 힘을 다해 달릴 때, 2초에서 6초 사이에 최고의 힘이 발휘됨을 알 수 있다. 따라서 이 시간대에 순발력이 필요한 운동을 선택하는 것이 좋겠다. 예를 들면 멀리뛰기, 높이뛰기, 창이나 원반던지기 경기 등이 적합하다고 볼 수 있다. 병은 초반 순발력이 다른 선수들에 비해 뒤지나, 10초 이후에도 달리기 속도가 계속 늘어나는 것을 볼 때, 지구력을 필요로 하는 운동이 적합하다고 할 수 있다. 따라서 200m 이상의 중장거리 경주가 어울릴 것 같다. 보다 긴 시간을 조사해 보아야 확실히 알겠으나 마라톤같이 아주 장시간 동안 지구력이 유지해야 하는 운동이 적합할 가능성도 있다.

법칙 발견의 강력한 도구로서 통계

덴마크 생물학자 빌헬름 요한센은 한 그루에서 얻은 강낭콩 무게가 300mg인 것만 골라 심어서 모두 611개의 씨를 얻었다. 이들의 무게를 그래프로 나타내면 오른쪽 그림과 같이 중앙값이 가장 높고, 그 좌우로 점점 낮아지는 정규분포곡선이 되었다. 이는 같은 어버이에서 동일한 유전자를 받은 자식이라도 모양, 크기, 색깔, 무게 등의 차이가 있다는 개체변이를 말해 준다.

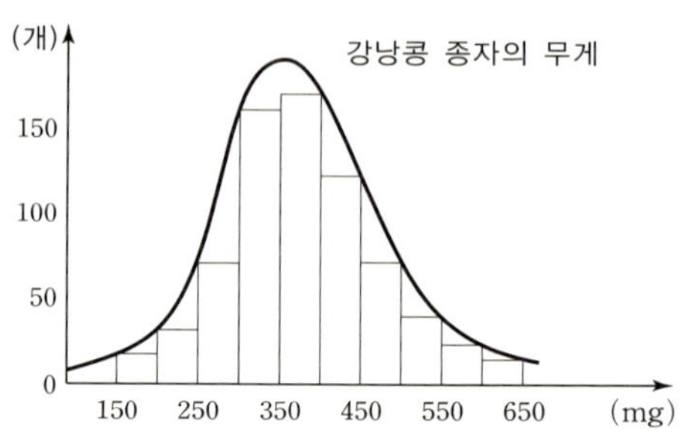

이와 같이 통계는 단순한 자료 분석만이 아니라, 자연 현상과 사회 현상 그 자체를 설명하고 법칙을 발견하는 데 필수적인 개념과 도구이다. 통계는 눈에 보이는 현상뿐만 아니라 그 뒤에 숨어 있는 본성까지 파악하는 데 중요한 도움을 준다. 환경과 생활이 복잡다단해지고 있는 현대 사회에서 통계의 필요성은 더욱 커지고 있다.

1

(가) 최근 월드컵으로 다시 정열적인 축구강국 멕시코가 회자되고 있다. 이처럼 멕시코는 미국 범죄자들의 손쉬운 도피처, 판초와 솜브레로, 코로나맥주와 테킬라, 마리아치, 베사메무초 그리고 축구의 이미지로 우리에게 다가온다.

하지만 막상 멕시코에 발을 디디면 도피와 낭만, 정열의 이미지와는 또 다른 멕시코를 만나게 된다. 인구 2천 4백만의 거대한 공룡 도시, 지금으로부터 4000년 전까지 올라가는 문명들이 남긴 웅장한 피라미드와 유적지들, 사막, 정글, 카리브 해, 만년설이 덮여 있는 높은 산맥 그리고 불꽃이 활활 타고 있는 광활한 유전 시설과 산업 단지들.

세계 무역 규모에서 멕시코는 한국과 앞서거니 뒷서거니하면서 서로 10위와 11위를 마크한다. 2002년, ABC 3국으로 평가됐던 남미의 경제 대국인 아르헨티나와 브라질이 경제 침체를 맞아 고전할 때 멕시코는 승승장구하며 경제 종주국으로 우뚝 섰다. 멕시코가 중남미의 경제 관문으로 자리 매김을 하자 대한 무역 공사는 미국에 있던 중남미 본부를 2002년 멕시코로 옮겼다.

현재 한국 정부는 칠레에 이어 멕시코와 FTA를 추진 중이다. 이미 멕시코는 1994년 미국과 캐나다와 NAFTA를 체결한 이후 32개국과 FTA를 맺고 있다. 하지만 2003년 일본과 FTA를 맺은 이후 모라토리움을 선언했다.

한국이 미국과 FTA를 체결하기 위해 6월 5일부터 예비 협상에 들어간다고 한다. 이에 학계와 언론에서는 이미 12년 전 미국과 캐나다와 FTA를 맺은 멕시코를 분석하느라 멕시코를 찾는 일이 잦아졌다. 이들은 당시 협상 담당자들과 정부 관계자들, 경제 전문가들 그리고 사회 운동가 등 여러 분야의 사람들을 만나 나프타 12년의 결과를 해석하고 있다.

… (중략) …

(나) 과달카사르 읍은 500년 전 스페인 선교사들이 들어와 마을 한가운데 성당을 짓기 이전부터 오랫동안 원주민들이 살았던 유서 깊은 마을이다. 인구 1000명 남짓한 이 조그맣고 평화로운 마을에 죽음의 그림자가 드리워진 것은 NAFTA를 체결하면서부터 시작되었다.

메탈클래드는 미국의 산업 폐기물 처리 기업이다. 1993년부터 메탈클래드는 방사능 폐기물과 폭발성 화학 물질, 병원 폐기물 등 독성이 강한 산업 쓰레기들을 이 마을에서 28km 떨어진 "라 페드레라" 라는 곳에 묻기 시작했다. 메탈클래드는 이곳을 필두로 멕시코의 4개 주 35지역에 산업 폐기물을 묻을 계획이었다.

시골 사람들은 처음엔 이 기업이 이곳에서 뭘 하는지도 몰랐다. 그저 커다란 창고가 들어설 것이라고 했다가 그 창고에 물건들을 잠시 보관했다가 다른 곳으로 갈 것이라고도 했다. 이런 시설을 짓게 되면 마을 사람들의 일자리가 창출될 것이고 또 병원도 들어설 것이라고 했다. 하지만 새빨간 거짓말. 메탈클래드는 연방 정부에 의해 사업 허가를, 주정부에 의해 토지 사용권을 허락받았지만 뒤늦게 산업 폐기물을 이곳에 버리려 한다는 것을 알게 된 읍 정부는 사업장 건축을 허가하지 않았다.

멕시코 법에 의하면 이 세 정부의 허가을 받아야 사업을 할 수 있는데 메탈클래드는 이를 무시하고 폐기장을 만들었다. 그린피스의 활동으로 끔찍한 사실을 알게 된 분노한 주민들은 시위에 나섰고 이미 묻어 버린 세 곳의 산업 폐기물들은 땅속으로 스며들어 주변 마을을 덮쳤다. 기형아가 태어나고 사람들은 암으로 죽어갔다. 사태가 심각해지자 메탈클래드는 더 이상 산업 폐기물들을 이곳에 버리지 못하게 되었고 이에 11조항에 따라 멕시코 정부에 손해 배상을 청구했고 승소했던 것이다. 하지만 과달카사르 읍은 어떤가. 1994년부터 2003년 동안 주변 마을에서는 암으로 사망하거나 발병한 사람이 68명이다. 대도시도 아니고 고작 인구 1000명의 작은 마을에서 말이다.

(다)　물론 이 모든 슬픈 현실의 저반에 NAFTA가 그 원인이라고 쉽게 단정 지을 수는 없다. 하지만 12년 전, 멕시코 정부가 야심 찬 포부로 제3세계를 탈피하여 선진국 대열로의 진입을 꿈꾸었다고 한다면 최근 미국에서 문제가 되고 있는 7백만 명의 불법 이민자들은 누구이며 지금 이 순간에도 목숨을 걸고 국경을 넘는 사람들은 누구인지.

당시 NAFTA를 체결했던 관리와 정부 관계자들은 말한다. 멕시코는 NAFTA 이전에 비해 오늘날 대외 수출과 교역량이 당시의 몇 배의 퍼센테지와 천문학적인 액수로 급증하였으며 실업자 수도 줄어가고 있다고. 다만 대를 위해 나타나는 희생은 감수할 수밖에 없다고. 그들은 위에 언급했던 것처럼 멕시코의 국제적 위상이 NAFTA 이후 매우 높아졌음을 강조하고 있다.

하지만 착취에 가까운 저임금과 비정규직 노동자들의 노동으로 외국으로부터 무관세로 들여온 원자재와 부품으로 조립만 해서 갖다 파는 하청 기업으로 전락한 마킬라도라, 값싼 농산물 수입이라는 폭격을 맞아 붕괴된 농촌, 쿼터제 폐지로 멕시코 영화 황금기를 아득한 옛일로 그리워하며 CF로 생계를 잇고 있는 영화 감독들, 물밀 듯이 밀려들어 온 패스트푸드로 조만간 미국을 제치고 비만 1위국으로의 진입을 앞둔 국민들, 자고 일어나면 더 늘어나 있는 거리의 행상과 노점들, 길거리 아이들, 납치 1위국, 급증한 마약과 범죄. 이 모습들은 모두 어디서 시작된 것인지 눈을 크게 뜨고 봐야 할 것이다.

(라) 3800여 개의 업체들이 입주하고 있는 남동 국가 공단에 인접한 인천 논현동 주민들이 공단에서 발생하는 다이옥신과 중금속, 휘발성 유기 화합물(VOC) 등 공해 물질에 의해 암, 호흡기 질환, 알레르기 질환 등 각종 질병을 호소하고 있는 것으로 조사되었다.

… (중략) …

논현동 지역의 인구는 361명이다. 1992년부터 2002년까지 발생한 암환자(사망자 포함) 현황은 연간 3.6명꼴로 발생하고 있다. 2001년 우리나라 신규 암환자 발생 현황은 1만 명당 36명이다.

(마) 암환자 발생 현황의 또 다른 특징은 암환자가 최근 들어 급증했다는 것이다. 남동 공단은 1985년 1단계 조성 공사가 착공되어 1989년에 완공되었고 1992년에 2단계 조성 사업이 준공되면서 1992~1993년부터 본격적으로 입주하여 가동되기 시작했다고 한다. 암환자가 지속적으로 발생하고 최근 들어 급증하고 있는 추세여서 남동 공단의 공해로 인한 환경 오염 물질 축적에 의한 피해와 관련이 있다는 결론을 내릴 수 있다. 이 지역에서 2000년부터 해마다 암 발생자는 3명, 4명, 5명으로 증가했다. 지역 주민들이 발암 물질에 지속적으로 노출된 후 일정 기간의 잠복기를 거쳐 암 발생이 계속 증가되는 가능성을 시사하는 것으로 볼 수 있다.

이는 발암 물질에 노출될 경우 5~15년간의 잠복 기간을 거쳐 암 발생이 증가되는 것으로 알려졌는데 남동 공단이 1985년부터 1992년까지 조성된 것에서 알 수 있듯이 10여 년의 시간이 지난 현재의 시점에서 환자 수가 급격하게 늘어나고 있다는 데서 우연이 아닌 남동 국가 공단의 오염 물질로 인한 암환자 수의 증가로 볼 수 있다.

(1) (라)에 제시된 자료를 근거로 하여 중금속으로 인한 오염이 암 발생에 영향을 미치는지 서술하고, (나)에 제시된 자료를 근거로 하여 멕시코와 우리나라의 전체적인 암 발병율이 비슷하다고 가정했을 때, 과달카사르 읍의 상황을 분석하시오.

(2) (마)에서 암 발생자의 수가 3명, 4명, 5명으로 산술적으로 인원이 증가하고 있다. (라)에 제시된 자료를 근거로 암 발병율이 급격하게 높아지고 있다고 말할 수 있는지 각자 의견을 서술하시오.

2

어느 정당이 A라는 법안을 국회에 상정하기 전에 성인 1,000명을 무작위로 추출하여 이 법안에 대한 찬성과 반대 여부를 묻는 여론 조사를 실시하였다. 총 480명이 이 법안에 찬성하는 의견을 보였다. 찬성률이 50% 미만이므로 이 정당은 법안을 철회하였다. 연령별로 나타난 여론 조사 결과는 다음의 표와 같다.

연령 세대	인구 구성비(%)	표본 수	찬성자 수
20대	30	100	80
30대	30	200	140
40대	25	300	120
50대 이상	15	400	140

위에 제시된 표에 나타난 여론 조사의 문제점을 지적하고, 이에 대한 해결 방안을 논하시오.

〈 2006 중앙대 수시 1 〉

3

> (가)   우리나라 인구의 상위 1%가 전체 개인 소유 토지의 절반 이상을 차지하고 있는
> 등 토지 소유 편중 현상이 극심한 것으로 조사됐다. 15일 행정 자치부에 따르면 전
> 국 토지 소유 현황을 조사한 결과, 면적 기준으로 작년 말 현재 총인구의 상위 1%
> 인 48만 7천 명이 전체 사유지 5만 6천 661km^{2}의 51.5%에 해당하는 2만 9천
> 165km^{2}를 소유한 것으로 확인됐다. 또 총인구의 상위 5%가 82.7%인 4만 6천
> 847km^2, 상위 10%가 5만 1천 794km^{2}인 91.4%를 각각 차지하고 있는 것으로
> 집계됐다. 총인구 4천 871만 명 중 토지소유자는 28.7%에 해당하는 1천 397만
> 명이었다.
>
> (나)   행정 자치부가 발표한 '토지 소유 현황' 통계가 실상을 과장한 것으로 드러났다.
> 행자부는 그 자료에서 총인구의 상위 1%가 전체 사유지의 51.5%를 보유하고 있
> 다고 밝혔다. 전체 인구의 28.7%만이 토지를 보유하고 있다고도 했다. 다시 말해
> 우리 국민의 71.3%, 3천 500만 명이 손바닥만한 땅도 가지고 있지 않다는 것이었
> 다. 행자부 발표가 있자 시민 단체들은 즉각 "토지 소유의 불평등을 이대로 방치해
> 선 안 된다."며 목소리를 높였고, 일부 언론들도 이 구호를 함께 복창했다.
> 우리나라의 가구당 평균 인원은 3.1명이다. 그렇다면 총인구의 28.7%가 토지 소
> 유자라는 것은 70% 정도의 국민이 땅을 갖고 있는 가구에 속해 있다는 의미이다.
> 정부가 말한 것과는 정반대의 결과다.

(가), (나)의 두 제시문은 최근 우리나라 신문에 게재된 기사의 내용을 발췌한 것으로서 하나의
통계 조사 결과에 대한 상반된 두 견해를 제시하고 있다. 두 제시문은 자신의 주장을 강조하기
위해 통계 조사 분석 과정이나 결과의 일부분을 주관적으로 활용하고 있으며 이로 인해 독자들
은 잘못되거나 불완전한 판단을 할 수 있다. 좀 더 의미 있고 완전한 정보를 전달한다는 관점에
서 각 제시문이 가지고 있는 문제점을 설명하시오.

4

(가) 자본주의 경제에서는 생산이나 소비와
같은 경제 활동이 활발한 호경기와 그러
한 경제 활동이 침체하는 불경기가 번갈
아 발생하는데, 그러한 변동 과정을 경
기 변동 또는 경기 순환이라 한다.

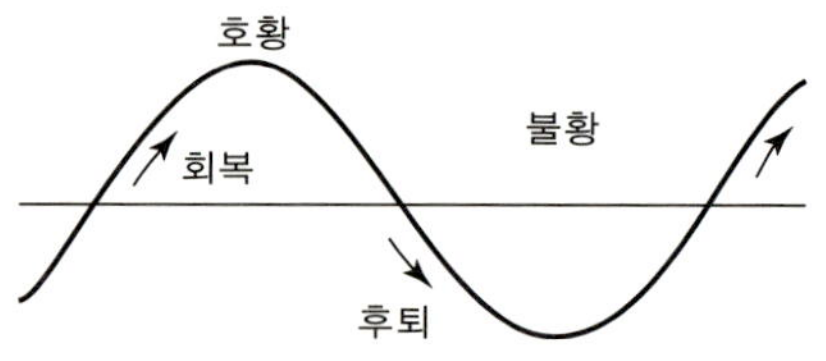

경기 변동은 일정한 주기를 두고 발생하는데, 호황과 불황이 파상적(波狀的)으
로 되풀이되고, 그 변동은 경제의 모든 부문에 영향을 주며 국제적으로 파급해 나
간다. 이러한 경기 변동의 물결이 본격적으로 일어난 것은 자본주의 경제가 확립
된 19세기 초엽의 유럽에서이며, 역사상 특히 유명한 것은 1929년 미국에서 시작
된 세계적인 대공황이다.

(나) 1929년의 대공황(Depression of 1929) 또는 1929년의 슬럼프(Slump of 1929)라
고도 한다. 1929년 10월 24일 뉴욕 월가(街)의 '뉴욕 주식 거래소'에서 주가가 대
폭락한 데서 발단된 공황은 가장 전형적인 세계 공황으로서 1933년 말까지 거의
모든 자본주의 국가들이 여기에 말려들었으며, 여파는 1939년까지 이어졌다. 이
공황은 파급 범위, 지속 기간, 격심한 점 등에서 그때까지의 어떤 공황보다도 두드
러진 것으로 대공황이라는 이름에 걸맞는 것이었다.

제1차 세계 대전 후의 미국은 표면적으로는 경제적 번영을 누리고 있는 것처럼 보
였지만, 그 배후에는 만성적 과잉 생산과 실업자의 항상적(恒常的)인 존재가 현재화
(顯在化)되고 있었다. 이런 배경 때문에 10월의 주가 대폭락은 경제적 연쇄를 통하
여 각 부문에 급속도로 파급되어, 체화(滯貨)의 격증, 제반 물가의 폭락, 생산의 축
소, 경제 활동의 마비 상태를 야기시켰다. 기업 도산이 속출하여 실업자가 늘어나,
33년에는 그 수가 전 근로자의 약 30%에 해당하는 1,500만 명 이상에 달하였다.

이 공황은 다시 미국으로부터 독일, 영국, 프랑스 등 유럽 제국으로 파급되었다.
자본주의 각국의 공업 생산고는 이 공황의 과정에서 대폭 하락하고 1932년의 미
국의 공업 생산고는 1929년 공황 발생 이전과 비교하여 44% 하락하여 대략 1908
~1909년의 수준으로 후퇴하였다. 또한 이 공황은 공업 공황으로서 공업 부문에
심각한 타격을 주었을 뿐만 아니라, 농업 부문에도 영향을 미쳐서 미국을 비롯하
여 유럽, 남아메리카에서 농산물 가격의 폭락, 체화의 격증을 초래하여 각 지방에

서 소맥, 커피, 가축 등이 대량으로 파기되는 사태까지 일어났다. 금융 부문에서도 31년 오스트리아의 은행 도산을 계기로 유럽 제국에 금융 공황이 발생하여, 영국이 1931년 9월 금본위제를 정지하자 그것이 각국에 파급되어 금본위제로부터의 잇달은 이탈을 초래, 미국도 33년 금본위제를 정지하였다.

　이 공황은 자본주의 각국 경제의 공황으로부터의 자동적 회복력(自動的回復力)을 빼앗아감으로써 1930년대를 통하여 불황을 만성화시켰으며, 미국은 뉴딜 정책 등 불황 극복 정책에 의존해야 하였다. 10여 년 동안의 대불황에 허덕인 미국은 제2차 세계 대전으로 경기를 회복, 대전 중에는 실질 소득이 거의 2배로 증가하였다.

미래의 경기가 호황인지(b) 또는 불황인지(r)에 따라 기업 A가 고려하고 있는 세 가지 신규 사업의 성과가 달라진다고 하자. 현재 특별히 새로운 정보가 없는 가운데 호황일 확률은 0.4, 불황일 확률은 0.6으로 예상되고 있다. 모든 신규 사업에는 동일한 액수가 투자되는데 다음과 같은 수익을 예상하고 있다고 하자.

	b	r
신규 사업 1	40억	20억
신규 사업 2	50억	10억
신규 사업 3	60억	5억

(1) 기업 A는 오직 기대 이윤에만 관심이 있고 더 이상 추가 정보가 없다면 어떤 사업에 투자하겠는가?

(2) 이제 기업 A는 신규 사업을 선택하기 전에 세계적으로 유명한 자문 회사 B에 자문을 의뢰하려고 한다. 이 회사는 완전한 정보를 제공하는 것으로 유명하다. 즉, 이 회사에서 미래에 호황일 것으로 예측하는 경우 반드시 호황이 왔으며, 불황이라고 예측하는 경우에는 반드시 불황이 왔었다. 기업 A는 이 정보를 어떻게 이용하겠는가?

(3) 앞에서 기업 A가 정보를 이용한 결과 예상되는 기대 이윤을 구하시오.

(4) 이상의 결과에 의할 때 기업 A는 자문 회사 B에 자문료를 얼마나 지불할지 설명하시오.

5

(가)　사람들은 흔히 "우리가 가는 차선이 옆 차선보다 더 막힌다."라는 이야기를 한다. 또한 사람들은 "우리가 가는 차선의 방향이 반대 방향보다 더 막힌다."라는 이야기를 한다.

(나)　우리들은 "세차를 하면 그날 꼭 비가 온다."라는 이야기를 종종 듣게 된다. 그러나 세차장에서 일하는 사람들은 비 오는 날이나 그렇지 않은 날이나 세차하는 차량의 수는 비슷하다고 말한다. "세차를 하면 그날 꼭 비가 온다."라는 말은 통계적 근거가 없는 심리적 이야기일 뿐이다.

　　한편, 우리들은 사람들이 "내가 지원한 대학교의 경쟁률이 그해 특히 높았다."라고 말하는 것을 흔히 듣게 된다. 이에는 통계적 근거가 있다. 어느 대학교의 경쟁률이 높다는 것은 그 대학교에 지원자가 많다는 것이고, 그렇게 되면 나뿐만 아니라 그해 대학 진학을 희망한 다른 사람들 역시 지원자가 많은 그룹에 속할 확률이 클 것이다. 따라서 "내가 지원한 대학교의 경쟁률이 그해 높았다."라는 말은 통계적 근거가 있다고 할 수 있다.

(나)의 관점에서 (가)의 두 이야기를 비평하여 보시오. 또한 흔히 '머피의 법칙'이라고 불리는 이야기 중에서 근거가 있는 경우와 그렇지 않은 경우의 보기를 들어 보시오.

6

거짓말 탐지기 A와 B의 정확도를 알아보려 한다. 한 집단의 건강한 성인을 대상으로 실험했을 때, 거짓말을 하지 않는 상황과 거짓말을 하는 상황에 대한 결과가 〈표 1〉과 같이 나타났다.

〈표 1〉 거짓말 탐지기 A와 B의 반응 실험 결과

	탐지기 A	탐지기 B
① 거짓말을 하지 않는 상황에서 거짓이라고 판단하는 비율	5%	5%
② 거짓말을 하는 상황에서 거짓이라고 판단하는 비율	91.5%	93.5%

거짓말에는 감추는 형태와 속이는 형태가 있는데 거짓말 탐지기는 이러한 형태의 차이에 영향을 받을 수 있다. 즉, '감추는 거짓말'의 경우가 '속이는 거짓말'의 경우보다 감정 변화가 덜하기 때문에 거짓말 탐지기가 이를 탐지하기 어렵다는 것이다. 한 통계에 의하면, 거짓말을 하는 상황에서 어떤 거짓말 탐지기라도 '감추는 거짓말'을 거짓말로 판단하는 비율이 '속이는 거짓말'을 거짓말로 판단하는 비율보다 5% 정도 낮다고 한다. 예를 들어, 거짓말 탐지기가 '감추는 거짓말'을 거짓말로 판단하는 비율이 90%라면, '속이는 거짓말'을 거짓말로 판단하는 비율이 95%라는 것이다.

〈표 1〉에 나타나 있는 ②의 거짓말을 하는 상황에서 실험의 질문 형태를 분석한 결과는 〈표 2〉와 같다고 한다.

〈표 2〉 거짓말을 하는 상황에서의 질문 형태의 구성 비율

	탐지기 A	탐지기 B
'감추는 거짓말' 형태의 구성 비율	70%	30%
'속이는 거짓말' 형태의 구성 비율	30%	70%

〈표 2〉를 근거로 하여 〈표 1〉의 결과를 설명하시오.

〈 2007 중앙대 정시 〉

> (가)　모 전자 회사는 일 년 전에 2년 동안 6억 원의 예산을 투입하여 새로운 모델의
> 냉장고를 개발하기 시작했다. 그 시점에서는 이 제품이 완성되었을 때, 투자한 금
> 액의 15~20%의 수익이 15년 동안 매년 발생할 것으로 예상하였다. 그러나 1년
> 동안 2억 원을 사용한 후에 다시 살펴보았더니 개발 초기에 예상치 못한 환경 관
> 련 비용의 증가로 인해 개발 비용이 총 7억 원으로 늘어나게 되었다. 또한 경쟁사
> 가 동일한 신제품을 개발하여 연간 예상 수익률도 2년차 예산의 8%로 낮아졌고,
> 더구나 10년 후에는 이 제품의 경쟁력이 사라질 것으로 평가되었다.
>
> (나)　어느 나라의 국방부가 레이더에 걸리지 않는 비행기를 개발하기로 하였다. 이를
> 위해 먼저 총 1,000억 원을 투자하여 레이더의 추적을 피할 수 있는 핵심 부품을
> 만들기로 하였는데, 현재까지 900억 원을 사용하였다. 그런데 다른 나라의 회사가
> 이와 동일한 기능을 갖고 있으면서도 더 쉽게 장착할 수 있는 부품을 제작하여 판
> 매하기 시작하였다.

(가)와 (나)에서 학생이 회사의 사장 혹은 국방부의 정책 결정자라고 했을 때, 진행 중인 사업을
계속할지 여부에 대하여 판단하고 그 근거를 제시하시오.

〈 2008 서울대 논술 1차 예시 〉

8

형사 사건에서 허위 증언을 줄이는 방법으로 거짓말 탐지기를 사용하는 경우가 많다. 심장박동 수만으로 거짓 여부를 판단하는 거짓말 탐지기가 있다. 한 집단의 건강한 성인을 대상으로 동일한 실험 조건하에서 반복 실험을 하였다. 그 결과 거짓말 하지 않는 경우(I)와 거짓말 하는 경우(Ⅱ)의 심장박동 수 분포가 아래 그림과 같이 나타났다.

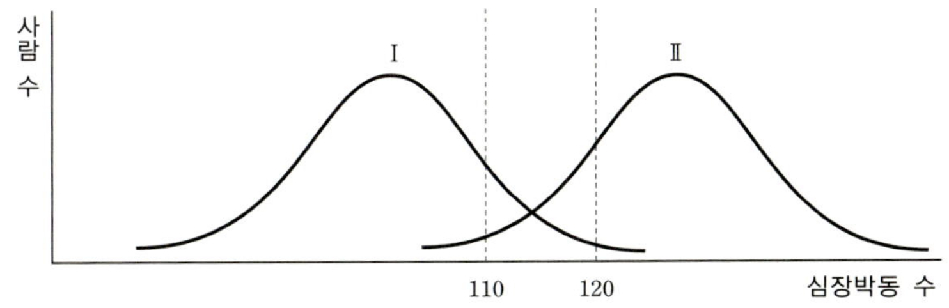

법원은 이 실험 결과를 토대로 피의자의 심장박동 수가 일정 수준을 초과하면 거짓말을 한다고 판단하려고 한다. 진술의 진위 여부를 판단하는 기준으로, 심장박동 수가 110과 120을 초과하는 두 기준 중 어느 하나를 사용하고자 할 때, 두 기준에 대한 타당성과 문제점을 설명하시오.

〈 2007 중앙대 정시 〉

9

아래의 자료 (가)에 들어 있는 '주택 보급 계획'이 어떻게 추진되고 어떤 결과를 낳았는지 평가하고 기술하시오. (가)~(다)의 기술이나 자료를 모두 활용하여 다음 세 가지 측면에 중점을 두고 평가하되, 평가에 대한 근거를 구체적으로 제시하시오.

(1) 계획(주택 보급 증대)이 발표한대로 추진되었는가?

(2) 계획한 목표(주택 보급률)는 어느 정도 달성하였는가?

(3) 목표에 미달한 점이 있다면 당초 계획에 어떤 문제가 있었는가?

> (가) **1990년 주택 보급 관련 정부 계획 발표**
>
> 정부는 1990년대 이후 1995년까지 매년 10%씩 주택 공급을 늘리고, 1995년

이후 2000년까지는 5%씩 증가시킬 계획이다. 이 계획이 차질 없이 시행된다면 2000년에는 전국 가구당 주택 보급률 100%를 넘기게 될 것이고 수도권의 가구당 주택 보급률도 90%를 넘기게 될 것이다. 이러한 계획과 예측은 아래 표들에 제시된 통계에 근거한 것이다. 즉, 인구 변화 예측(〈표 1〉) 그리고 가구당 가구원 통계(〈표 3〉)를 기초로 가구당 주택 보급률을 추산한 계획과 기대치이다. 주택 보급률은 실제 가구 수 조사 자료를 근거로 계산하는 것이지만, 이 계획에서 가구당 주택 보급률 예측은 예상 인구를 1990년 현재 가구당 평균 가구원 수로 나누어 추정한 가구 수(추정치)를 활용한 것이다.

〈표 1〉 인구 예측 통계 : 1990~2000년 (단위 : 1,000)

연도	인구	비고
1990	43,000	실제 조사 인구
1995	45,000	90년 기준 예상 인구
2000	47,000	90년 기준 예상 인구

〈표 2〉 주택 공급 예측 통계 : 1990~2000년 (단위 : 1,000)

연도	인구	비고
1990	7,200	실제 조사 인구
1995	11,600	90년 기준 예상 인구
2000	14,804	90년 기준 예상 인구

〈표 3〉 가구당 가구원 수별 비율 조사 통계 : 1990년 (단위 : %)

구분	1인	2인	3인	4인	5인	6인 이상	평균 가구원 수
1990	9.0	13.8	19.1	29.5	18.8	9.8	3.7인

(나)

주택 관련 통계표 : 1990~2000년 (단위 : 1000)

연도	전국			수도권			서울		
	주택보급률	주택 수	가구 수	주택보급률	주택 수	가구 수	주택보급률	주택 수	가구 수
1990	72%	7,200	10,000	63%	2,500	4,000	58%	1,400	2,400
1995	86%	9,500	11,000	80%	4,000	5,000	68%	1,700	2,500
2000	96%	11,500	12,000	85%	4,700	5,500	77%	2,000	2,600

※ 주택 보급률 = 주택수 / 가구수

(다)

가구당 가구원 수별 비율 조사 통계 : 1995년, 2000년   (단위 : %)

구분	1인	2인	3인	4인	5인	6인 이상
1995	12.7	16.9	20.3	31.7	12.9	5.5
2000	15.5	19.1	20.9	31.1	10.1	3.3

〈 2006 중앙대 수시 2 논술 예시 〉

10

아래 표는 인구 구성을 유년 인구, 생산 가능 인구, 노년 인구로 분류하여 우리나라 인구 구성비와 부양비에 관한 통계 및 예측을 보여 주고 있다. 이에 근거하여 다음 문제에 대해 답하시오.

연도	연도별 총인구 (천 명)	인구수(천 명)			구성비(%)			부양비(%)	
		유년 0~14세	생산 가능 15~64세	노년 65세 이상	유년 0~14세	생산 가능 15~64세	노년 65세 이상	유년 0~14세	노년 65세 이상
1990	42,869	10,974	29,701	2,194	25.6	69.3	5.1	36.9	7.4
1995	45,093	10,537	31,899	2,657	23.4	70.7	5.9	33.0	8.3
2000	47,008	9,911	33,702	3,395	21.1	71.7	7.2	29.4	10.1
2005	48,294	9,240	34,671	4,383	19.1	71.8	9.1	26.7	12.6
2015	49,803	6,920	36,438	6,445	13.9	73.2	12.9	19.0	17.7
2020	49,956	6,297	35,838	7,821	12.6	71.7	15.7	17.6	21.8
2025	49,836	N				68.3		17.3	

(1) 유엔(U.N.)은 65세 이상 노년 인구가 총인구에서 차지하는 노년 인구 구성비가 7% 이상이면 고령화 사회, 14% 이상이면 고령 사회, 20% 이상이면 초고령 사회로 정의하고 있다. 우리나라가 고령화 사회에서 고령 사회로 가는 데 몇 년 정도가 걸릴 것인지 논의하시오.

(2) 유년 부양비는 $\dfrac{(\text{유년 인구})}{(\text{생산 가능 인구})} \times 100(\%)$로 정의한다. 2025년 유년 부양비가 17.3%일 때 유년 인구 N을 산출하는 방법을 논하시오.

〈 2006 이화여대 모의 논술 〉

11

다음 제시문을 읽고 물음에 대해 논술하시오.

(가)　향후 우리나라는 출산율 저하 및 사망률 감소 등으로 인하여 노령 인구의 급속한 증가가 예상된다. 아래에 제시된 도표들은 통계청에서 발표한 국내인 수 변화에 관련된 자료들이다.

　　〈도표 1〉은 2004년까지의 총출생아 수 및 합계 출산률 자료이며 합계 출산률은 한 여자가 가임 기간(15～49세) 동안 평균 몇 명의 자녀를 낳는가를 나타내는 지표이다.

　　〈도표 2〉는 연령층별 인구 비율에 대한 전망을 담고 있다. 예를 들면 2010년도에는 0～14세인 유년 인구는 총인구의 16.3%, 15～64세인 생산 가능 인구는 72.8%, 65세 이상의 노령 인구는 10.9%를 차지할 것으로 예상된다.

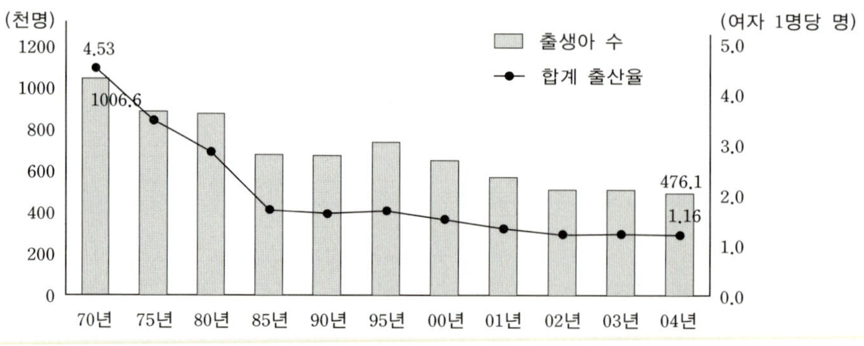

〈도표 1〉 총출생아 수 및 합계 출산율 추이

－ 통계청 「출생아 수 감소 요인 분석」

연도 \ 연령층	0~14세	15~64세	65세 이상
1970	42.5	54.4	3.1
1980	34.0	62.2	3.8
1990	25.6	69.2	5.1
2000	21.1	71.7	7.2
2010	16.3	72.8	10.9
2020	12.6	71.7	15.7
2030	11.2	64.7	24.1
2040	10.1	57.9	32.0
2050	9.0	53.7	37.3

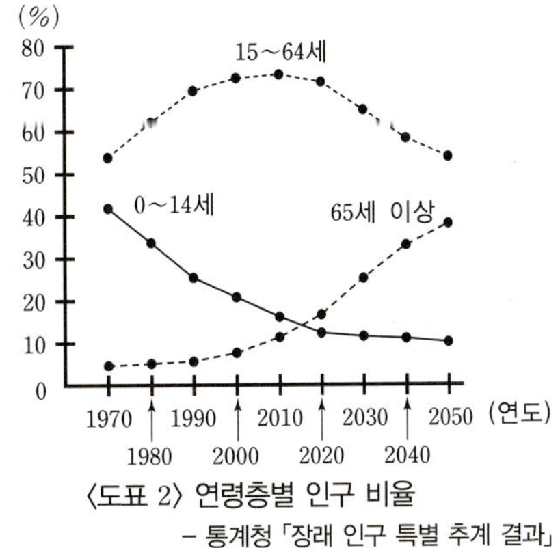

〈도표 2〉 연령층별 인구 비율

– 통계청 「장래 인구 특별 추계 결과」

(나)   출생과 사망 사이의 균형 변화는 자연 선택(natural selection) 기회에 또 다른 영향을 미치기도 한다. 현대인은 과거와는 달리 아이 낳는 일에 거의 집착하지 않는다. 북미의 후터파 교도는 종교적인 이유 때문에 가급적 많은 식구를 갖고자 하지만, 그들조차도 건강 보장이 잘된 사회에서 10명 이상의 아기를 낳는 일은 거의 없다. 인류 역사의 대부분의 기간 동안 사람들은 생물학적으로 가능한 한 많은 아이를 낳았던 것 같다. 단지 최근에 들어서 그 수가 감소하기 시작한 것이다.

사람이 자기의 수명이 다할 때까지 산 것은 지금부터 몇 년 전의 일에 불과하다. 서구 사회에서는 지난 한 세기를 지나면서 평균 예상 수명이 거의 두 배로 증가한다. 역사상 처음으로 대부분의 사람들이 노화로 사망했는데 이들은 생물학적으로 생존 가능한 연령까지 산 셈이다.

1900년 47세였던 사람의 예상 수명은 75세까지 증가했다. 그러나 이제는 적어도 일부 사회 계층에서는 더 이상 예상 수명이 증가되지 않는다. 1979년에 65세 된 미국인 백인 여성은 그후로 18년 반을 더 살 것으로 예상되었고, 1991년에 이르러서도 그 예상 수치는 정확하게 같다. 모든 전염병과 사고로 인한 죽음이 없어진다 해도 서구 사회의 평균 예상 수명은 단지 2년 정도밖에 증가하지 않는다. 하지만 평균 수명이 증가할 여지가 남아 있기는 하다. 건강과 관련하여 사회 계층 간의 차이가 있기 때문이다. 영국에서 미숙련공의 아기는 전문 직종을 가진 사람의 아기보다 예상 수명이 8년 더 짧다. 국가의 수치스런 일이기는 하지만 이런 차이는 실제로 증가하고 있다. 그러나 인간 수명의 극적인 증가는 기대하기 어렵다.

이것은 미래에 일어날 진화에서 중요한 요소가 된다. 노인 수의 증가는 그 이전 시대에 비해 더 많은 사람들이 유전적인 이유로 죽는다는 것을 의미한다. 싸움이

나 질병 감염으로 죽는 사람이 많지 않기 때문이다. 역설적으로 이것은 자연 선택이 더 약해짐을 의미한다. 이제는 암과 심장병처럼 인생의 후반부에 발생하는 질병의 유전자가 인간의 사망과 더 관련이 있게 되었다. 이는 이미 아이를 낳아 그 치명적 유전자를 후세에 전달한 이후에 사망한다는 것이다.

유전자 보유자가 아기를 낳기 전에 생존 기회가 달라지는 경우에 비해 이런 유전자에 작용하는 자연 선택력은 훨씬 약해진 것이다. 인간은 전에 비해 더 적은 수의 아이를 낳지만, 대부분은 자신의 생물학적 시계가 멈출 때까지 생존하는 새로운 삶의 양상을 보이고 있다. 인간이 지구에 출현한 이후로 지금까지 6,000세대를 거쳤다면 이런 현상은 인간이 단지 20세기를 거치면 나타나는 것이다. 이것은 자연 선택이 그 작용 방식을 바꾸었음을 의미한다. 이제는 생존보다는 생식력에 의해 자연 선택이 이루어지는 것이다.

사람들이 산아 제한을 통해 자연 선택의 영향을 받는 일이 이제는 보편화되었지만, 각 가족들이 갖는 아이 수에는 아직 차이가 있다. 상위 계층은 하위 집단에 비해 산아 제한에 대한 생각을 잘 받아들였다. 프랑스 귀족이 제일 먼저 이를 받아들여서 단지 100년 사이에 한 번의 결혼으로 낳는 아이 수가 여섯 명에서 두 명으로 감소했다.

산아 제한이 널리 퍼진 이후로 가족들 간의 아이 수의 차이는 감소해 왔지만, 아직 아이 수의 차이에 의한 자연 선택은 생존자 수에 작용하는 자연 선택에 비해 더 크게 나타나고 있다. 이것은 인류가 살아온 과정에서 자연 선택은 생존 기회보다는 우리가 낳는 아이 수에 달려 있다는 것을 의미한다.

자연 선택을 일으키는 요인으로 지금까지 가장 잘 알려져 온 질병, 기후, 기아 등은 생식보다는 생존에 영향을 미쳤다. 생존과 생식 사이의 균형이 한쪽 방향으로 치우침에 따라 앞으로는 진화는 새로워질 것이고 예상하기도 어렵게 되었다. 일찍 성숙하면 좀 더 많은 아이를 낳을 수 있기 때문에 아마도 생식 가능 연령이 중요한 요인이 될 것이다. 소녀들은 과거보다 어린 나이에 성적으로 성숙한다. 이런 경향과 상반되게 서구의 여성들은 반 세기 전에 비해 5년 정도 늦게 결혼을 한다. 일찍 결혼하거나 늦게 결혼하는 경향(또는 아이를 낳기를 제한하는 경향)과 관련된 유전적 요소가 있다면 이것은 진화를 일으키는 강력한 요인이 될 것이다.

– 스티브 존스, 『유전자 언어(the language of genes)』

(1) (가)의 〈도표 2〉를 이용하여 우리나라 전체 인구의 평균 연령 변화를 구하고자 한다. 이 자료를 분석하는 수리적인 과정을 설명하고, 이를 근거로 우리나라 전체 인구의 평균 연령이 어떻게 변화하는지 설명하시오.

(2) '조출생률(粗出生率)'은 특정 인구 집단의 출산 수준을 나타내는 기본적인 지표로서 '1년간 인구 1,000명당 당해 년도 출생아 수'를 말한다. 2000년도 조출생률은 (가)의 〈도표 1〉로부터 근사적으로 구할 수 있다.(단, 2000년도 전체 인구는 약 4,600만 명이라 한다.)
(가)의 〈도표 1〉로부터 구한 이 값을 〈도표 2〉로부터 추론하여 구한 값과 비교하여 설명하고 조출생률이 향후 40여 년간 어떻게 변화할 것인지 예측해 보시오.

〈 2008 연세대 논술 예시 〉

12

다음 글을 읽고, 물음에 답하시오.

> 20대 이상의 사람들을 대상으로 인간 복제의 연구에 대한 찬성 여부를 조사하였다. 연령별 인구 비율이 비슷한 A지역을 대상으로 400명에게 설문 조사를 하여 다음 〈표 1〉과 같은 결과를 얻었다. 한편 A지역과 인구나 사회 환경이 비슷한 B지역에서 500명을 대상으로 설문 조사를 하여 다음 〈표 2〉와 같은 결과를 얻었다.
>
> 〈표 1〉 A지역의 연령별 찬성률
>
> | 연령별 | 응답자 수 | 찬성률 |
> |---|---|---|
> | 20~30대 | 200 | 80% |
> | 40~50대 | 120 | 50% |
> | 60대 이상 | 80 | 25% |
>
> 〈표 2〉 B지역의 연령별 찬성률
>
> | 연령별 | 응답자 수 | 찬성률 |
> |---|---|---|
> | 20~30대 | 150 | 80% |
> | 40~50대 | 150 | 60% |
> | 60대 이상 | 200 | 40% |

(1) 두 지역의 인간 복제 연구에 대한 평균 찬성률을 계산하여 어느 지역 사람들이 더 찬성하는지 판단하시오.

(2) 만약 인간 복제 연구를 20~30대가 더 찬성하는 경향이 있다면 〈표 1〉에 나타난 첫 번째 설문 조사의 결과는 인간 복제 연구의 찬성률을 정확하게 파악하는 데 어떠한 문제점이 있는지에 대해서 기술하시오.

(3) 설문 조사의 결과에 영향을 미치는 요인으로 성별, 학력, 연령이 있고, 조사 지역의 요인별 인구 비율이 〈표 3〉과 같다고 하자. 1,000명을 대상으로 설문 조사를 할 때 요인별로 배정하여야 할 조사 대상자의 수를 계산하여 〈표 4〉의 ㉠~㉠을 채우고, 그렇게 배정하여야 할 이유를 설명하시오.

〈표 3〉 요인별 인구 비율

성별	비율
남자	60%
여자	40%

학력별	비율
고졸 이하	60%
대학 이상	40%

연령별	비율
20~30대	30%
40~50대	30%
60대 이상	40%

〈표 4〉 조사 대상자 수의 요인별 배정표

성별	학력별	연령별		
		20~30대	40~50대	60대 이상
남자	고졸 이하	㉠	㉡	㉢
	대학 이상	㉣	㉤	㉥
여자	고졸 이하	㉦	㉧	㉨
	대학 이상	㉩	㉪	㉫

〈 2002 중앙대 수시 1 〉

13

다음 글을 읽고, 물음에 답하시오.

> 2차원 평면 위에 존재하는 다섯 개의 점 $(x_1, y_1) = (1, 1)$, $(x_2, y_2) = (3, 2)$, $(x_3, y_3) = (4, 3)$, $(x_4, y_4) = (5, 4)$, $(x_5, y_5) = (7, 9)$ 를 통하여 x의 변화에 따라 y가 어떻게 변하는지를 알아보려 한다.

(1) x의 변화에 따라 y가 변하는 대체적인 추세를 파악해 보기 위하여 이를 설명할 수 있는 직선을 찾아보려고 한다. 즉, 이 다섯 점의 변화를 최대한 잘 설명할 수 있는 직선 $y = ax + b$ (단, a와 b는 상수)를 구하려 한다. 이때 a의 값을 구하기 위하여 먼저 다음을 정의하였다.

> ① 모든 $1 \leq i < j \leq 5$에 대하여 '$x_j > x_i$인 (i, j)의 개수'를 N이라 정의한다.
>
> ② N개의 $x_j > x_i$인 (i, j)에 대하여 S_{ij}를 다음과 같이 정의한다.
>
> $$S_{ij} = \frac{y_j - y_i}{x_j - x_i}, \ i < j$$

위의 내용을 사용하여 학생 갑은 a의 값으로 N개의 S_{ij}값들의 평균을 사용할 것을 제안하였다. 갑이 한 제안의 논리적 타당성에 대하여 설명하시오.

(2) 위와 같은 상황에서 a의 값을 구할 수 있는 다른 방안을 제시하고 학생 갑의 제안과 비교하여 그 타당성을 설명하시오.

(3) 위의 다섯 점의 변화를 직선이 아닌 이차곡선 $y = cx^2 + d$ (단, c와 d는 상수)를 통하여 설명하려 할 때, c의 값을 추정할 수 있는 합리적인 방안을 제시하시오.

〈 2008 중앙대 모의 논술 〉

14

다음 글을 읽고, 물음에 답하시오.

지구 온난화의 주범인 온실 가스를 줄이기 위한 교토 의정서가 2005년 2월 발효됨에 따라 우리나라도 기후 변화 협약 당사국으로서 온실 가스 배출 감축 시책을 강력히 추진할 계획이라고 한다.

우리나라 온실 가스의 대부분을 차지하는 CO_2의 배출원은 화석 연료(석탄, 석유, 액화 천연 가스)이며, CO_2배출량은 에너지 수요 및 경제 성장과 밀접하게 연관되어 있다. 정부는 지속적인 경제 성장을 위해 에너지 총소비를 매년 3%씩 증가시키는 반면, CO_2배출의 증가율은 최대한 줄이기로 하였다고 가정하자. 아래 자료는 '에너지 수요와 CO_2배출 전망' 에 관한 것이다.

다음 표를 보고 물음에 답하시오.

에너지 종류		탄소 집약도 (TC/TOE)	2005년 에너지 구성 비율(%)	2015년 에너지 구성 비율(%)	조절 가능한 화석 연료 사용의 연평균 증가율 범위	
					최소(%)	최대(%)
화석 연료	석탄류	1.1	24%		−1.0	3.0
	석유류	0.8	46%		−1.0	3.0
	액화 천연 가스	0.6	13%		−1.0	5.0
수력, 원자력, 기타		0	17%	19%		
합계			100%	100%		
위의 에너지 총소비량 (단위 : 100만 TOE)			220	296	〈참고〉 $296 ≒ 220(1+0.03)^{10}$	
위의 에너지로부터의 CO_2배출량 (단위 : 100만 TC)			156			

※ TOE(석유환산톤)＝열량의 비교를 위한 것으로 타 연료의 열량을 원유 기준으로 환산한 양

※ TC(탄소톤)＝이산화탄소(CO_2)를 탄소(C)를 기준으로 환산한 단위(예를 들면 탄소의 원자량은 12이고 이산화탄소의 원자량은 44이므로, 1톤의 이산화탄소는 $1 \times \dfrac{12}{44}$가 되어 약 0.27탄소톤이 된다.)

※ 탄소 집약도$(TC/TOE) = \dfrac{(CO_2 배출량)}{(연료별 에너지 소비량)}$

(1) ① 제시문의 내용을 개괄적으로 설명하시오.

　　② 화석 연료를 제외한 에너지 소비량의 연평균 증가율에 대해 논하시오.

(2) 앞의 자료에서 2005학년도 CO_2 배출량은 어떻게 계산하여 얻어졌겠는가? 조절 가능한 화석
　　연료 사용의 연평균 증가율의 범위 내에서 2015년도 CO_2 배출량을 180(백만 TC)으로 줄이
　　는 것이 가능한지 검토하시오.

〈 2007 연세대 논술 예시 〉

15

다음 글을 읽고, 물음에 답하시오.

(가)　가로축의 x값은 중간고사 성적을 나타
내고, 세로축의 y값은 기말고사 성적을
나타낸다. 그림에서 볼 수 있듯이 x값이
증가할 때 y값도 증가하는 경향이 있고,
이는 점의 분포가 우상향하는 데서 잘 드
러난다. 이때 두 변수 사이에 양의 상관
관계가 존재하다고 표현한다. 거꾸로 x
값이 증가할 때 y값이 감소하는 경향이
있으면 점의 분포는 우하향하게 되고 이
때 두 변수 사이에는 음의 상관관계가 존재한다고 말한다.

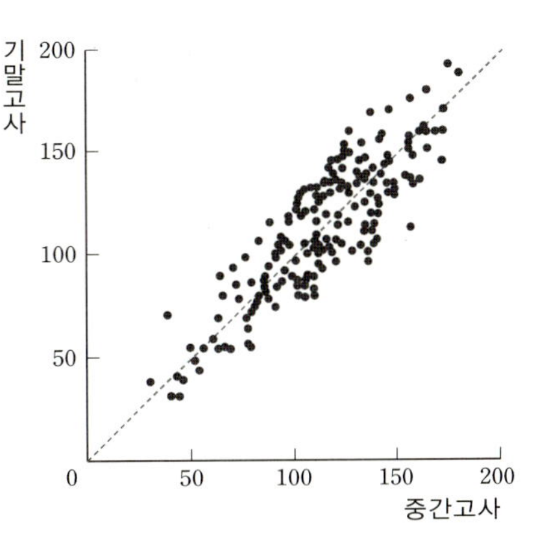

(나)　상관관계는 말 그대로 두 변수 간의 '상관성'만을 나타내는 것이지 '인과성'을
나타내는 것은 아니다. 하지만 이런 상관성을 인과성으로 오인하는 경우가 빈번하
다. 변수 x가 증가할 때 y가 증가하는 것은 x로 인해서 y가 증가하는 것일 수도 있
으며 또는 y로 인해서 x가 증가하는 것일 수도 있으며, 또한 제3의 요인에 의해서
x, y가 모두가 증가하는 것일 수도 있다.

(다) 미국 범죄 문제에 대한 연구 과제를 통해서 경찰관의 수가 많은 곳(주)에서 강력 범죄가 많다는 자료를 얻을 수 있었다. 이런 연구 결과를 두고 한 정치가가 경찰관의 수가 많은 곳에서 강력 범죄가 더 많이 일어난 것으로 볼 때, 경찰관의 숫자의 증가가 도시 범죄를 감소시키기는커녕 오히려 증가시키고 있으므로 경찰 업무를 중지시켜야 한다고 주장했다고 한다.

(라) 중국 내 12개 성을 대상으로 조사한 결과 해외 자본을 많이 유치한 성일수록 경제 성장률이 높았다. 이런 결과를 두고 한 중국의 경제 관료가 해외 자본 유치가 많은 곳에서 경제 성장률이 높았던 것으로 볼 때, 해외 자본 유치가 경제 성장을 촉진하므로 적극적으로 외자 유치에 나서야 한다고 주장했다고 한다.

(1) (가), (나)를 참고로 해서 (다)의 주장이 적절한지 논술하시오.

(2) (가), (나)를 참고로 해서 (라)의 주장이 적절한지 논술하시오.

수열과 극한

1장
수열과 극한

●●●●● 출제 경향

수열은 자연수의 집합을 정의역으로 하고 실수의 집합을 공역으로 하는 함수이다. 자연 현상이나 사회 현상을 분석하는 도구로 수열이 도입되는 경우, 정의역의 원소인 자연수는 일정한 시간 간격의 경계를 이루는 시점이 될 수 있고, 공역은 현상을 기술하기 위해 도입된 변수, 예를 들면 황사의 농도, 인구수 등이 된다.

수열은 고등학교 수학 교과 과정에서 많은 비중을 차지하고 있기 때문에 내신과 수능뿐만 아니라 구술 면접 시험 및 통합 교과형 수리 논술 문제에서도 매우 중요하다.

특히 인문계열 논술에서 사회 현상의 양적 변화를 추론하는 문제는 거의 대부분 수열로 접근해야 한다. 자연계열 논술에서 수리적 접근을 해야 하는 자연 과학이나 사회 과학 문제는 수열 이외에도 미분과 적분을 활용할 수도 있지만 말이다. 여러 가지 수열, 점화식, 수학적 귀납법, 수열의 극한 등의 개념들을 깊이 있게 잘 숙지하고, 다양한 통합 논술형 문제를 풀어 보면 실전에서 좋은 점수를 기대할 수 있을 것이다.

무한대(∞)는 누가 처음 썼을까?

수열을 다루기 시작한 역사는 매우 길다. 1858년 스코틀랜드의 골동품 연구가가 나일강 유역에서 구입했다는 파피루스에는 다음과 같은 문제가 쓰여 있었다고 한다.

곡물 100kg을 5명이 나누는데 A보다 B, B보다 C, C보다 D, D보다 E가 각각 어떤 일정한 양만큼 많아지도록 나누었다. 그리고 A와 B 두 명의 몫은 나머지 3명의 몫의 $\frac{1}{7}$이었다. 5명이 각각 나누어 가진 곡물의 양을 구하여라.

수열과 급수에 관한 본격적인 연구는 그리스 시대에 이미 시작되었다. 피타고라스 학파는 홀수 1부터 제 n번째의 홀수 $2n-1$까지 합이 n^2임을 증명하였다. 또한 삼각수, 사각수를 연구하여

$$1+2+3+4+5+\cdots=\frac{n(n+1)}{2},$$

$$1^2+2^2+3^2+4^2+\cdots=\frac{n(n+1)(2n+1)}{6}$$

을 증명하였다.

13세기에는 이탈리아의 수학자 피보나치[1]에 의해서 항 사이의 관계가 $a_{n+1}=a_n+a_{n-1}$로 주어지는 피보나치수열이 만들어졌다. 피보나치수열은 꽃잎의 배열, 앵무조개의 껍데기 구조 등 황금 분할을 따르는 자연계의 일반 법칙을 나타내기 때문에 중요해졌다.

한편 무한의 개념은 고대 그리스 시대 제논의 역설에 등장했던 것처럼 수학자들을 괴롭히는 문제였다. 또한 가장 오래된 무한급수는 아르키메데스가 포물선으로 둘러싸인 부분의 넓이를 구할 때 사용되었다고 알려진 무한등비급수

$$1+\frac{1}{4}+\frac{1}{4^2}+\frac{1}{4^3}+\cdots+\frac{1}{4^n}+\cdots=\frac{4}{3}$$

이다. 일반적인 무한등비급수

$$a+ar+ar^2+\cdots+ar^{n-1}+\cdots$$
$$=\frac{a}{1-r}\ (-1<r<1)$$

의 합은 비에트에 의하여 증명되었다.

뉴턴이 미적분학을 만드는 데 큰 영향을 준 영국의 수학자 월리스는 $n\to\infty$라는 기호를 처음 썼으며 $\displaystyle\lim_{n\to\infty}\frac{0^3+1^3+2^3+\cdots+n^3}{n^3+n^3+n^3+\cdots+n^3}$과 같은 극한값을 계산하는 방법을 자신의 저서에서 다루기도 했다.

무한급수 이론은 17세기와 18세기에 뉴턴, 매클로린, 오일러, 라그랑주에 의해 발전하였는데 그 시대의 급수의 수렴과 발산 이론은 불완전하였다. 엄밀한 급수론은 가우스와 아벨에 의하여 시작되었고, 코시[2]에 이르러 정수항의 급수의 수렴 조건을 비롯한 많은 연구 성과 덕분에 비로소 급수 이론이 학문 체계를 갖추었다고 할 수 있다.

---

1) 피보나치(1170~1250) 이탈리아의 수학자. 아라비아에서 발달한 산술과 대수학을 유럽에 소개하였다. 1202년 저술한 『주판서(珠板書)』는 당시 수학서의 결정판이다.

2) 코시(1789~1857) 프랑스의 수학자. 미적분학의 기초를 확립하고 복소변수함수론을 창시하여 해석학 분야에 큰 업적을 남겼다.

■■■ 등비수열의 응용

(1) 적금과 상환

원금을 a, 이율을 r, 기간을 n, 빌린 금액을 p라 하면

① 기수불의 적금총액

$$S = \frac{a(1+r)}{r}\{(1+r)^n - 1\}$$

② 기말불의 적금총액

$$S = \frac{a}{r}\{(1+r)^n - 1\}$$

③ 상환금(기말불)

$$T = p\frac{r(1+r)^n}{(1+r)^n - 1}$$

(2) 원리합계

원금을 a, 이율을 r, 기간을 n이라 하면

① 단리법 : $S = a(1+rn)$

② 복리법 : $S = a(1+r)^n$

(3) 연금의 현재 가치

매년 말 a원씩 n년간 받을 수 있는 연금의 현재 가치 PV는 다음과 같이 표현된다.

$$PV = \frac{a}{1+r} + \frac{a}{(1+r)^2} + \frac{a}{(1+r)^3} + \cdots + \frac{a}{(1+r)^n}$$

$$= \frac{a}{1+r} \times \frac{1 - \left(\dfrac{1}{1+r}\right)^n}{1 - \dfrac{1}{1+r}}$$

$$= \frac{a}{r}\left\{1 - \left(\frac{1}{1+r}\right)^n\right\}$$

자연수 n과 관련된 어떤 명제 $P(n)$이 모든 자연수에 대하여 성립한다는 것을 증명하려면 다음 두 가지를 밝히면 된다.

(ⅰ) $n=1$일 때, 명제 $P(n)$이 성립한다.

(ⅱ) $n=k$일 때, 명제 $P(n)$이 성립함을 가정하면, $n=k+1$일 때에도 명제 $P(n)$이 성립한다.

이와 같이 증명하는 방법을 **수학적 귀납법**이라고 한다.

피보나치수열의 일반항 구하기

$pa_{n+2}+qa_{n+1}+ra_n=0$, $pqr\neq0$의 일반항을 구하는 방법은 다음과 같다.

위의 식 양변을 p로 나누면 $a_{n+2}+\dfrac{q}{p}a_{n+1}+\dfrac{r}{p}a_n=0$ ······ ㉠

인데, 이때 $r_1+r_2=-\dfrac{q}{p}$, $r_1r_2=\dfrac{r}{p}$를 만족하는 r_1, r_2가 존재한다면 (r_1, r_2는 이차방정식 $px^2+qx+r=0$의 두 근이며 복소수 범위 내에서 언제나 존재한다.) ㉠은

$a_{n+2}-(r_1+r_2)a_{n+1}+r_1r_2a_n=0$이고 이것은 다음과 같이 두 가지 꼴로 변형할 수 있다.

$$a_{n+2}-r_1a_{n+1}=r_2(a_{n+1}-r_1a_n) \qquad ······ ㉡$$

$$a_{n+2}-r_2a_{n+1}=r_1(a_{n+1}-r_2a_n) \qquad ······ ㉢$$

㉡, ㉢은 각각 수열 $\{a_{n+1}-r_1a_n\}$과 $\{a_{n+1}-r_2a_n\}$의 초항이 각각 $a_2-r_1a_1$, $a_2-r_2a_1$이고 공비가 각각 r_1, r_2인 등비수열을 이루고 있음을 의미한다. 즉

$$a_{n+1}-r_1a_n=r_2^{\,n-1}(a_2-r_1a_1) \qquad ······ ㉣$$

$$a_{n+1}-r_2a_n=r_1^{\,n-1}(a_2-r_2a_1) \qquad ······ ㉤$$

일반항 a_n은 ㉣로부터 ㉤을 빼면 구할 수 있다. 즉,

$$a_n=\dfrac{a_2-r_2a_1}{r_1-r_2}r_1^{\,n-1}+\dfrac{a_2-r_1a_1}{r_2-r_1}r_2^{\,n-1}$$

여기에서 $\dfrac{a_2-r_2a_1}{r_1-r_2}=a$, $\dfrac{a_2-r_1a_1}{r_2-r_1}=b$로 놓으면 일반항은 $a_n=ar_1^{\,n-1}+br_2^{\,n-1}$이다. 연립방정식 $a_1=a+b$, $a_2=ar_1+br_2$를 풀어 a, b를 결정하면 된다. (이 방법은 $p+q+r=0$인 경우에도 그대로 적용할 수도 있다.) 피보나치수열은 $p=1$, $q=-1$, $r=-1$인 경우에 해당한다.

필수 논제 ❶ 환경 문제의 수리적 분석

> 브라질의 아마존 숲이 황폐화되고 있는 것으로 나타났다고 BBC 뉴스 인터넷판이 27일 보도했다. BBC는 국립 우주 연구소(INPE)의 위성 자료 판독 결과 아마존 숲이 매년 1%씩 사라지고 있다고 보도했다.
>
> 환경 운동가들은 이러한 상황을 개발에 대한 경고라고 주장하고 있다. 환경 운동가들은 브라질 정부가 환경 보호법을 제대로 시행하지 못하고 있다고 비난하고 있다. 루이스 이나시우 룰라 다 실바 대통령이 이끄는 중도 좌파 정권은 황폐화를 막기 위해 내주 중에 새로운 제안을 발표할 계획이다. 그러나 오랫동안 아마존 보호 운동을 해 온 마리나 다 실바 신임 환경 장관도 대책 마련을 약속했으나 전임자로부터 어려운 환경을 물려받은 상황이다. 즉 브라질은 삼림 황폐화를 파악할 수 있는 수백만 달러 상당의 위성과 레이더모니터링 시스템을 갖추고 있지만 예산 삭감으로 불법 벌목공이나 농민들에 대한 단속은커녕 순찰차나 순시선 연료비조차 부족한 상황이다. 현재, 아마존의 숲은 지구상에 공급되는 산소의 20%를 담당하고 있을 것이라 추정된다. 아마존에서 공급되는 산소의 양은 아마존 숲의 크기에 비례한다. 지구상의 산소 공급이 1% 줄면, 지구 온난화, 동식물의 멸종, 기상 이변 등으로 인한 인류 문명의 피해액이 현재의 2배가 될 것이라고 인류 미래학자들은 예측하고 있다.

1 미래의 일정 시점을 정하고 그 시점에서 지구상의 산소 공급이 어느 정도일지 추정하고, 현재와 같이 아마존의 숲이 줄어들 때, 인류 문명의 피해액을 예측하시오. (단, 아마존의 숲을 제외한 다른 지역에서의 산소 공급은 일정하다고 가정한다.)

2 아마존의 숲을 보존하기 위해 황폐화된 곳에 매년 일정 넓이로 숲을 조성하기로 하였다. 이 경우 지구의 산소 공급이 어떻게 변할지 예측하시오. (단, 아마존의 숲을 제외한 다른 지역에서의 산소 공급은 일정하다고 가정한다.)

〈 2008 고려대 논술 예시 변형 〉

이 문제는 2006년에 발표되었던 고려대학교 2008년형 통합 논술 예시 문제와 비슷한 유형이다. 일반적인 수학 문제집에서 찾아볼 수 있는 수열 응용 문제보다 약간 더 어려운 수준이다. 여기에서 '약간 더 어려운 수준'이라고 한 것은 제시문에서 여러 개의 변수를 직접 찾아야 하기 때문이다. 게다가 언어 논술 문제 지문들과 섞여 출제되므로 심리적 부담감도 더 큰 듯하다. 이 문제를 푸는 데 필요한 수학적 지식은 등비수열 및 점화식을 세워 일반항을 구하기 등이다.

예시 답안

1 n년 후 아마존 숲의 넓이를 a_n, n년 후 아마존에서 공급되는 산소의 양을 b_n, n년 후 지구상에 공급되는 산소의 양을 c_n이라 하자. (단, $n=0, 1, 2, \cdots$)

아마존 숲이 1%씩 감소하고 그에 비례해서 아마존에서 공급되는 산소가 감소하므로 $a_n=a_0 \cdot 0.99^n$, $b_n=b_0 \cdot 0.99^n$이다.

현재는 지구상에 공급되는 산소의 20%를 아마존에서 공급하므로 $c_0=5b_0$이고,

$$c_n=4b_0+b_n \text{ 즉, } c_n=4b_0+b_0 \cdot 0.99^n=5b_0 \times \frac{4+(0.99)^n}{5}=c_0 \times \frac{4+(0.99)^n}{5} \text{이다.}$$

따라서 n년 후에는 지구상에 공급되는 산소는 현재의 $\dfrac{4+(0.99)^n}{5}$ 배로 줄어들 것이다.

n년 후 지구상의 산소 공급이 1% 줄어든다면

$c_n=0.99c_0$ 즉, $4b_0+b_0 \cdot 0.99^n=0.99 \times 5b_0$ 이므로 $0.99^n=0.95$ 즉, $n=\log_{0.99}0.95$년

따라서 $\log_{0.99}0.95$년 후에 피해 규모가 2배가 된다.

2 **1**번에서 사용한 문자와 그 뜻을 그대로 사용한다. 매년 넓이 F만큼 숲을 조성한다면,

$$a_{n+1}=0.99a_n+F$$
$$a_{n+1}-100F=0.99(a_n-100F)$$
$$a_n=(a_0-100F)0.99^n+100F$$
$$=a_0 \times 0.99^n+100F(1-0.99^n)$$
$$=a_0 \times \left\{ 0.99^n+\frac{100F(1-0.99^n)}{a_0} \right\}$$

따라서 n년 후 아마존의 숲의 넓이는 현재의 $\left\{ 0.99^n+\dfrac{100F(1-0.99^n)}{a_0} \right\}$ 배이다.

아마존에서 공급되는 산소의 양도 현재의 $\left\{0.99^n+\dfrac{100F(1-0.99^n)}{a_0}\right\}$배가 되므로

$$c_n=4b_0+b_0\times\left\{0.99^n+\frac{100F(1-0.99^n)}{a_0}\right\}$$

$$=5b_0\times\left[\frac{4}{5}+\frac{1}{5}\left\{0.99^n+\frac{100F(1-0.99^n)}{a_0}\right\}\right]$$

그러므로 n년 후, 지구에 공급되는 산소의 양은 현재의

$$\left[\frac{4}{5}+\frac{1}{5}\left\{0.99^n+\frac{100F(1-0.99^n)}{a_0}\right\}\right]$$배가 된다.

이는 $0.99^n+\dfrac{100F(1-0.99^n)}{a_0}>1$ 즉 $F>\dfrac{a_0}{100}$이면 아마존의 산소 공급량이 증가하고

이에 따라 지구상의 산소 공급량도 증가함을 알 수 있고, $F<\dfrac{a_0}{100}$이면 아마존의 산소 공급량이 감소하고 이에 따라 지구상의 산소 공급량도 감소함을 알 수 있다.

제논의 세 가지 역설

고대 그리스의 철학자 제논의 『자연학』 9장에는 다음과 같은 기록이 있다.

1. 아킬레스와 거북 : 아킬레스는 거북이를 앞지르지 못한다.

   거북이보다 뒤에서 출발한 아킬레스는 우선 거북이 출발한 지점에 도달해야 하는데 그때 거북은 제2의 지점으로 전진한 상태이고, 아킬레스가 그 지점에 도달하면 거북은 제3의 지점에 도달해 있기 때문이다.

2. 나는 화살은 정지해 있다.

   모든 물체는 운동하고 있거나 정지해 있다. 그런데 나는 화살은 각 순간 일정한 위치를 차지한다. 즉, 화살은 각 순간에 있어 그 위치에서 정지하고 있다. 따라서 화살은 운동할 수 없다.

3. 이분할의 역리 : 화살은 결코 표적을 맞추지 못한다.

   화살이 표적에 닿기 위해서는 우선 출발점과 표적의 중간 지점에 도달해야 하고, 중간 지점과 표적 사이의 중간 지점에 도달하게 되고, 그 점과 표적 사이의 중간 지점에 또 도달해야 하고 이런 식으로 무한히 중간 지점이 존재하므로 화살은 영원히 표적에 도달할 수 없다.

이와 같은 제논의 역설은 일종의 귀류법적인 추론으로서 귀류법의 발견은 제논학파의 공적이다.

컴퓨터를 이용하여 특정한 작업을 수행할 때, 어떻게 컴퓨터에 명령하느냐에 따라 빠른 시간 안에 원하는 정보를 획득하기도 하고, 그렇지 못하기도 한다. 시간의 중요성이 빠르게 인식되고 있는 현대 사회에서는 컴퓨터를 효율적으로 이용하여 원하는 정보를 빠른 시간 내에 생산하는 명령체계(알고리즘)를 개발 이용하는 것이 중요한 이슈가 되고 있다. 아래에서는 임의의 n개의 서로 다른 숫자 $a_1, \cdots, a_n$이 컴퓨터에 입력되었을 때 이를 증가하는 순서로 정리하는 두 가지의 다른 알고리즘을 소개하고 있다.

■ 알고리즘 1

[스텝 1] a_1에 새로 이름을 주어 b_1이라고 하자.

[스텝 2] $a_1, \cdots, a_k$를 증가하는 순서대로 정리하여 $b_1, \cdots, b_k$라고 부르기로 하자.
a_{k+1}을 이미 정리되어 있는 $b_1, \cdots, b_k$와 비교하여 정리하려고 한다.
이를 위하여 a_{k+1}을 기존 $b_1, \cdots, b_k$의 작은 숫자부터 차례로 비교하여
a_{k+1}이 들어가야 할 위치를 알아내고 그 위치에 a_{k+1}를 집어넣는다.

[스텝 3] 스텝 2를 반복하여 $a_1, \cdots, a_n$이 정리되면 알고리즘을 종료한다.

■ 알고리즘 2

[스텝 1] a_1이 새로 이름을 주어 b_1이라고 하자.

[스텝 2] $a_1, \cdots, a_k$를 증가하는 순서대로 정리하여 $b_1, \cdots, b_k$라고 부르기로 하자.
a_{k+1}을 이미 정리되어 있는 $b_1, \cdots, b_k$와 비교하여 정리하려고 한다.

[스텝 2−A] $b_1, \cdots, b_k$중 가운데 배치되어 있는 $b_{\frac{k+1}{2}}$과 a_{k+1}을 비교하여, a_{k+1}이
$b_{\frac{k+1}{2}}$보다 작으면 a_{k+1}을 $b_{\frac{k+1}{2}}$의 왼쪽에 배치하고, 반대의 경우 오른쪽에 배치한다.

[스텝 2−B] a_{k+1}이 b_l보다 크고 b_{l+m+1}보다 작다고 하자.
이제 a_{k+1}을 b_l과 b_{l+m+1} 사이에 배치되어 있는 $b_{l+1}, \cdots, b_{l+m}$과 비교하여 정리하려고 한다.
$b_{l+1}, \cdots, b_{l+m}$ 중 가운데 배치되어 있는 $b_{l+\frac{m+1}{2}}$과 a_{k+1}을 비교하여 a_{k+1}이
$b_{l+\frac{m+1}{2}}$ 보다 작으면 a_{k+1}을 $b_{l+\frac{m+1}{2}}$의 왼쪽에 배치하고, 반대의 경우에는 오른쪽에 배치한다.

[스텝 2−C] '스텝 2−B'를 반복하여 $a_1, \cdots, a_{k+1}$이 정리되면, '스텝 2'를 종료한다.

[스텝 3] '스텝 2'를 반복하여 $a_1, \cdots, a_n$이 정리되면 알고리즘을 종료한다.

1 위 두 알고리즘 중 어느 알고리즘이 우수한지 판단하기 위하여 알고리즘의 성능을 측정하는 지표를 만들고, 지표의 적정성에 관하여 논하시오.

2 문제 **1**에서 제시한 지표를 이용하여 어느 알고리즘이 우수한지 판정하고, 판정 근거를 제시하시오.

〈 2008 연세대 모의 논술 〉

문제 분석

먼저 새로운 개념을 이해하고 이 개념을 응용하는 데 필요한 현실적이고 측정 가능한 지표를 도출하는 능력을 측정하는 문제이다. 임의의 숫자를 순서대로 정리하는 두 알고리즘의 근본적인 성격을 파악하고 이를 컴퓨터 효율과 연계하여 판단 지표를 제시한 다음 이 판단 지표의 합리성을 적절히 표현하였는가 여부를 평가하는 것이다. 그리고 현실을 모사하는 적절한 모델링을 통하여 합리적인 판단을 유추하는 능력을 측정한다. 타당한 논리를 바탕으로 현상을 모델링하고 이와 관련된 적합한 계산과 논리를 통하여 자신의 판단을 효율적으로 표현하였는가 여부를 평가하는 것이다.

예시 답안

1 두 개의 알고리즘 가운데 어느 것이 더 효율적인가 하는 지표로 작업을 수행하는 데 어떤 알고리즘이 더 짧은 시간 내에 작업을 수행하는가에 달려 있다. 걸리는 시간은 어떤 알고리즘이 더 적은 횟수로 연산을 시행하는가에 달려 있다.

두 알고리즘 가운데 어떤 것이 더 효율적인가 하는 것은 각 알고리즘이 수행하는 연산 횟수의 평균으로 판단할 수도 있다. 하지만 평균은 어떤 알고리즘이 더 작더라도 특정한 수 배열일 때에는 그 알고리즘이 더 많은 횟수의 연산을 수행할 수도 있다. 그러므로 두 알고리즘의 효율성 비교는 각 알고리즘이 수행할 수 있는 최대 연산 횟수를 지표로 하는 것이 옳다.

2 알고리즘 1의 연산 횟수가 최대가 되는 경우는 다음과 같다.

예를 들어 1, 2, 3, $\cdots$, n까지의 숫자들 가운데 $a_1=1$이 먼저 나와서 이것을 $b_1=1$이라고 두었다. 이때 연산 횟수는 0이다. 두 번째로 $a_2=2$가 나왔다고 하자. 이것을 b_1과 한 번 비교하여 $b_2=2$라고 둔다. 그러므로 연산 횟수는 1이다. 다음으로 $a_3=3$이 나와서 b_1, b_2와 두 번 비교를 한 후 b_3으로 놓으면 연산 횟수는 2이다. 이런 식으로 비교해야 할 수가 작은 수부터 차례로 나오게 되는 경우 연산 횟수는 $0+1+\cdots+(n-1)$, 즉 $\dfrac{n(n-1)}{2}$일 때 최대가 된다.

알고리즘 2는 이미 정렬되어 있는 k개의 숫자들과 a_{k+1}을 비교하여 위치를 정한 후 정렬된 $k+1$개의 숫자들과 a_{k+2}를 새롭게 비교하여 정렬하기 위해 다음과 같은 방식을 선택하였다. 예를 들어 b_1, b_2, b_3, b_4, b_5가 각각 1, 6, 9, 13, 20으로 이미 정렬되어 있다고 하자. 이때 $a_6=4$를 위의 숫자들과 비교하여 1과 6 사이에 넣으려고 할 때 다음과 같이 비교하면 된다. 첫 단계로 다섯 개의 숫자들 중 정 가운데에 있는 9와 비교했을 때 4는 9보다 작으므로 왼쪽 그룹과 비교를 한다. (만약 $a_6=17$로 9보다 큰 수였다면 9를 기준으로 오른쪽 그룹의 숫자들과 비교를 한다.) 1, 6, 9 세 숫자로 이루어진 왼쪽 그룹의 숫자들과 비교할 때에도 역시 정 가운데 있는 숫자인 6과 비교하여 작으므로 6을 기준으로 왼쪽으로 보낸다. 마지막으로 1과 비교했을 때 1보다 크므로 1과 6 사이에 배치한다. 이럴 경우 총 세 번의 연산을 통해 $a_6=4$의 위치가 새롭게 정렬된 a_1, a_2, a_3, a_4, a_5, a_6 중 a_2로 정해진다.

비교의 횟수, 즉 연산의 횟수는 어떻게 결정될까?

만약 처음 비교 대상이 1개였다면 한 번의 연산을 하게 되고, 2개에서 3개까지는 두 번, 4개에서 7개까지는 최소 두 번, 최대 세 번의 연산을 해야 한다.

이것을 일반화하면 2^l-1개의 숫자와 비교를 할 경우 정 가운데 있는 숫자와 비교하여 오른쪽으로 넣든 왼쪽으로 넣든 양쪽에 똑같이 $2^{l-1}-1$개의 수가 존재하므로 어느 쪽 그룹이든 정 가운데 있는 수와 비교를 하게 되면 2회 시행이 되었고, 다음으로는 $2^{l-2}-1$개의 수 중 가운데 있는 수와 비교를 하게 되면 3회 시행하게 된다. 이런 식으로 시행을 계속 반복하면 $2^{l-1}\leqq k\leqq 2^l-1$일 때 총 l회의 최대 연산을 수행하게 되는 셈이다.

즉, k개의 숫자가 이미 정렬되어 있고, $2^{l-1}\leqq k\leqq 2^l-1<2^l$이라면, $l-1\leqq\log_2 k<l$이므로 최대 $l=\log_2 k+1$번 연산을 수행하게 되는 것이다. 이때 $\log_2 k<\log_2 k+1\leqq\log_2 k+1$이므로 $\displaystyle\sum_{k=1}^{n-1}\log_2 k<\sum_{k=1}^{n-1}l=\sum_{k=1}^{n-1}\{\log_2 k+1\}\leqq\sum_{k=1}^{n-1}\log_2 k+n-1$이다. 한편,

$$\log_2 k=\frac{\ln k}{\ln 2}\ \text{이고}$$

$$\int_2^n \ln(x-2)dx = (n-1)\ln(n-1) - n + 2 < \sum_{k=1}^{n-1} \ln k < \int_1^n \ln x\, dx = n\ln n - n + 1$$

이므로 $\dfrac{1}{\ln 2}\{(n-1)\ln(n-1) - n + 2\} < \sum_{k=1}^{n-1} \log_2 k < \dfrac{1}{\ln 2}\{n\ln n - n + 1\}$이고,

$\dfrac{1}{\ln 2}\{(n-1)\ln(n-1) - n + 2\} < \sum_{k=1}^{n-1} l < \dfrac{1}{\ln 2}\{n\ln n - n + 1\} + n - 1$이 된다.

이제 이 결과와 알고리즘 1의 최대 연산 횟수인 $\dfrac{n(n-1)}{2}$ 을 비교해 보자.

일반적으로 데이터의 개수가 많을 경우 최고차항의 차수만을 가지고 비교해 보아도 충분하므로 다음과 같은 결론을 내릴 수 있다. 알고리즘 1의 경우 n^2에 비례하는 횟수의 연산을 수행하는 한편, 알고리즘 2는 $n\ln n$에 비례하는 횟수의 연산을 수행한다. $n^2 > n\ln n$이므로 최대 연산 횟수를 비교했을 때 알고리즘 2가 더 효율적이라는 것을 알 수 있다.

한 혹성의 북극과 남극에 과학 기지가 있다. 어느 순간부터 시작해서 한 시간마다 한 번씩 혹성이 내부 폭발을 일으키고 그 순간마다 혹성의 부피가 8배씩 늘어나고 있다. 이때 북극 기지에 문제가 생겨 남극 기지에서 북극 기지로 구조대를 보내고 싶은데, 구조 차량의 속력은 최대 시속 16km이다. 혹성이 막 팽창하여 부피가 4000km^3가 된 직후, 남극 기지 소장은 구조대를 출발시킬 것이냐 말 것이냐를 결정해야 한다. 24시간 안에 구조대가 도착하지 않으면 북극 기지 대원 전원이 사망하게 된다. 차량의 속력은 유한한 데 반하여 남극과 북극 사이의 거리가 자꾸 커지고 있어 구조대가 과연 북극에 도착할 수 있을지 조차도 의문시되고 있는 이 상황에서, 남극 기지 소장은 위에 주어진 여러 정보들로부터 어떠한 결론들을 내릴 수 있는지 논리적으로 설명하시오.

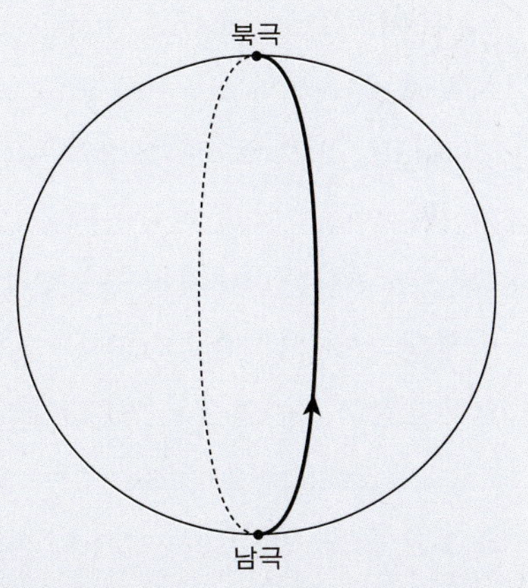

〈2006 고려대 수시 1〉

시간에 따라 변하는 변수와 시간의 함수 관계를 찾아야 하는 문제이다. 그런데 시간에 따라 연속적으로 변하는 것이 아니라 불연속적으로 변한다고 주어져 있기 때문에 정의역이 자연수인 함수, 즉 수열 문제로 접근할 수 있다. 통합 교과형 논술에서 출제될 가능성이 높은 유형의 문제이다. 문제에서 주어진 조건에 따라 수열을 구한 후, 구조대를 파견할 것인가 말 것인가에 대한 현실적 판단을 수리적으로 분석한 결과에 기초하여 내려야 한다는 점에서 일반적인 수학 문제와 다르다.

혹성의 반지름의 길이를 r라 하자. $\frac{4}{3}\pi r^3 = 4000$에서 반지름의 길이는 $r = \sqrt[3]{\dfrac{3}{\pi}}\, 10 \mathrm{km}$이다.

따라서 남극에서 북극까지의 거리는 $\pi r = \sqrt[3]{3\pi^2}\, 10 \mathrm{km}$이다.

부피가 8배로 늘어나므로 길이는 2배로 늘어난다. 따라서 n시간 직전의 남극과 북극 사이의 거리를 S_n이라 하면

$$S_n = 2S_{n-1},\ S_1 = 10 \cdot \sqrt[3]{3\pi^2} \qquad \therefore S_n = 10 \cdot \sqrt[3]{3\pi^2} \cdot 2^{n-1}$$

n시간 직전의 남극과 자동차의 위치를 A_n이라 하면

$$A_n = 2A_{n-1} + 16,\ A_1 = 16 \qquad \therefore A_n = 32 \cdot 2^{n-1} - 16$$

$S_n \leq A_n$인 최소의 n을 구해 보면

$$10\sqrt[3]{3\pi^2} \cdot 2^{n-1} \leq 32 \cdot 2^{n-1} - 16,\ 2^4 \leq (32 - \sqrt[3]{3\pi^2})2^{n-1},\ 2^4 \leq (32 - 31.5)2^{n-1} = 2^{n-2}$$

따라서 $n = 6, 7$일 때 위 부등식을 만족한다.

그러므로 6시간 이내에 북극에 도달할 수 있다는 결론을 내릴 수 있다.

이제 남극으로 귀환할 수 있는지 조사해 보자.

남극과 북극 사이의 왕복 거리 L_n은

$$L_n = 2S_n = 20 \cdot \sqrt[3]{3\pi^2}\, 2^{n-1}$$

$L_n \leq A_n$를 만족하는 자연수 n이 존재하면 남극으로 귀환할 수 있다.

$$20 \cdot \sqrt[3]{3\pi^2} \cdot 2^{n-1} \leq 32 \cdot 2^{n-1} - 16,\ 60 \cdot 2^{n-1} \leq 20 \cdot \sqrt[3]{3\pi^2} \cdot 2^{n-1},\ 60 \cdot 2^{n-1} \leq 32 \cdot 2^{n-1} - 16$$

$16 \leq (32 - 60) \cdot 2^{n-1} = -28 \cdot 2^{n-1}$이므로 만족하는 자연수 n은 존재하지 않는다. 따라서 북극에 도착하여 구조는 할 수 있으나 남극으로 귀환은 불가능하다.

남극 소장은 다음 두 가지 중 한 가지 결론을 내릴 수 있다.

첫째, 북극에 24시간 이내에 도착할 수 있으므로 구조대를 보내 북극 이외의 안전한 곳으로

북극 기지 대원들을 피신시킨다.(물론 남극 기지로의 귀환은 불가능하다.)

둘째, 북극 대원을 구조하여도 남극 기지로 귀환이 불가능하므로 구조대를 보내지 않는다.

 무한과 유한의 차이

수학에서 유한한 대상에서는 항상 성립하나 무한한 대상에 대해서는 그렇지 않은 성질들이 여러 가지가 있다. 예를 들면, 임의의 수열 $\{a_n\}$, $\{b_n\}$에 대하여 $\sum\limits_{k=1}^{n}(a_k\pm b_k)=\sum\limits_{k=1}^{n}a_k\pm\sum\limits_{k=1}^{n}b_k$가 항상 성립하지만, $\sum\limits_{n=1}^{\infty}(a_n\pm b_n)=\sum\limits_{n=1}^{\infty}a_n\pm\sum\limits_{n=1}^{\infty}b_n$이 항상 성립하는 것은 아니다. 그런 성질들을 두 가지 찾아 자세히 설명하시오.

문제 분석

무한 또는 극한에 대한 지식을 명확하게 가지고 있는지를 묻는 문제이다. 구술 문제로 이와 같은 기본적인 수학적 지식을 묻는 문제들이 많이 출제되기 때문에 충분한 대비를 해 놓는 것이 좋다.

예시 답안

(i) 최대값, 최소값의 존재성

유한개의 실수 가운데에는 항상 최대값과 최소값이 존재한다. 그러나 무한개의 실수로 이루어진 집합에서는 최대값, 최소값이 항상 존재하지는 않는다. 예를 들면, 무한집합 $\{x\,|\,1\leqq x<\infty\}$는 최소값은 존재하지만, 최대값은 존재하지 않는다. 그리고 집합 $\{x\,|\,0<x<1\}$은 최대값, 최소값 모두 존재하지 않는다.

(ii) 모든 원소의 합의 수렴성

유한개의 실수는 항상 그 합이 일정한 값으로 존재한다. 그러나 무한개의 실수의 합은 수

렴할 수도 있고, 발산할 수도 있다. 예를 들면, 무한등비급수

$$\sum_{n=1}^{\infty}\frac{1}{2^n}=\frac{1}{2}+\frac{1}{2^2}+\frac{1}{2^3}+\cdots=\frac{\dfrac{1}{2}}{1-\dfrac{1}{2}}=1$$ 이므로 무한개의 합이 일정한 값이 되지만

$$\sum_{n=1}^{\infty}3^n=\lim_{n\to\infty}\sum_{k=1}^{n}3^k=\lim_{n\to\infty}(3+3^2+3^3+\cdots+3^n)=\lim_{n\to\infty}\frac{3(3^n-1)}{3-1}=\infty$$ 이다.

그리고 $\displaystyle\sum_{n=1}^{\infty}\frac{1}{n}=1+\frac{1}{2}+\frac{1}{3}+\cdots=\infty$ 임도 잘 알려져 있다.

> 　　유엔이 내주 발표할 중국에 관한 보고서는 중국을 비롯한 유엔 회원국들이 2000년
> 까지 달성하겠다고 약속한 이른바 '새 천년 목표들' 을 얼마나 이루었는지를 평가하
> 는 내용이다. 유엔은 이 보고서를 통해 '남아 선호', '에이즈', '환경' 이 중국의 3대
> 주요 문제라고 지적하고, 중국의 정책 입안자들이 이 문제들에 대해 '새로운 관심'
> 을 가져주도록 촉구할 것이라고 말릭 유엔 협력관은 밝혔다.
>
> 　　중국 정부가 발표한 한 통계에 따르면 중국의 성비(性比)는 여아 100명당 남아 약
> 116명이지만, 중국의 성비에 관한 다른 연구서에서는 여아 100명당 남아 122명으
> 로 남아 비율이 더 높은 것으로 나타났다고 말릭 협력관은 말했다. 세계 대부분 국
> 가들은 평균적으로 여아 100명당 남아 104~106명이다. 이에 말릭 협력관은 "중국
> 에서는 대체로 부모가 자식을 둘 이하만 낳는데, 첫애가 아들이면 그만 낳고, 만일
> 딸이면 또 낳는다. 이것이 중국에서 유독 남녀 성비가 비정상적인 결정적인 이유가
> 된다."라고 지적하면서 "남아 선호 사상이 사회에 미치는 파장은 이처럼 엄청나다."
> 고 평했다.

1 중국에서 남녀 성비가 비정상적인 이유에 대한 말릭 협력관의 분석의 타당성에 대하여 나름대
　로 논술하시오.

문제 분석

얼핏 생각하면 맞는 말인 듯 보이는 현상들이 수리적으로 분석해 보면 상식과 어긋나는 예를 문제화한
것이다. 이런 유형의 문제는 최근 통합 교과형 논술의 한 경향인 언어 논술과 수리 논술의 통합형 문제로
출제될 가능성이 높다. 이런 유형의 문제는 주로 수열을 활용하여 풀면 되는데 간혹 확률이나 통계와 연
관된 문제가 나올 수 있다. 이 문제를 풀기 위해서는 무한등비급수의 합을 구하는 방법뿐만 아니라 아들
과 딸이 태어날 확률이 $\frac{1}{2}$이라는 사실로부터 기대값을 구하는 방법도 알아야 한다.

예시 답안

1 총 n쌍의 부모가 존재한다고 하자. 첫 아들과 첫 딸의 예상 인구는 각각 $\frac{n}{2}$으로 동일하고,
첫 출산이 딸인 경우 두 번째 출산의 결과 태어난 아들 혹은 딸의 예상 인구는 각각 $\frac{1}{2} \cdot \frac{n}{2}$
이다. 따라서 남아와 여아의 예상 인구는 각각 $\frac{3n}{4}$이 되고, 남녀 성별 구성비는 1 : 1이다.
그러므로 "중국에서는 대체로 부모가 자식을 둘 이하만 낳는데 첫애가 아들이면 그만 낳
고, 만일 딸이면 또 낳는다. 이것이 중국에서 유독 남녀 성비가 비정상적인 결정적인 이유
가 된다."라는 말릭 협력관의 분석은 타당성이 없다.

2 총 n쌍의 부모가 존재한다고 하자. k번째 출산의 결과 태어난 아들 혹은 딸의 예상 인구는
각각 $\frac{n}{2^k}$이므로 아들과 딸의 예상 인구는 각각 $\sum_{k=1}^{\infty} \frac{n}{2^k} = n$이고, 자식 세대의 예상 인구는
$2n$이다. 결국 자식 세대의 예상 인구는 부모 세대의 인구 $2n$과 동일하고, 따라서 인구의
변동은 없을 것이다.

(가) '수확 체감의 법칙'이란 두 번째 먹은 사탕이 첫 번째 먹은 사탕보다 덜 달고, 비료를 두 배로 쓴다고 해서 수확이 두 배에 미치지 못하며, '일정 수준 이상에서는 늘어나는 수익성은 투자량에 못 미친다.'는 이론이다. 그렇게 되면 사탕에 싫증난 사람들은 초콜릿을 찾게 될 것이고 농부는 비료를 적당한 양 이상 사용하려 하지 않을 것이다. 수확 체감의 법칙은 어떤 회사나 상품이 시장을 독점할 수 있을 만큼 성장하지 못한다는 것을 나타낸다. 그러나 현실에서는 그렇지 않다. 실제로 현실에서 일어나는 독점 현상을 설명하기 위해 만들어진 것이 바로 '수확 체증의 법칙'이고, 이 현상에 관한 유명한 사례들이 있다.

1970년대 중반까지만 해도 비디오 녹화 재생 방식에는 VHS 방식과 베타 방식이 있었다. 많은 전문가들이 베타 방식이 VHS 방식보다 기술적으로 우수하다고 평가했음에도 불구하고, 1980년대로 들어서면서 VHS 방식이 비디오 시장을 순식간에 점령해 버렸다. 그 이유는 무엇이었을까?

초기에 VHS 방식의 비디오 플레이어들은 다행히도 시장을 약간 더 확보하고 있었으며 그 결과 기술적인 열세에도 불구하고 막대한 이익을 취할 수 있었다. 비디오 대여점들은 모든 비디오테이프에 대해 두 가지 종류를 구입해 쌓아 놓는 것을 싫어했고, 소비자들은 새로 구입할 비디오 플레이어가 나중에 사라져 버릴까 봐 걱정했다. 사람들은 시장 점유율이 높은 선두 주자를 따라가는 것이 안전하다는 것을 알았다. 이렇게 해서 처음에는 VHS와 베타의 점유율 차이는 아주 작았으나, 선점 효과로 인해 결국 VHS 방식이 시장을 점령하게 됐고 베타 방식은 비디오 시장에서 자취를 감추게 되었다.

(나) 같은 물건을 파는 상점들이 한곳에 모여 있으면 경쟁이 심해져 소득이 줄 것 같지만, 더 많은 사람들이 그곳을 방문해 소득이 증가하게 된다. 그로 인해 더 많은 상점들이 그 지역에 몰리게 되고 그것은 단일한 품목의 시장을 형성하는 계기가 된다. 미국의 실리콘 밸리나 할리우드, 우리나라의 세운 상가나 신사동 가구 거리 등에서 나타나는 시너지 효과는 다음과 같은 방식으로 설명할 수 있을 것이다.

　　어떤 지역에 몰려 있는 상점이 두 배 많아지면, 그곳을 찾는 고객들은 네 배 많아지고, 즉, 고객의 수는 상점 수의 제곱에 비례할 것이다. 또한 고객의 숫자에 비례해서 그 지역 상점들의 총매출액이 결정될 것이다. 총매출액이 크다면 다른 지역의 동일 업종 상점들이 그것을 보고 그 지역으로 옮겨 오게 됨으로써 그 지역의 다음 해의 상점 개수는 전 해의 총매출액에 비례하게 될 것이다.

1 (나)에서 제시된 자료를 근거로, 기준 시점에 어느 지역 같은 업종 상점 개수를 정하고, 상점의 개수가 미래의 어느 시점까지 몇 배로 늘어날지를 추정해 보시오. (단, 첫 해에 비해 다음 해 상점 수가 두 배 늘었다고 가정한다.)

2 총매출이 많아진다고 해서 각 상점당 매출도 늘어날지를 판단하여 (가)에서의 수학 체증의 법칙이 (나)의 예에서도 적용될 수 있을지를 논하시오.

문제 분석

통합 교과형 수리 논술로 방향이 정해지면서 여러 대학 대입 논술에 실제 출제되거나 혹은 예시 문제로 간혹 출제되고 있는 분야가 경제학 영역이다. 어떤 사회 과학 분야보다도 수학적 도구가 많이 사용되는 분야가 경제학이기 때문이다. 하지만 경제학에서 사용하는 수학적 도구들이 고등학교 교과 과정상 수학Ⅰ을 넘어서는 내용들(미분과 적분, 벡터 등등)이 많기 때문에 출제에는 한계가 있을 수밖에 없다. 이 책에서는 출제될 가능성이 큰(실제로 출제가 되어 적중하기도 한) 경제학 영역의 문제들을 예상하여 실었으며 이 문제도 그중 하나이다.

이 문제 역시 앞서 여러 문제들과 마찬가지로 1년 단위라는 시간의 이산적인 흐름을 독립변수로, 상점의 개수, 총매출액, 고객 수 등을 종속변수로 보는 함수, 즉 수열의 일반항을 구하는 문제로 접근하면 된다. 물론 종속변수들 사이의 상호관계를 잘 파악하여 수리적 분석을 해야 한다.

예시 답안

1 상점 수와 매출액이 늘어나는 양상 추정하기

	상점 수	배율	고객 수	배율	총매출액	배율
기준 시점	s_0개		c_0명		a_0명	
1년 후	$2s_0$개	2배$=2^1$	$4c_0$명	4배	$4a_0$명	4배
2년 후	$8s_0$개	4배$=2^2$	$64c_0$명	16배	$64a_0$명	16배
3년 후	$128s_0$개	16배$=2^4$	$16{,}384c_0$명	256배	$16{,}384a_0$명	256배
4년 후	$32{,}768s_0$개	256배$=2^8$				
…		…				
n년 후		전년의 $2^{2^{n-1}}$배				

n년 후 기준 시점의 몇 배가 되는지 구하려면

$2^1 2^2 2^4 2^8 \cdots 2^{2^{n-1}}=2^{1+2+4+8+\cdots+2^{n-1}}=2^{2^n-1}$을 계산하여 2^{2^n-1}배가 됨을 알 수 있다.

2 〈예시 답안 1〉

상점당 매출 추정하기

상점 수가 많아지면 제곱에 비례해서 고객 수가 많아지고, 총매출은 고객 수에 비례한다.
그러므로 상점당 매출이 늘어나는 이유는 총매출이 상점 수의 제곱에 비례하기 때문이다.
어느 해의 상점 수가 $s_n=s_0 2^{2^{n-1}}$이면, 총매출액은 $a_n=a_0(2^{2^{n-1}})^2$이고 상점당 매출액은

$\dfrac{a_n}{s_n}=\dfrac{a_0}{s_0}2^{2^{n-1}}$임을 알 수 있다. 즉, 상점당 매출액은 상점 수에 정비례해서 늘어나고, 기준

시점에 비해 n년 후 상점당 매출액은 $2^{2^{n-1}}$배 만큼 늘어날 것이다.

그러므로 (가)에서의 수확 체증의 법칙은 (나)의 예에서도 성립함을 알 수 있다.

〈예시 답안 2〉

c_n을 어느 해의 고객 수, s_n은 어느 해의 상점 수, a_n을 총매출액이라고 하자.
문제의 조건에 의해서 $c_n=k_1 s_n{}^2$, $a_n=k_2 c_n$, $s_{n+1}=k_3 a_n$이므로 $s_{n+1}=k_1 k_2 k_3 s_n{}^2=A s_n{}^2$
(단, $A=k_1 k_2 k_3$)이다. 위의 식 양변에 A를 곱한 후 로그를 취하면
$\log(A s_{n+1})=2\log(A s_n)$이므로 $\log(A s_n)$은 공비가 2인 등비수열이다.
즉, $\log(A s_n)=2^n \log(A s_0)$가 되어, $A s_n=(A s_0)^{2^n}$이고, $s_n=A^{2^n-1}s_0{}^{2^n}$이다.

그런데 $s_1=2s_0$이므로 위 식에 $n=1$을 대입해 보면 $s_1=A s_0{}^2=2s_0$이고, $A=\dfrac{2}{s_0}$이다.

그러므로 $s_n=\left(\dfrac{2}{s_0}\right)^{2^n-1}s_0{}^{2^n}=2^{2^n-1}s_0$이다. 이것은 상점 수가 기준 연도에 비해 2^{2^n-1}배 늘었

다는 것을 의미한다.

1

(1) 평면에서 3개의 직선으로 구분할 수 있는 평면의 최대 개수는 7개이다. 4개의 직선으로 구분할 수 있는 평면의 최대 개수는 몇 개인가? 그리고 이유는 무엇인가?

(2) n개의 직선으로 구분할 수 있는 최대 개수는 몇 개인가?

(3) 공간에서 3개의 평면으로 구분할 수 있는 공간의 최대 개수는 8개이다. 4개의 평면으로 구분할 수 있는 최대 개수는 몇 개인가?

〈 2001 서울대 구술 〉

2

그림과 같이 한 변의 길이가 1인 정삼각형에서 한 변의 중앙에 있는 $\dfrac{1}{3}$을 제거하고 제거된 부분에 한 변의 길이가 $\dfrac{1}{3}$인 정삼각형의 꼭지점이 바깥을 향하도록 연결하는 작업을 반복해 보자.

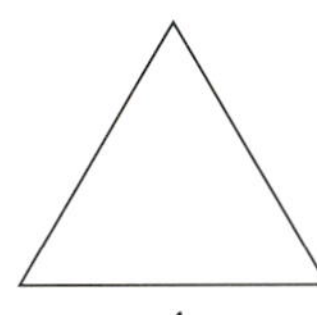

A_0 A_1 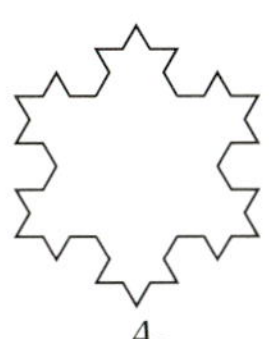A_2

(1) 이때 처음의 정삼각형을 A_0이라고 했을 때 A_n의 변의 개수를 구하여라.

(2) 이 과정이 거듭될수록 넓이가 넓어질 것은 자명하다. 도형의 넓이가 무한히 커질 것인지 아닐지를 논리적으로 설명하시오.

(3) 둘레의 길이는 무한히 커질 것인지, 아닐지를 논리적으로 설명하시오.

(4) 이러한 양상이 나타나는 자연계의 현상을 몇 가지 예를 들어 보시오.

중국은 1978년 개혁 개방 정책 시행 이후 고도의 경제 성장과 급격한 사회적 변화를 겪고 있다. 양적 경제 성장과 대규모 무역 흑자라는 긍정적 현상의 이면에는 화석 연료의 과다한 사용과 자연적 · 인위적 요인에 의한 사막화 등 환경 문제가 내재되어 있다. 이러한 환경 문제의 심화는 장기적으로 중국의 경제 성장을 저해하는 중요한 요인 중의 하나가 되고 있다.

사막화로 인한 황사 등 중국의 환경 문제는 자국 내에만 영향을 미치는 것이 아니라 주변 국가 특히 한국과 일본에 막대한 영향을 끼치면서 국제적인 문제로 확대되고 있다. 이러한 문제에 공동으로 대처하기 위해 구성된 한 · 중 · 일 환경 장관 회의에서 지금까지의 다자간 환경 협력과는 다른 매우 구체적이면서 실천적인 방안이 제시되었다. 즉, 2002년 2월에는 공동 협력 프로그램인 **TEMM** 프로젝트에 관한 구체적인 9개 사업을 추진한 바 있는데 조림 사업을 포함한 생태 환경 복원 사업이 그 대표적인 예라 하겠다. 일차적 과제는 피해 예측과 비용 계산을 위한 기초 자료의 축적이다.

한 연구소에서 시뮬레이션을 위해 정리한 자료에 따르면 황사 농도는 몽골과 중국에 걸친 사막 지역의 넓이에 비례하여 증가하고 있다. 현재까지 사막 지역은 전년도에 비해서 매년 0.1%씩 확대되었으며 앞으로도 그럴 것으로 추정된다. 또한 고도 정밀 산업의 발달과 사회 발전으로 인하여 미래에는 황사의 농도가 2배 증가할 때마다 황사로 인한 전체 피해 규모는 8배씩 증가할 것으로 예측된다.

(1) 황사는 이미 『삼국사기』에 '토우' 로 기록되어 있고, 조선 태종 때는 그 현상을 관측하였다는 기록도 있듯이 이 현상이 오늘날만의 것은 아니다. 제시된 자료를 근거로 하여 각자 과거 일정 시점을 정하고 그 시점에서의 황사 농도가 어느 정도였을지 현재 시점의 농도를 기준으로 추정하시오. 또한 현재와 같이 사막화가 진행될 경우 앞으로 황사로 인한 피해 규모를 예측하시오.

(2) 생태 환경 복원을 위하여 매년 일정한 넓이의 사막에 나무를 심는 조림 사업을 주어진 자료에 기초하여 시행한다. 이 경우 자연 발생적인 사막화와 조림 사업과의 상관관계를 고려하여 황사의 농도가 어떻게 변할지를 예측하시오. 또한 황사 피해 규모를 현재의 절반 이하로 줄이고

자 할 때 매년 어느 정도의 일정한 넓이로 조림 사업을 시행해야 할 것인지를 추정하시오.

〈 2007 고려대 논술 예시 〉

4

유럽 의회는 지난 12월 15일 '화물 차량 도로 통행료'의 회원국 간 통일된 부과 기준 마련을 골자로 하는 '유로비넷(Eurovignette)' 지침 수정안을 통과시켰다. 통일된 부과 기준은 '사용자 부담'과 '오염자 부담' 원칙에 기초하고 있어서 화물 차량의 도로 통행료 부담이 높아질 예정이다.

유로비넷 지침은 역내 도로 이용자가 '환경'과 '사회'에 미치는 영향에 대해 그만큼 비용을 부담해야 한다는 논리에 기초하고 있다. 오스트리아, 프랑스, 독일 등 역내 화물 운송 차량의 운행이 빈번한 국가들은 이번 수정안에 대해 찬성하고 있는 반면에 포르투갈, 에스토니아, 몰타 등 주변 지역 회원국들은 자칫 자국 산업에 악영향을 미칠 것을 우려하여 반대하는 입장이었다.

유럽에서는 도로로 운송되는 화물량이 매년 3%씩 늘어나고 있다. 이에 비례해서 화물 차량의 도로 운행 빈도수도 늘어나고 있다. 혼잡 비용, 환경 비용, 소음, 경관 파괴, 건강 비용 등으로 인하여 화물 차량의 도로 운행 빈도수가 2배 늘어날 때마다 환경과 사회에 부과되는 비용이 4배씩 증가할 거라고 예측된다.

육상 운송 업계는 동 지침 통과에 대해 강력히 반발하고 있다. 기존 세제를 통해 실질적으로는 이미 막대한 간접 자본 사용 비용을 납부하고 있는 상황에서 '환경 부담금'을 명목으로 통행료를 부과하는 것은 해당 업계의 경쟁력에 큰 악영향을 미칠 것이라는 주장이다.

철도 업계는 일단 동 수정안 가결에 대해 일단 긍정적으로 평가하지만, 근래에 철도 업계가 화물 차량 업계에 비해 갈수록 경쟁력을 잃어가고 있다면서, 의회가 철도 산업 활성화를 기대한다면 더욱 신속하고 강력하게 도로 통행료 부과 기준을 만들어야 한다는 입장을 표명했다. 이 밖에 환경 단체와 사회 단체들은 대체로 이번 수정안에 대해 환영하는 분위기이다.

(1) 위에 제시된 자료를 근거로 하여 각자 과거 일정 시점을 정하고 그 시점에서의 화물 차량의 도로 운행 빈도수가 어느 정도였는지를 현재를 기준으로 추정하시오. 또한 현재와 같이 도로로 운송되는 화물량이 증가할 경우 환경과 사회에 부과되는 비용이 얼마나 될 것인가를 예측하시오.

(2) 환경의 복원을 위해 화물 차량의 도로 운행 빈도수를 줄이고자 한다. 그러기 위해서 매년 도로로 운송되는 화물량의 일정 부분을 환경 파괴가 상대적으로 매우 적은 '철도'와 '선박' 이용으로 바꾸고자 한다. 화물 차량의 도로 운행 빈도수가 어떻게 변할지 예측하시오. 또한 환경과 사회에 부과되는 비용을 현재의 80% 이하로 줄이려면 매년 어느 정도의 화물량을 '철도'와 '선박' 이용으로 바꾸어야 하는지 추정하시오.

5

어떤 인공위성이 지구 주위 궤도를 60km/분의 속력으로 돌고 있다. 이 인공위성이 지금 막 고장을 일으켜 서서히 다음 표에 주어진 자료와 같이 감속한다.

경과시간(분)	0	1	2	3	4	5	...
1분 간격으로 감속된 양(km/분)	0	3	2.7	2.43	2.187	1.9683	...

인공위성은 한계 속력 x km/분이라는 값이 있어서 한계 속력 이하로 감속되면 추락한다고 한다. 관제 센터에서 인공위성에 1시간 안에 비행선을 보내면 인공위성이 추락하지 않도록 고칠 수 있다고 하자. 관제 센터에서 한계 속력 x의 값에 따라 어떤 결정을 내릴지 자세히 설명하시오.

6

갑이라는 학생이 대학원에 진학하는 문제로 고민하고 있다. 대학원에 진학하는 경우 졸업까지는 2년이 걸리는 데 등록금을 포함해서 매년 1,000만 원의 비용이 소요된다. 그리고 졸업하면 연평균 3,000만 원의 연봉을 받을 수 있다고 한다. 반면 갑이 대학원에 진학하지 않고 바로 취업하게 되면 처음 2년간은 연평균 1,500만 원씩 그러고 나서 5년간은 2,000만 원씩 받을 수 있으며 그 후에는 연평균 3,000만 원씩 받을 수 있다고 한다. 시장 이자율이 연간 10%라고 할 때 갑은 대학원을 진학하는 것이 유리한지 혹은 취업하는 것이 유리한지를 비교하는 방법에 대해 논하시오.

7

(가)　한국 사회는 '중심 지향적 사회'라는 용어로 압축되듯이 70, 80년대 산업 사회를 거치면서 정치, 경제, 사회, 문화, 교육, 교통, 복지 등 여러 방면에서 도시 집중화 현상이 나타났다. 먼저 기본적인 교통 체계가 계획적으로 잡혀져 있는 곳을 중심으로 도시는 발달하기 시작하여 고속도로와 철도, 항만 등 교통이 편리한 곳으로 모든 행정 기구들이 집중되어 설치되었다. 이에 따라 많은 사람들은 행정적인 사무를 보기 위해서 필연적으로 도시로 몰릴 수밖에 없게 되었고, 이러한 행정부처의 도시 집중은 행정 사무가 필수적인 기업들의 집적 또한 불러일으켰다. 행정부처의 집중에 의한 사람들과 기업들의 이동은 자연스레 경제적인 면에도 영향을 미쳤다. 기업들에 의해 많은 일자리가 도시를 중심으로 창출되었고, 몰려든 사람들에 의해 넓은 소비 계층이 도시에 형성되었기 때문이다.

　이렇게 정치적, 경제적 기반이 형성된 도시에는 사회, 문화, 교육, 복지 등 많은 면에서 지속적으로 발전하기 시작하였고, 이에 농촌과 도시 간의 격차는 점점 벌어지게 되었다. 이는 효율성을 중시한 개발의 결과로 도시와 농촌 간의 불균형은 지금까지 가속화되어 왔다. 이로 인하여 사회적 병리 현상들이 중첩되어 불평등에 의한 사회적 균열 등 심각한 사회 문제 등이 발생하였다. 이러한 문제들은 시간의 흐름에 따라 자연스럽게 완화될 수 있는 성격의 것들이 아니기에, 우리는 이러한 문제에 대해 논의하고 해결책을 찾아 이러한 문제점들을 개선시켜야 할 것이다.

(나)　우리나라의 도시화는 선진국의 경우에 비하여 몇 가지 주요한 특징을 갖고 있는데 우선적으로 들 수 있는 것은 선진국에 비해 도시화가 상대적으로 매우 늦게 시작되었다는 점이다. 예를 들어, 50% 수준의 도시화를 미국은 1910년대, 스웨덴은 1930년대, 그리고 일본은 1950년대에 이미 이루었는데 비해, 우리나라의 경우 1950년대 이전까지는 도시화율이 극히 낮았으며 1970년대 중반에야 비로소 도시화율이 50%를 넘어 이른바 도시화 시대(Urban Age)가 겨우 시작되었다. 그러나 비록 도시화의 시작은 늦었지만 그 증가율이 다른 선진국들보다 월등히 높다. 최근 우리나라의 도시화율은 일본 및 서구 여러 나라의 수준에 근접하거나 이미 뛰어넘었다고 평가되고 있다. 현재는 매년 농촌 인구의 4% 정도가 도시로 이전하고 있다.

한편으로 도시 산업화에 지치거나 웰빙 의식의 확산으로 도시민들의 농촌 회귀 현상은 두드러지고 있다. 모 연구 결과에 의하면, 도시민의 56.1%가 농촌으로 돌아가겠다고 한다.(물론 농촌으로 가는 것이 곧 영농을 의미하는 것은 아니지만…….) 실제로 해마다 도시 인구의 1% 정도가 농촌으로 가는 것으로 추정된다. 그래서 도시민을 대한민국의 농업·농촌에 연착륙시킬 수 있는 시스템의 구축이 필요하다.

도시와 농촌 간의 인구 이동이 현재의 추세가 계속되고 총인구는 일정하게 유지된다면 도시와 농촌 인구수가 어떻게 변하게 될 것인지를 서술하시오.

8

무한히 늘어날 수 있는 고무로 된 띠 위를 따라 개미가 $\frac{1}{3}$m/분의 속력으로 직선으로 기어가고 있다. 최초의 띠의 길이는 1m였고 1분이 지날 때마다 띠의 길이가 균등하게 k배씩 늘어난다고 하자. 띠의 한 끝에서 출발한 개미가 띠에 도달할 수 있는 조건을 설명하시오.

〈 2003 중앙대 수시 1 〉

3

함수

1장
함수의 개념

●●●●● **출제 경향**

확률은 실생활의 여러 현상을 수학적으로 설명하는 법칙이나 규칙을 연구하고 표현하는 중요한 수단이다. 그동안 수리 논술에서는 함수의 정의를 잘 이해하고 있는지를 묻는 문제와 일차함수, 이차함수 등을 이용하여 주어진 제약 속에서 합리적 결정을 내리는 문제들이 많이 출제되었다. 그리고 함수는 면접 구술에서도 자주 묻는 문제이기도 하다.

최근 수리 논술에서는 구체적이고 현실적인 수치 자료들을 분석하여 앞으로의 추이를 예측하는 유형들이 빈번히 출제되고 있다. 이러한 문제들은 수열의 개념과 겹치기도 하지만 기본적으로 수열도 함수의 한 종류이기 때문에 함수 개념을 잘 익혀 두는 것이 필요하다. 뿐만 아니라 평소에 신문, 잡지 등에서 만나게 되는 수치 자료들을 분석하는 연습도 꾸준하게 해 두면 큰 도움이 될 것이다.

통합형 수리 논술로 전환되어 가면서 함수 개념은 더욱 중요해지고 있다. 예전처럼 수리 개념적 문제가 이제는 더 이상 출제되지는 않지만 현실적인 상황과 자료가 제시되고 그 속에서 최대값, 최소값 등을 찾는 문제들은 통합 유형으로도 계속 출제될 전망이기 때문이다.

함수 개념은 어떻게 발전해 왔을까?

수학의 역사에서 본격적으로 함수의 개념이 싹트기 시작한 것은 대략 갈릴레이[1]가 시간과 물체가 움직인 거리 사이의 관계를 연구하면서부터였다고 할 수 있다. 이후 1637년 데카르트는 『방법 서설』의 부록으로 실린 「해석 기하학」에서 평면곡선 위의 한 점의 x좌표를 독립변수로, y좌표를 종속변수로 규정하고 있다. 물체의 운동을 표현하는 식, 곡선 등이 연구 대상이 됨에 따라 식으로 표현되는 관계나 그 그래프가 '함수' 로서 수학의 대상이 된 것이다.

함수(function)라는 용어가 처음으로 쓰인 것은 1692년 라이프니츠[2]의 논문에서였다. 이때의 함수 개념은 지금의 함수 개념과 달랐다. 이때의 함수는 두 변수 사이의 관계로서 한 변수의 합, 곱 등의 대수적 연산이나 사인(sin), 코사인(cos), 로그(log) 등을 취하는 규칙에 의해 결정되는 것이었다.

1734년 오일러는 함수를 '변수와 상수로 구성된 해석적인 식' 으로, 곧 그래프가 매끄러운 한 연속곡선으로 나타나는 것이라고 정의하였다. 그리고 식의 형태에 따라 양함수, 음함수, 대수함수(로그함수), 초월함수로 분류하였다. 1748년에 오일러가 쓴 『무한 해석 입문』은 함수 이론에 관한 첫 책이라 할 수 있다. 오늘날에도 이러한 함수의 분류는 고등학교 과정이나 대학 초급 미적분학에 소개되고 있다.

19세기 함수에 관한 좀 더 명확한 정의가 코시에 의해 내려졌다. 코시는 함수를 "여러 개의 변수 사이에 어떤 관계가 있어 그중 한 개의 값에 따라 다른 것의 값이 정해질 때, 뒤의 것을 앞의 것의 함수"라고 불렀다.

디리클레[3]는 1837년 한 논문에서, 비록 정의역과 치역을 실수로 한정하였지만, 함수란 하나의 대응 관계에 불과한 것이라고 정의하였다. 그 후 집합론이 발전하면서 집합론에 입각한 함수의 일반적인 정의가 나오게 되었고, 전통적으로 벡터와 도형과 식 사이의 대응 관계를 나타내던 말이었던 사상(mapping), 변환(transformation) 같은 말들이 오늘날 함수와 같은 뜻으로 쓰게 되었다.

---

1) 갈릴레이(1564~1642) 이탈리아의 천문학자, 물리학자, 수학자. 진자의 등시성과 관성 법칙을 발견하고, 물체의 낙하 속도가 무게에 비례한다는 아리스토텔레스의 오류를 증명하였다. 1609년 망원경을 제작하여 태양의 흑점, 목성 등을 발견하였으며 지동설을 주장하여 종교 재판을 받았다.

2) 라이프니츠(1646~1716) 독일의 철학자, 수학자, 자연 과학자, 신학자. 수학에서는 미적분법을 확립하여 해석학 발달에 많은 공헌을 하였으며, 철학에서는 '우주 질서는 신의 예정 조화 속에 있다.' 라는 예정 조화설을 전개하였다.

3) 디리클레(1805~1859) 독일의 수학자. 가우스가 구축한 정수론을 계승하여 심화하였고, 푸리에의 급수의 수렴 정리를 발전시키는 등 수론(數論) 분야에서 큰 업적을 남겼다.

(1) 함수의 정의

집합 A와 B 사이에 다음과 같은 조건을 만족시키는 '관계' f를 A에서 B로의 함수,
즉 $f : A \longrightarrow B$라고 한다.

① $f \subset A \times B = \{(a,\ b) \mid a \in A,\ b \in B\}$

② A가 정의역, 즉 $A = \{a \mid (a, b) \in f\}$

③ $(a, b) \in f,\ (a', b') \in f,\ a = a'$일 때 반드시 $b = b'$이어야 한다.

(2) 함수의 상등

두 함수 f, g에 대하여 정의역의 임의의 원소 x에 대하여 $f(x) = g(x)$이면 두 함수 f, g는
상등하다라고 하고 $f = g$로 표현한다.

(3) 함수의 종류

X에서 Y로의 함수 $f : X \longrightarrow Y$에 대하여

① 일대일 함수 : X의 한 원소가 Y의 한 원소로 대응되는 함수, 즉
$$x_1 \neq x_2 \implies f(x_1) \neq f(x_2)$$

② 공역과 치역이 같은 함수 : $Y = \{f(x) \mid x \in X\}$인 함수

③ 일대일 대응 : 일대일 함수이면서 공역과 치역이 같은 함수

④ 항등함수 : 자기 자신으로 대응되는 함수

⑤ 상수함수 : 치역의 원소가 하나인 함수

⑥ 증가함수 : 정의역의 두 원소 x_1, x_2가 $x_1 > x_2$일 때 $f(x_1) \geqq f(x_2)$를 만족하는 함수

⑦ 단조 증가함수 : $x_1 > x_2$일 때 $f(x_1) > f(x_2)$를 만족하는 함수

$X=\{x_1, x_2, \cdots, x_n\}$에서 $Y=\{y_1, y_2, \cdots, y_n\}$으로의 함수 $f:X\longrightarrow Y$에 대하여

(1) 함수의 총개수

$$n^r={}_n\Pi_r$$

(2) 일대일 함수의 개수

$${}_nP_r$$

(3) 일대일 대응의 개수

$$n!$$

(4) 공역과 치역이 같은 함수의 개수

서로 다른 r개의 물건을 n명에게 적어도 하나씩은 나누어주는 분배의 수

(5) $i<j$이면 $f(i)<f(j)$를 만족하는 단조 증가함수의 개수

$${}_nC_r$$

(6) $i<j$이면 $f(i)\leq f(j)$를 만족하는 증가함수의 개수

$${}_nH_r$$

두 함수 $f:X\longrightarrow Y$, $g:Y\longrightarrow Z$가 주어졌을 때 $(g\circ f)(x)=z=g(f(x))$

$$g\circ f\neq f\circ g, \quad (g\circ f)\circ h=g\circ (f\circ h), \ f\circ I=I\circ f=f$$

(1) $f:X\longrightarrow Y$로의 함수가 일대일 대응이면 $f^{-1}:Y\longrightarrow X$의 함수를 f의 **역함수**라고 한다.

(단, 역함수는 반드시 일대일 대응에서만 존재한다.)

(2) 역함수의 성질

① $y=f(x)$와 $y=f^{-1}(x)$는 $y=x$에 대하여 대칭인 그래프

② $f\circ f^{-1}=I_y,\ f^{-1}\circ f=I_x$ (역함수와 원함수를 합성하면 항등함수가 된다.)

③ $(f^{-1})^{-1}=f$

④ $(g\circ f)^{-1}=f^{-1}\circ g^{-1}$ (순서에 주의)

⑤ $g\circ f=I_x,\ f\circ g=I_y \Rightarrow g=f^{-1},\ f=g^{-1}$ (합성함수가 항등함수이면 서로 역함수이다.)

초등함수의 분류와 이상한 함수

스위스의 수학자 오일러는 함수의 대응 규칙이 식으로 주어져 있는 경우 그 함수들을 다음과 같은 명칭과 형식으로 분류하였다. 이 함수들을 보통 초등 함수라고 부른다.

$$
\text{함수}
\begin{cases}
\text{대수함수} \cdots
\begin{cases}
\text{유리함수} \cdots
\begin{cases}
\text{다항함수} \\
\text{분수함수}
\end{cases} \\
\text{무리함수}
\end{cases} \\[2em]
\text{(초등)초월함수} \cdots
\begin{cases}
\text{삼각함수} \\
\text{지수함수, 로그함수}
\end{cases}
\end{cases}
$$

나아가 오일러는 두 개의 식으로 표현되는 함수 가운데에는 연속인 함수도 있고 불연속인 함수도 있으나 하나의 식으로 표현되는 함수는 모두 연속인 함수라고 여겼다. 예를 들어

$f(x)=\begin{cases}1 & (x\geq 0) \\ 0 & (x<0)\end{cases}$ 과 같이 범위에 따라 두 개의 식으로 표현되는 함수 중에는 불연속인 함수가 있

다. 그리고 $f(x)=\begin{cases}x & (x\geq 0) \\ -x & (x<0)\end{cases}$ 와 같이 연속인 함수도 있다.

하지만 독일의 수학자 디리클레는 다음과 같이 하나의 식으로 표현되지만 모든 실수에서 불연속인 함수를 만들어 오일러의 견해가 틀렸음을 보였다.

$$f(x)=\lim_{n\to\infty}\lim_{m\to\infty}(\cos(m!\pi x))^{2n}$$

이 함수는 x가 유리수일 때에는 1에 대응하지만 x가 무리수이면 0에 대응함으로써 모든 실수에 대해서 불연속이다.

필수 논제 **1** 함수 개념의 활용

> '○○○의 아버지'란 표현의 일상적 의미는 함수를 나타내는 것으로 생각될 수
> 도 있고 그렇지 않을 수도 있다.

1 이 표현이 어떤 경우에 함수적 표현이 되고 어떤 경우에는 함수적 표현이 되지 못하는지 예를
들어 그 이유를 설명하시오.

2 '○○○의 아버지'가 함수적 표현인 경우 이 표현이 나타내는 함수를 f라 할 때, f를 엄밀히
규정해 보시오.

3 $f(f(a))=b$의 등식은 두 사람 a와 b 사이에 어떤 친족 관계가 성립하기 위한 필요충분조건
을 나타낸다. 이는 어떤 관계인가?

4 a가 b의 삼촌(아버지의 형제)이기 위한 필요조건을 등식으로 나타내시오.

5 친족 관계의 다른 두 가지 예를 들고, 그 관계가 성립하기 위한 필요조건이나 필요충분조건을
f의 값들 사이의 등식으로 나타내시오.

〈 2006 고려대 수시 1 〉

문제 분석

함수의 현대적 정의를 이용한 문제이다. 고등학교 교과 과정에서 배우는 함수의 정확한 정의와 함수가
만족해야 할 조건 등을 정확히 알고 있으면 쉽게 접근할 수 있다.

예시 답안

1 (i) 함수적 표현이 되는 예

○○○의 아버지를 '생물학적인(유전자를 물려받은) 아버지'로 정의하면 된다. 모든 인간은 유전자를 단 한 명의 아버지와 어머니로부터 물려받았으므로 일반적인 함수적 표현이 된다.

(ii) 함수적 표현이 되지 않는 예

정의역을 모든 사람들의 모임, 공역을 남자라고 하면 '예수의 아버지'는 함수적 표현이 안 된다. (예수는 동정녀 마리아에게 태어났으므로 인간인 아버지(남자)가 존재하지 않는다.)

입양이나 어머니의 이혼·재혼에 따른 아버지의 수가 1명 이상일 때는 '○○○의 아버지'가 함수적 표현이 안 될 수도 있다. (함수는 공역의 단 한 개의 원소에만 대응되어야 한다.)

'미술계의 아버지' 등은 함수적 표현이 안 될 수도 있다. (정의역을 모든 사람들의 모임이라고 정하면 '미술계'는 정의역에 포함되지 않는다.)

2 $A=\{$모든 사람들의 모임$\}$, $B=\{Y$염색체를 가진 남자들의 모임$\}$

모든 $a\in A$에 대하여 $f(a)=$ 'a에게 유전자를 물려준 Y염색체를 가진 남자'

위와 같이 정의하면 f의 치역은 B에 포함되고, $f(a)$는 단 하나의 B의 원소와 대응된다. 따라서 f는 함수가 된다.

3 $f(a)$는 a의 아버지이고, $f(f(a))$는 $f(a)$의 아버지이므로 b는 a의 할아버지이다.

$f(f(a))=b \Rightarrow$ 'b는 a의 할아버지'

4 삼촌이 되기 위한 필요조건은 나의 할아버지와 삼촌의 아버지가 같아야 한다.

$f(f(a))=f(b)$ (단, $f(f(a))=f(b)$이고, $f(a)\neq b$, $b\in B$이면 (B는 문제 **2**에서 정의한 집합) 필요충분조건이 된다.)

5 a와 b가 사촌(아버지의 형제의 자식)일 필요조건

$f(f(a))=f(f(b))$

a가 b의 육촌(할아버지의 형제의 손자)일 필요충분조건

$f(f(f(a)))=f(f(f(b)))$, $f(f(a))\neq f(f(b))$

(가)　인생은 선택을 위한 의사 결정의 연속이다. 사람은 누구나 현명한 선택, 좋은 결과를 보장하는 선택을 하려고 한다. 한 가지 사안에 대한 결정은 그 자체만으로 끝나는 것도 있지만 다른 결정에 영향을 미치는 경우도 많다. 따라서 어떠한 결정이라도 신중하게 처리해야 하며 그렇지 못한 경우엔 결국 값비싼 대가를 치러야 한다.

　이러한 의사 결정 방법은 효과적으로 학습될 수 있다. 성공적인 선택과 의사 결정을 할 수 있는 결정적인 요인은 그 '과정'을 학습하는 것이다. 이는 선택과 의사 결정에 걸리는 시간과 노력, 비용을 줄이고 마음의 안정을 가져다주는 것이다.

(나)　기업에서 홈페이지는 그 회사가 인터넷을 통하여 전 세계인과 만날 수 있는 만남의 장이며, 제품 전시실도 되며 전 세계인을 위하여 가상 세계에 설치한 사무실이기도 하다. 개인이 만들어 놓은 홈페이지라면 수억 명의 네티즌(netizen)과 교감할 수 있는 대화의 장이며, 정보를 주고받을 수 있는 창구라 할 수 있다.

　통신 회사들은 가입자에게 홈페이지 내용을 저장할 수 있는 공간을 제공한다. 무료로 저장 공간과 검색 엔진 등록까지 제공하는 업체, 온라인상에서 마우스 클릭만으로 홈페이지를 만들 수 있도록 하는 서비스도 있어 개인도 홈페이지를 가지는 것이 어렵지 않다.

　영희가 A라는 통신 회사를 이용하여 인터넷 사이트를 운영하고자 한다. 영희의 인터넷 사이트에 가입한 모든 가입자의 월별 총이용량이 t시간일 때, 통신 회사 A에 지불해야 하는 비용은 다음과 같다.

　$0 \leq t \leq 1000$일 때, $40t + 10000$(원)

　$1000 < t$일 때, $20t + 30000$(원)

　시장 조사 결과 영희의 인터넷 사이트의 가입자들로부터 이용료를 받을 때, 월별 총이용량의 감소량이 시간당 이용료에 비례할 것으로 예측되었다.

(나)에서 영희는 인터넷 사이트의 이윤을 최대로 하기 위하여 시간당 이용료를 책정하는 방법을 설명하고 다른 통신 회사 B사는 시간당 이용료가 일정하다고 했을 때, 영희를 고객으로 확보하기

〈 2002 중앙대 수시 2 변형 〉

문제 분석

함수가 실생활에 응용되는 한 예라고 할 수 있다. 인터넷 사용 요금을 함수로 표현하고, 최대값을 구해 봄으로써 합리적 의사 결정을 하는 문제이다.

예시 답안

시간당 이용료를 x라 하자. 이용료를 받지 않았을 때, 월별 총이용량이 b라고 하면, 월별 총 이용량의 감소량이 시간당 이용료에 비례할 것으로 예측되므로 총정보 이용량 $t=b-kx$ (k 는 상수)이고, 월 매출액은 (시간당 이용료)×(월별 총이용량)이므로 $xt=x(b-kx)$가 된다. 영희의 월별 이윤을 x에 대한 함수 $f(x)$라 하면

(i) $b-kx \leq 1000$, 즉 $x \geq \dfrac{b-1000}{k}$일 때

이윤 $f(x)=x(b-kx)-40(b-kx)+10000$은 최고차항이 음수인 x에 대한 이차함수 이다.

$x=\alpha$일 때, $f(x)$가 최대값 $f(\alpha)$를 가진다고 하자.

(ii) $b-kx \geq 1000$, 즉 $0 \leq x \leq \dfrac{b-1000}{k}$일 때

이윤 $f(x)=x(b-kx)-\{20(b-kx)+30000\}$은 최고차항이 음수인 x에 대한 이차함 수이다.

$x=\beta$일 때, $f(x)$가 최대값 $f(\beta)$를 가진다고 하자.

(i), (ii)에서

$$f(\alpha) \geq f(\beta) \text{이면, } x=\alpha$$

$$f(\alpha) < f(\beta) \text{이면, } x=\beta$$

로 이용료를 책정하면 된다.

> 정의역과 공역이 실수의 집합인 함수 f가 '모든 실수 x에 대하여 $\{f(x)\}^2=1$'을 만족한다.

1 이러한 함수를 4개 이상 들고, 그 이유에 대하여 자세히 서술하시오.

2 이러한 함수는 얼마나 많은가?

3 '모든 실수 x에 대하여 $\{f(x)\}^3=1$'이라면 이러한 함수는 얼마나 많은가?

문제 분석

일반적인 수학 문제에서는 함수를 직접 구하기보다는 함수가 주어지고, 다른 값을 구해야 하는 유형이 대부분이지만 수리 논술에서는 이 문제처럼 어떤 특정한 조건을 만족하는 함수 자체를 만들어야 하는 경우가 많다.

예시 답안

1 $\{f(x)\}^2=1$을 만족하는 실수는 $f(x)=-1$ 또는 1이므로 치역이 $\{-1,\ 1\}$의 부분집합인 임의의 함수를 만들면 된다.

(i) 모든 실수 x에 대하여 $f(x)=1$ (ii) 모든 실수 x에 대하여 $f(x)=-1$

$$(\text{iii})\, f(x)=\begin{cases} 1 & (x\geq 0) \\ -1 & (x<0) \end{cases} \qquad (\text{iv})\, f(x)=\begin{cases} 1 & (x\text{가 유리수일 때}) \\ -1 & (x\text{가 무리수일 때}) \end{cases}$$

2 임의의 자연수 n에 대하여 함수 $f_n(x)$를 다음과 같이 정의하자.

$$f_n(x)=\begin{cases} 1 & (x\geq n) \\ -1 & (x<n) \end{cases}$$

그러면 $f_n(x)$는 주어진 조건을 만족하는 함수이다. 따라서 무수히 많이 존재한다.

3 $\{f(x)\}^3=1$을 만족하는 함수의 치역은 $\{1\}$뿐이므로 모든 실수 x에 대하여 $f(x)=1$인 상수함수는 1개뿐이다.

1

국내 굴지의 전자 회사인 A전자는 반도체와 휴대 전화를 동시에 생산할 수 있다. 그러나 인력, 자금력, 기술 등의 제약으로 어느 한 제품을 무한히 생산하는 것은 불가능할 뿐만 아니라, 한 제품을 더 생산하려고 하면 다른 제품의 생산을 줄여야 한다. 보다 구체적으로, 한 회사가 자신에게 주어진 자원과 기술을 아무리 효율적으로 사용하더라도 최대로 생산할 수 있는 두 제품의 생산량 사이에는 일정한 관계가 존재한다. 이 관계를 그림 또는 수식으로 표현한 것을 이 회사의 생산 가능 곡선이라고 한다. A전자가 생산하는 반도체 생산량을 x, 휴대 전화 생산량을 y라 표시하면 A전자의 생산 가능 곡선은 $x+y=10$이라 하자. 즉, 반도체를 x단위 생산할 때 A전자가 생산할 수 있는 휴대 전화의 최대 생산량은 $10-x$단위가 된다. 한편 반도체 한 단위의 판매 가격은 3원이고, 휴대 전화 한 단위의 판매 가격은 4원으로 고정되어 있다고 하자. (단, 반도체와 휴대 전화의 생산량은 0 이상의 실수값을 갖는다고 가정한다.)

(1) A전자가 총매출액을 극대화하기 위한 생산 전략을 구하고, 그 이유를 설명하시오.

(2) A전자의 생산 가능 곡선이 $x^2+y^2=100$으로 바뀌었다고 하자. 즉, 반도체를 x 단위 생산할 때 A전자가 생산할 수 있는 휴대 전화의 최대 생산량은 $\sqrt{100-x^2}$ 단위가 된다. 이 경우 총매출액을 극대화하기 위한 A전자의 생산 전략은 어떻게 바뀌겠는가? 구체적인 수치를 제시할 필요 없이 적당한 그래프를 이용하여 그 이유를 설명하시오.

〈 2006 중앙대 수시 1 〉

2

A라는 나라는 행정 구역을 도, 시, 구, 동 단위로 정리하였다. 모든 동들의 집합을 X, 모든 구들의 집합을 Y, 모든 시들의 집합을 Z, 모든 도들의 집합을 W라 하자.

‘○○○동은 ○○○구에 속한다.’라는 표현이 함수를 나타내는 것으로 생각될 수도 있고 그렇지 않을 수도 있다.

(1) 이 표현이 어떤 경우에 함수적 표현이 되고 어떤 경우에 함수적 표현이 되지 못하는지 예를 들어 그 이유를 설명하시오.

(2) ‘○○○동은 ○○○구에 속한다.’가 함수적 표현인 경우 이 표현이 나타내는 함수를 f라 할 때 f를 엄밀히 규정해 보시오.

(3) (2)와 같이 Y에서 Z로 가는 함수 g, Z에서 W로 가는 함수 h를 정의하자. 이때, a동과 a동이 속해 있지 않은 b시가 같은 도에 속하기 위한 필요충분조건을 함수식으로 나타내시오.

(4) g^{-1}가 존재한다면 그것은 어떤 의미를 가지는가, 이때 이 나라는 행정 구역 체계를 어떤 식으로 다시 정리할까?

〈 2006 고려대 수시 1 〉

3

어떤 렌터카 회사의 차량 사용료에는 다음의 표가 나타내는 A, B 두 종류의 대여 요금을 적용한다. 사용자는 자기가 원하는 대로 한쪽을 임의로 선택할 수 있다.

종류	기본 사용료	연장 사용료
A	12시간까지 15,000원	이후 1시간에 1000원의 비율
B	24시간까지 18,000원	이후 1시간에 1200원의 비율

(단, 연장 사용료는 연속적인 값으로 계산이 가능한 것으로 생각한다. 예를 들어 24분을 더 사용하면 연장 사용료는 $100 \times \dfrac{24}{60} = 400$(원)으로 계산한다.)

갑은 이 회사로부터 차량을 렌트하려고 한다. 그러나 정확한 사용 시간을 예측할 수는 없지만 대략적인 사용 시간을 예측할 때, 어떠한 선택을 하는 것이 가장 합리적인지에 대해 서술하시오.

4

A씨는 고추 농사를 짓고 있다. A씨의 경작 규모에서는 최대 40kg까지 농약 사용이 허용되고 이 범위 내의 농약 사용은 소비자의 건강에도 문제가 없다고 한다. 그런데 A씨가 납품하는 소비 조합에서는 납품되는 고추의 잔류 농약을 조사하여 그 농도가 낮을수록 높은 가격에 수매한다. 소비 조합 측에서는 A씨에게 제시한 농약 살포량과 고추의 가격 그리고 A씨가 경험적으로 알고 있는 생산량의 관계는 다음과 같고, 농약 살포에 드는 비용 이외의 비용은 항상 일정하다고 한다.

농약 살포량(kg)	0	5	10	15	20	25	30	35	40
고추의 kg당 출하가격(원)	1000	990	980	970	960	950	940	930	920
고추의 생산량(kg)	5000	5200	5400	5600	5800	6000	6200	6400	6600

A씨가 최대의 이익을 얻기 위해 사용할 수 있는 농약의 양을 알아보기 위해 당신에게 찾아왔다.

(1) 농약 살포에 드는 비용이 농약 살포량에 비례한다고 할 때, 당신이 A씨의 문제를 해결할 수 있는 방법을 단계별로 기술하시오.

(2) 농약의 포장 단위가 1kg이고, 구입량이 1kg 늘어날 때마다 추가 1kg에 대해 50원씩 추가 할인된 금액에 구입할 수 있다고 할 때, A씨의 문제를 해결하는 과정에서 어떤 부분이 어떻게 달라지는지 구체적으로 논하시오.

5

어느 통신 회사에서 A, B, C 3개 대학교에 초고속 무선 인터넷 서비스를 학생 및 교직원에게 제공하고 있다. 이때 이용자 수는 서비스를 이용하는 1일 평균 인원수를 말하며, 이용 시간이란 1인당 1일 평균 이용 시간을 말한다. 그리고 이용 정보량이란 1일 1인당 송·수신하는 이용 정보량(Mega Byte, MB)을 의미한다. 통신 회사에서는 서비스를 이용하는 개개인의 이용 시간 및 이용 정보량에 의거하여 요금을 산정한다. 이 통신 회사는 대학교별로 2003년도 및 2004년도를 대표하는 값으로서의 이용자 수와 이용 시간 및 이용 정보량에 대한 수치를 아래의 표에서 제시하였다.

	2003년도			2004년도		
	이용자 수	이용 시간	이용 정보량	이용자 수	이용 시간	이용 정보량
A대학교	5,500	1.3	80	5,800	1.3	170
B대학교	6,000	2.4	90	8,200	2.5	180
C대학교	8,000	2.4	70	9,500	2.4	140

(1) 연도별로 서비스 이용자 수와 이용 시간 및 이용 정보량 간에는 어떤 변화가 있는지 위의 표를 보고 간략히 기술하시오.

(2) 요금은 이용 시간 및 이용 정보량이라는 두 변수를 함께 고려한 관계식으로 나타낼 수 있다. 한편 통신 회사에서는 제공할 수 있는 용량의 한계와 시스템의 문제 때문에 요금을 통하여 이 문제를 해결하고자 한다. 다시 말하면 이용 시간이 2시간을 초과하거나 이용 정보량이 100MB를 초과하는 경우에 각각의 변수를 고려하여 2배의 요금을 부과하고자 한다. 이러한 점을 고려하여 요금을 산출하는 관계식을 위의 두 변수를 이용하여 만드시오.

(3) 위의 대학 외에 다른 대학교에 같은 서비스를 통신 회사에서 제공하려 한다. 위의 표를 근거하여 새로운 대학교의 요금을 산정할 때 문제 (2)에서 만든 식을 이용하고자 한다. 입력 자료를(예를 들어 이용 시간 등) 어떤 방식으로 산출하는 것이 회사로서는 이익인지 합리적인 근거의 제시와 함께 간략히 기술하시오.

〈 2005 중앙대 수시 2 〉

6

어떤 은행에 연이율이 같은 1년 만기 정기 예금 A와 B 두 종류가 있다. 정기 예금은 만기 시에는 원금과 이자를 지급하며, 중도 해약 시에는 원리금에서 해약 부담금을 뺀 나머지 금액을 지급한다.

두 상품 A, B의 해약 부담금에 대한 규정은 다음과 같다.

$$\text{상품 A : (해약 부담금)} = a \times \text{(원금)} \times \frac{\text{(잔여 일수)}}{365}$$

$$\text{상품 B : (해약 부담금)} = b \times \text{(원금)}$$

K씨는 일정 금액을 이 은행의 1년 만기 정기 예금에 예탁하기로 마음먹었다.

(1) K씨가 1년 이내에 해약할 때 받는 금액에 대해 알아보고자 한다. 위의 두 상품에 대하여 K씨가 받는 금액을 해약 시점에 따른 모형으로 각각 표현하고, 이를 동일한 좌표상에 그리시오. (단, 해약 시점은 0과 365 사이의 연속적인 값으로 가정한다).

(2) K씨가 중도 해약의 가능성을 고려하여 두 상품 A, B 중 하나를 선택하고자 한다. 중도 해약이 예상되는 시점이 있을 때, 어느 상품을 선택하는 것이 유리할 것인지, 해약 부담금의 규정에 명시된 a, b를 이용하여 논리적으로 설명하시오.

〈용어 설명〉
- 연이율: 1년 동안 받게 되는 원금에 대한 이자율
- 원리금: 원금과 계약이 유지된 시점까지의 이자를 더한 금액
- 해약 부담금: 만기 이전에 해약하였을 때 내는 수수료

〈 2004 중앙대 수시 1 〉

7

전 세계적으로 에너지 소비량이 급증하는 데 반해 새로운 에너지 자원의 개발은 쉽지 않은 것으로 나타나고 있다. 이와 같은 현실에서 에너지 절약을 위한 일상의 노력 또한 요구된다. 가까운 예로 우리가 프린터기를 사용할 때에는 세 가지 종류의 전력량, 즉 예열 전력량, 대기 전력량, 인쇄 전력량이 소모되는데 이를 적절히 조정함으로써 에너지를 절약할 수도 있다. 예열 전력량은 프린터기가 꺼져 있는 상태에서 전원이 들어올 때 순간적으로 소모되는 전력량이며, 대기전력량은 전원이 켜진 상태에서 대기하는 시간 동안 소모되는 전력량이고, 인쇄 전력량은 인쇄가 진행되는 동안에 소모되는 전력량인데, 인쇄를 하지 않을 경우 프린터를 언제 꺼지도록 설정하느냐는 전력 소모량에 영향을 미치는 중요한 변수이다. 사용 후 즉시 꺼지도록 설정된 프린터기와 다음 번 사용 때까지 전원이 계속 켜져 있도록 설정된 프린터기를 전력 소모량 측면에서 비교하여 설명하시오. 이를 바탕으로 전력 소모를 최소화할 수 있도록 프린터기를 설정하는 방법을 제안하고 그 방법의 타당성을 논술하시오.

〈 2007 이화여대 모의 논술 〉

8

준기는 어버이날에 먼 도시에 살고 계신 할머니 댁을 방문하였다. 할머니 댁으로부터 집으로 돌아갈 때 준기는 기차를 타기 위해서 각각 2시간 걸리는 두 도시 A 또는 B의 기차역에서 출발하여야 한다. 도시 A의 기차역과 도시 B의 기차역 사이의 거리는 120km이고, 도시 B의 기차역과 준기의 집이 있는 목적지 C의 기차역 사이의 거리는 240km이다. 목적지 C의 기차역에서는 기차는 모두 도시 A에서 출발하며 완행과 급행 두 종류의 열차가 운행되는데 두 종류 열차는 모두 같은 시각에 출발한다고 한다.

완행열차는 시간당 60km의 속력으로 도시 A의 기차역을 출발하여 도시 B의 기차역에 잠시 정차한 후 도시 C의 기차역으로 가고, 급행열차는 시간당 90km의 속력으로 도시 A의 기차역을 출발한 후 도시 B의 기차역에 정차하지 않고 바로 도시 C에 가서 정차한다. 준기는 할머니 댁을 출발하여 가능한 빨리 집에 도착하려고 한다. 열차의 배차 간격이 3시간일 때, 준기가 도시 A의 기차역과 도시 B의 기차역 중 어디로 가서 무슨 열차를 타는 것이 좋을지를 알아보기 위하여 고려해야 할 조건을 열거하고, 고려 조건에 따라 최선의 선택이 무엇인지에 대해 설명하시오. 또한 위의 조건이 모두 동일하게 유지되고 배차 간격만 변경될 때, 준기의 선택에 어떤 변화가 있을지를 논하시오.

〈 2007 이화여대 모의 논술 〉

9

정부는 태풍 피해를 입은 주민들에 대한 보상을 결정하고 75억 원의 예산을 배정하였다. 보상 대상을 선정하기 위한 피해 접수를 받은 결과 1,000건이 신고되었다. 그런데 접수된 건들 중에는 보상금을 타기 위해 허위로 피해 신고를 한 사례가 적지 않은 것으로 확인되었다. 이에 따라 정부는 신고 내용의 진위를 가리기 위한 조사를 실시하기로 하였다. 그러한 조사를 마친 직후에 적발된 허위 신고를 제외한 모든 접수건들에 대해 보상금을 균등하게 배분할 예정이다.

문제는 조사 기간이다. 조사 기간이 길어질수록 허위 신고를 더 많이 적발할 수 있는 반면에 조사에 드는 비용은 늘어난다. 게다가 보상금 지급 시기가 늦춰짐에 따라 주민들에 대한 보호·관리 비용도 증가한다. 조사 및 보호·관리 비용이 증가하는 만큼 배정된 예산 중 실제 보상에 사용될 재원은 줄어들 수밖에 없다. 조사 기간, 보호·관리 비용, 허위 신고 적발 건수, 보상금 총액, 보상의 효과 사이에는 다음의 표와 같은 관계가 성립한다.

	1일째	2일째	3일째	4일째
일별 조사 및 보호·관리 비용(억 원)	1	2	3	4
일별 허위 신고 적발 건수	100	90	80	70

보상금 총액＝(예산)−(조사 및 보호·관리 비용)

보상의 효과＝(총접수 건수 중 진짜 피해 건수)×(1건당 보상액)

※ 표에서 일별 통계는 누적분이 아닌 하루분의 수치임.

※ 4일째 이후에도 일별 조사 및 보호·관리 비용은 매일 1억 원씩 증가하고, 일별 허위 신고 적발 건수는 매일 10건씩 감소함.

보상의 효과를 가장 크게 하려면 정부가 며칠간 조사해야 하는지를 밝히고, 그 근거를 제시하시오.

〈 2007 고려대 수시 2 〉

함수 중 재미있고 다양한 성질이 있어 자주 응용되는 함수가 우함수와 기함수이다. 우함수는 $f(-x)=f(x)$를 만족하는 함수이고, 기함수는 $f(-x)=-f(x)$를 만족하는 함수이다.

우함수에서 우(偶) 는 짝수란 뜻이고, 기함수에서 기(奇) 는 홀수라는 뜻인데, 영어로도 우함수는 'even function' 곧 '짝수 함수' 란 의미이고, 기함수는 'odd function' 곧 '홀수 함수' 란 의미를 갖는다. 또 홀수를 뜻하는 기(奇) 자와 odd가 모두 '이상하다' 는 뜻도 지니고 있어 동양 문화와 서양 문화의 재미있는 일치를 보여 준다.

게다가 함수 $y=x^n$의 경우 n이 짝수이면 우함수이고, 홀수이면 기함수이다. 다항함수 이외의 초월함수에서도 우함수와 기함수가 짝을 이루는 경우가 있다. 가령 삼각함수에서 $\cos x$는 기함수이고, $\sin x$는 우함수이다.

(1) 다음과 같이 정의된 두 함수는 그 이름이 각각 쌍곡선 코사인 함수, 쌍곡선 사인 함수이다.

$$\cosh x=\frac{e^x+e^{-x}}{2},\ \sinh x=\frac{e^x-e^{-x}}{2}\quad \left(\text{단},\ e=\lim_{n\to\infty}\left(1+\frac{1}{n}\right)^n\text{으로 정의되는 무리수이다.}\right)$$

위의 두 함수 $\sinh x$와 $\cosh x$는 삼각함수와 이름도 비슷할 뿐만 아니라 비슷하게 대응하는 성질을 가지고 있다. 어떤 성질들이 대응하는지 찾아 서술하시오.

(2) 임의의 다항함수는 모두 우함수 부분과 기함수 부분의 합으로 표현할 수 있는지에 대해 설명하시오. 나아가 정의역이 모든 실수인 임의의 함수는 우함수 부분과 기함수 부분의 합으로 표현할 수 있는지 설명하시오.

2장
지수함수와 로그함수

·°°·· 출제 경향

현재 고등학교 수학 교과 과정에서는 지수와 로그가 수학 I의 $\frac{1}{4}$ 정도를 차지하고 있다. 그래서 그만큼 지수와 로그가 인문계열, 자연계열 모두 내신 및 수능에서 계산 문제나 응용 문제로 자주 출제되고, 논술과 구술에서도 적지 않게 다뤄지고 있다.

특히 지수함수와 로그함수는 인구 증가와 같은 여러 사회 현상을 분석하는 도구로, 그리고 소리의 크기와 같은 과학 현상을 설명하는 단위를 정의하는 데 이용되어 통합형 수리 논술에 매우 적합한 주제이므로 각별히 신경을 써서 공부해 두어야 한다.

교과서나 참고서에 잘 정리되어 있는 지수·로그 함수의 성질들에 대해 잘 파악해 두는 것이 필수적이다. 그리고 지수가 정수, 유리수로 확장되는 논리적 과정을 명확하게 이해하고, 로그의 여러 가지 성질과 공식들의 유도 과정과 의미들을 잘 정리해 두는 것이 중요하다. 또한 등비수열 문제에서 등비수열은 자연수를 정의역으로 하는 지수함수라고 할 수 있으므로 로그를 이용하는 경우도 있음을 유의해야 한다.

지수보다 로그가 먼저 사용되었다!

로그 개념은 독일의 수학자 슈티펠[1]이 1544년 출간한 『산술총서』에 x가 덧셈의 관계를 가지고 있다면 2^x은 곱셈의 관계를 가지고 있는 것으로 대응된다는 내용으로 처음 등장한다. 그러나 오늘날 쓰이는 로그 개념은 1614년 영국의 네이피어[2]에 의해 매우 큰 수 계산을 간편하게 하기 위한 수단으로 발명되었다. 얼마 후 브리그스[3]가 상용로그의 성질을 밝히고, 지표와 가수의 개념을 도입했으며 네이피어의 도움을 받아 상용로그표를 완성하였다. 네이피어는 로가리듬(logarithm)이라는 용어를 사용하였는데, 17세기에 케플러[4]가 이것을 '로그(log)'로 줄여 썼다.

로그함수를 지수함수의 역함수로 이해한 것은 18세기 오일러에 의해서였다. 로그함수를 지수함수의 역함수로 다루고 있는데, 역사적으로는 놀랍게도 2^3과 같은 지수표현은 로그보다 한참 뒤에 탄생하였다.

한편 스위스 궁정 시계 기사였던 뷔르기[5]도 지수 이론을 연구하다가 네이피어와는 독립적으로 로그를 발견하였다. 뷔르기는 훗날 케플러 밑에서 연구하였는데 케플러는 소수와 로그의 발견을 뷔르기의 공적으로 보았다.

전자계산기와 컴퓨터가 상용화되기 이전에 로그는 큰 수나 거듭제곱이 섞인 복잡한 식들을 계산하는 매우 유용한 도구였다. 복잡한 계산을 해야 하는 사람들에게 로그표는 거의 필수품이었고, 졸업이나 입학하는 학생들에게 로그자는 최고의 선물 중 하나였다고 한다.

지금은 계산에서 로그가 차지하는 중요성은 많이 낮아졌지만, 여전히 순수 학문적인 면에서 로그는 중요하다. 특히 미적분학과 물리학 등에서 지수함수와 로그함수는 필수적인 내용이다. 뿐만 아니라 로그는 실용적인 면에서도 없어서는 안 되는 개념이다. 지진의 강도를 재는 단위인 리히터 규모, 소리의 세기를 나타내는 데시벨, 별의 밝기 등급, 산성도를 나타내는 pH 등등이 모두 로그로 정의된다.

1) 슈티펠(1486~1567) 독일의 대수학자. 그의 저서 『산술총서』는 독일에서 발간된 대수학 책들 중 가장 높이 평가받고 있다. 신비주의에 빠져 세상의 종말을 예언하기도 했다.
2) 네이피어(1550~1617) 영국의 수학자. 산술, 대수, 삼각법 등의 단순화, 계열화를 꾀하였으며, 계산기의 고안에도 영향을 미쳤다.
3) 브리그스(1561~1630) 영국의 수학자, 천문학자. 네이피어가 로그를 발견하자 그 중요성을 인정하여 공동 연구하였으며 10을 밑으로 하는 상용로그를 확립한다.
4) 케플러(1571~1630) 독일의 천문학자. 정밀한 관측 기록을 기초로 화성의 운동이 태양을 중심으로 하는 타원 운동임을 발견하는 등 근대 과학 발전의 선구자이다.
5) 뷔르기(1552~1632) 스위스의 수학자, 천문학자. 네이피어나 브리그스와는 별도로 지수 이론을 통하여 로그에 도달했으나 네이피어의 발표보다 6년 뒤였고, 그것도 무기명이었다.

핵심 개념

■■■ 지수법칙

a, b가 임의의 실수이고 m, n이 양의 정수일 때,

(1) $a^m a^n = a^{m+n}$

(2) $(a^m)^n = a^{mn}$

(3) $(ab)^n = a^n b^n$

(4) $\left(\dfrac{a}{b}\right)^n = \dfrac{a^n}{b^n}$ (단, $b \neq 0$)

(5) $a^m \div a^n = \begin{cases} a^{m-n} & (m > n) \\ 1 & (m = n) \\ \dfrac{1}{a^{n-m}} & (m < n) \end{cases}$

■■■ 거듭제곱근의 성질

$a > 0$, $b > 0$이고 m, n이 2 이상의 양의 정수일 때,

(1) $\sqrt[n]{a}\,\sqrt[n]{b} = \sqrt[n]{ab}$ **(2)** $\dfrac{\sqrt[n]{a}}{\sqrt[n]{b}} = \sqrt[n]{\dfrac{a}{b}}$

(3) $\sqrt[n]{a^m} = (\sqrt[n]{a})^m$ **(4)** $\sqrt[m]{\sqrt[n]{a}} = \sqrt[mn]{a}$

■■■ 지수의 확장(정수지수)

$a \neq 0$이고 n이 양의 정수일 때,

(1) $a^0 = 1$

(2) $a^{-n} = \dfrac{1}{a^n}$

■■■ 지수의 확장(유리수지수)

$a>0$이고 m, $n(n>0)$이 정수일 때,

$$a^{\frac{m}{n}}=\sqrt[n]{a^m} \quad \text{특히, } a^{\frac{1}{n}}=\sqrt[n]{a}$$

■■■ 지수법칙(실수지수)

$a>0$, $b>0$일 때, 임의의 실수 x, y에 대하여

(1) $a^x a^y=a^{x+y}$ **(2)** $a^x \div b^y=a^{x-y}$

(3) $(a^x)^y=a^{xy}$ **(4)** $(ab)^x=a^x b^x$

■■■ 로그의 정의

$a>0$, $a\neq0$, $b>0$일 때 $a^x=b \Leftrightarrow x=\log_a b$

■■■ 로그의 성질

(1) $a>0$, $a\neq1$, $M>0$, $N>0$이고 k가 임의의 실수일 때,

① $\log_a 1=0$, $\log_a a=1$

② $\log_a MN=\log_a M+\log_a N$

③ $\log_a \dfrac{M}{N}=\log_a M-\log_a N$

④ $\log_a M^k=k\log_a M$

(2) 로그의 밑 변환 공식

$a>0$, $a\neq1$, $b>0$, $c>0$, $c\neq1$일 때,

$$\log_a b=\frac{\log_c b}{\log_c a}$$

■■■ 상용로그의 지표와 가수

(1) 정수 부분이 n자리인 수의 상용로그의 지표는 $n-1$이다.

(2) 소수 n째 자리에서 처음으로 0이 아닌 숫자가 나타나는 양수의 상용로그의 지표는 $\bar{n}$, 즉 $-n$ 이다.

(3) 숫자의 배열이 같고 소수점의 위치만 다른 수들의 상용로그의 가수는 같다.

■■■ 지수함수 $y=a^x$의 성질

(1) 정의역은 실수 전체의 집합, 치역은 양의 실수 전체의 집합이다.

(2) $a>1$일 때, x의 값이 증가하면 y의 값도 증가한다. 즉, $x_1<x_2$이면 $a^{x_1}<a^{x_2}$

　　$0<a<1$일 때, x의 값이 증가하면 y의 값은 감소한다. 즉, $x_1<x_2$이면 $a^{x_1}>a^{x_2}$

(3) 점 $(0,\ 1)$을 지나고, x축을 점근선으로 갖는다.

(4) $y=a^x$의 그래프와 $y=\left(\dfrac{1}{a}\right)^x$의 그래프는 y축에 대하여 대칭이다.

■■■ 로그함수 $y=\log_a x$의 성질

(1) 정의역은 양의 실수 전체의 집합, 치역은 실수 전체의 집합이다.

(2) $a>1$일 때, x의 값이 증가하면 y의 값도 증가한다.

　　즉, $x_1<x_2 \Longleftrightarrow \log_a x_1<\log_a x_2$

　　$0<a<1$일 때, x의 값이 증가하면 y의 값은 감소한다.

　　즉, $0<x_1<x_2 \Longleftrightarrow \log_a x_1>\log_a x_2$

(3) 점 $(1,\ 0)$을 지나고 y축을 점근선으로 갖는다.

(4) $y=\log_a x$는 $y=a^x$의 역함수이고, 그 그래프는 $y=a^x$의 그래프와 직선 $y=x$에 대하여 대칭 이다.

(5) $y=\log_a x$의 그래프와 $y=\log_{\frac{1}{a}} x$의 그래프는 x축에 대하여 대칭이다.

필수 논제 **1** 지수의 확장

거듭제곱의 규칙에서 a^n은 a를 n번 곱한 것을 뜻한다. m, n이 자연수일 때

$$\text{(i) } a^m \times a^n = a^{m+n} \qquad \text{(ii) } a^m \div a^n = \begin{cases} a^{m-n} & (m>n) \\ 1 & (m=n) \\ \dfrac{1}{a^{n-m}} & (m<n) \end{cases} \qquad \text{(iii) } (a^m)^n = a^{mn} \qquad \text{(iv) } (ab)^n = a^n b^n$$

등의 지수법칙이 성립함을 알고 있다. 이제 지수 n이 영(0), 음의 정수, 분수일 때 지수법칙에 어긋나지 않도록 a^n을 정의하는 과정을 설명하시오. 또한 n이 무리수일 때는 a^n을 어떻게 정의할지 설명해 보시오.

문제 분석

지수법칙을 정수, 유리수, 실수로 확장시키는 과정을 정확하게 이해하고 있는지를 묻는 문제이다. 핵심적으로는 음수 지수와 유리수 지수의 정의를 각각 알아둘 필요가 있다. 그리고 이 문제와는 별도로 자연수 범위에서 성립하는 지수법칙이 정수, 유리수에서도 그대로 성립한다는 것을 증명하는 과정도 잘 이해해 둘 필요가 있다.

예시 답안

a는 양의 실수, n은 자연수라고 하자. (i)의 성질에 의해 $a^n \times a^0 = a^{n+0} = a^n$이 성립해야 한다. 따라서 a^0은 곱셈에 대한 항등원이어야 하므로 $a^0 = 1$로 정의된다.

마찬가지로 (i)의 성질에 의해 $a^n \times a^{-n} = a^{n+(-n)} = a^0$이 성립해야 하고 $a^0 = 1$로 정의하였으므로 $a^n \times a^{-n} = 1$이다. 따라서 a^{-n}은 a^n의 역수이면 되므로 $a^{-n} = \dfrac{1}{a^n}$로 정의된다.

$a^{\frac{1}{n}}$은 (iii)의 성질에 의해 $\left(a^{\frac{1}{n}}\right)^n = a^{\frac{1}{n} \cdot n} = a$가 성립해야 한다. 즉, $a^{\frac{1}{n}}$은 a의 양의 n제곱근이므로 $a^{\frac{1}{n}} = \sqrt[n]{a}$로 정의된다. 따라서 n이 유리수라면, $n = \dfrac{q}{p}$인 정수 p, q가 존재하고, $a^n = a^{\frac{q}{p}} = \sqrt[p]{a^q}$으로 정의된다.

이제, 유리수 n에 대해 a^n이 정의되었으므로 이를 이용하여 무리수 n에 대해서도 정의해 보자.

예를 들어 $n=\sqrt{2}$ 는 $\sqrt{2}=1.41421\cdots$ 인 무한소수이므로 유리수로 근사시켜 나타낼 수 있다. 즉, 수열 $\{b_k\}$ 를 $b_k=\sqrt{2}$ 의 소수 $k+1$ 자리에서 버림을 한 수라고 정의하자. 그러면 $b_1=1.4$, $b_2=1.41$, $b_3=1.414$, $\cdots$ 이 되고 $\lim\limits_{k\to\infty} b_k=\sqrt{2}$ 이다.

이를 이용하면, $a^{b_1}=a^{1.4}=a^{\frac{7}{5}}$, $a^{b_2}=a^{1.41}=a^{\frac{141}{100}}$, $a^{b_3}=a^{1.414}=a^{\frac{1414}{1000}}$, $\cdots$ 와 같이 임의의 k 에 대해 a^{b_k} 을 계산할 수 있고, 따라서 $a^{\sqrt{2}}$ 은 $a^{\sqrt{2}}=\lim\limits_{k\to\infty} a^{b_k}$ 으로 정의된다.

지수함수, 로그함수의 성질

어떤 함수 $f(x)$ 가 $f(x+y)=f(x)f(y)$ 와 같은 성질을 갖고, $f(x)$ 의 역함수를 $g(x)$ 라고 하자. 다음을 보이시오.

1 $g(xy)=g(x)+g(y)$　　　　**2** $f(nx)=\{f(x)\}^n$　　　　**3** $g(x^n)=ng(x)$

문제 분석

지수함수가 갖는 대표적 성질로부터 그 역함수인 로그함수의 대표적 성질을 증명하는 문제이다. 답안을 작성할 때 "함수 $f(x)$ 가 $f(x+y)=f(x)f(y)$ 와 같은 성질을 만족하므로 지수함수이고 따라서 ……"라는 식의 논리 전개를 하지 말도록 한다. 왜냐하면 $f(x+y)=f(x)f(y)$ 와 같은 성질을 만족하는 함수가 지수함수라는 것을 보이려면 별도의 증명 과정이 필요하고, 그것은 미분과 적분에 관한 지식을 필요로 하기 때문에 위의 진술은 논리적 비약이다. 이 문제는 그저 주어진 정의만으로 답안을 작성해야 하며, 또 그럴 수 있다. 또한 문제 **2**, **3**에 대한 답안도 일반화 추론 과정을 거친 후 수학적 귀납법을 이용하여 증명해야만 수학적으로 완성된 답안을 작성했다고 볼 수 있다.

예시 답안

1 $g(x)$ 가 $f(x)$ 의 역함수이므로 $f(x+y)=f(x)f(y)$ 로부터 $x+y=g(f(x)f(y))$ 인데, 이때 $s=f(x)$, $t=f(y)$ 라 하면 또한 $g(x)$ 가 $f(x)$ 의 역함수이므로 $g(s)=x$, $g(t)=y$ 이므로 $x+y=g(f(x)f(y))$ 는 $g(s)+g(t)=g(st)$ 임을 알 수 있다.

2 $f(x+y)=f(x)f(y)$에 $y=x$를 대입하면 $f(2x)=\{f(x)\}^2$이고,

$y=2x$를 대입하면 $f(3x)=\{f(x)\}^3$이므로 이것을 일반화하면, $f(nx)=\{f(x)\}^n$이다.

증명은 다음과 같이 수학적 귀납법으로 한다.

(i) $n=1$인 경우 $f(1 \cdot x)=\{f(x)\}^1$이므로 성립한다.

(ii) $n=k$일 때 $f(kx)=\{f(x)\}^k$이 성립한다고 가정하면,

$$f((k+1)x)=f(kx+x)=f(kx)f(x)\ (\because f(x+y)=f(x)f(y))$$
$$=\{f(x)\}^k f(x)\ (\because f(kx)=\{f(x)\}^k)$$
$$=\{f(x)\}^{k+1}$$

이므로 $n=k+1$일 때에도 성립한다.

3 문제 **1**의 성질을 증명했다면 문제 **2**처럼 일반화 추론 과정을 거친 후 수학적 귀납법으로
증명하면 된다.

필수 논제 ❸ 지수함수, 삼각함수의 활용 예

〈이차함수가 사용되는 예〉

높이 b지점에서 물체를 자유 낙하시킬 때, 물체의 높이는 떨어지는 동안 걸린 시간 t의 함수 $h(t)$로 다음과 같이 표현된다.

$$h(t)=b-gt^2$$

여기서 g는 중력 가속도이다. 이를 이용하면 피사 사탑의 높이를 시계와 돌멩이만을 이용하여 다음과 같이 추정할 수 있다.

탑 꼭대기에서 돌멩이를 떨어뜨리고 지면에 도달할 때까지 걸린 시간을 재었을 때, t_0의 시간이 걸렸다고 하자. 그러면 $h(t_0)=0$이므로 구하는 피사 사탑의 높이는 $b=gt_0^2$이다.

자연 현상이나 일상생활에서 삼각함수와 지수함수가 사용되는 예를 하나씩 찾고 어떻게 사용되는
지를 예시문과 같이 자세히 설명하시오.

〈 2006 고려대 수시 2 〉

한수가 사용되는 구체적인 사례를 찾아서 서술해야 하는 문제이다. 사실 여러 가지 함수들은 주로 자연 현상을 기술하는 데 사용되는데, 이 문제는 그러한 지식들을 알고 있어야 답할 수 있기 때문에 인문계 학생들에게는 다소 부담스러울 수도 있다. 하지만 여러 수학 문제집에 지수·로그함수가 사용되는 예들이 문제화되어 있기 때문에 전혀 낯설지만은 않을 것으로 보인다. 지수·로그함수의 사용의 예들은 한 번쯤 일목요연하게 정리해 둘 필요가 있다. 지수함수가 자연 현상을 기술하는 예들을 '수학 상식 업그레이드' (140쪽)에 정리해 두었으니 참고하기 바란다.

(i) 삼각함수가 사용되는 예

오른쪽 그림에서 선분 AC와 CB의 길이를 알고 사이각 θ를 알면 선분 AB의 길이는 제이코사인법칙에 의해

$$\overline{AB}^2 = \overline{CA}^2 + \overline{CB}^2 - 2\overline{CA} \cdot \overline{CB} \cos\theta$$

로 표현된다. 이를 이용하여 바다에 떠 있는 두 배 사이의 거리를 구할 수 있다. 해안가의 C지점에서 레이저 거

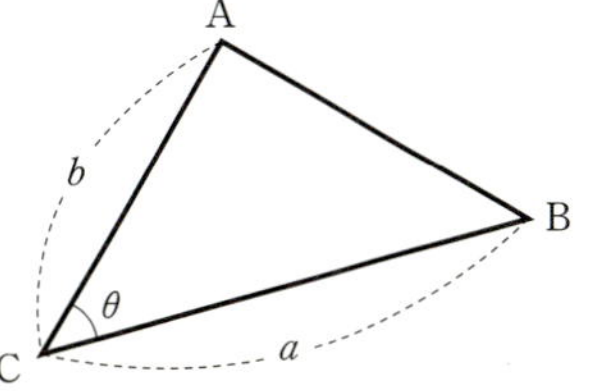

리 측정기를 사용하여 두 배가 있는 위치 A, B 사이의 거리를 각각 구하고, 그 사이각을 측정하면 두 배의 사이의 거리 l은 $l = \overline{AB} = \sqrt{a^2 + b^2 - 2ab \cos\theta}$가 된다.

(ii) 지수함수가 사용되는 예

단위 시간에 2배씩 증가하는 바이러스가 있다고 하자. 초기($n=0$)에 1마리라면 n단위 시간 후의 바이러스 개체 수를 예측할 수 있다.

n단위 시간의 바이러스의 개체 수를 a_n이라 하면 $a_{n+1} = 2a_n$, $a_0 = 1$이 성립하므로 이 점화식을 풀면 $a_n = 2^n$ 이다. 즉, n단위 시간 후의 바이러스 개체 수를 2^n개로 예측할 수 있다.

자연 현상을 기술하는 지수함수

1 방사성 원소의 반감기 공식

방사성 물질은 방사선을 방출해 결국은 사라지게 된다. 그런데 방사성 원소가 붕괴에 의해 처음 양의 반으로 줄어드는 데 걸리는 시간을 반감기라고 한다. 반감기는 주위의 환경적 요인과 무관하게 핵물질의 종류에 따라 고유한 값을 갖는다. 그래서 과학자들은 지층이나 암석의 나이를 알아보기 위해 암석 속에 포함된 방사성 원소들을 이용한다. 지층의 암석 속에 포함된 방사성 원소의 반감기를 알고 그 성분비를 분석해 보면 암석이 생성된 시기를 알아낼 수 있는 것이다. 반감기의 공식은 다음과 같은 식으로부터 유도된다.

임의의 시각에 남아 있는 원소의 수를 $N(t)$라고 하면, 그 원소가 줄어드는 비율은 그 순간 존재하고 있던 원소의 수에 비례한다.

$$\frac{dN}{dt} = -\lambda N(t)$$

이 미분방정식을 풀면 $N(t) = N_0 e^{-\lambda t}$가 되는데, 이것은 다음과 같이 고쳐 쓸 수 있다.

$$N(t) = N_0 \left(\frac{1}{2}\right)^{\frac{t}{T}} \text{(단, } N_0 : t=0\text{일 때의 양, } T = \frac{\ln 2}{\lambda} : \text{반감기, } \lambda : \text{붕괴상수)}$$

이러한 지수함수는 밑이 1보다 작은 지수함수로서 처음 양으로부터 점점 감소하는 양상을 표현하는 데 적당하다.

2 현수선

빨랫줄이나 전기줄 등 양쪽에서 잡아당기는 줄은 완전한 직선이 될 수 없다. 줄은 질량을 갖고 있어서 중력이 작용하고 이것의 반작용으로 줄 양끝의 힘이 작용하기 때문이다. 이처럼 가운데로 늘어진 줄을 현수선(懸垂線, 매달린 줄)이라고 한다. 현수선은 포물선과 비슷한 모양이지만 이차곡선은 아니다. 현수선은 수학만이 아니라 물리학적 개념이 들어가 있다. 곧 현수선은 두 기둥을 세워 놓고 같은 높이에 줄을 매달면, 중력에 의해 줄이 늘어지는 모양을 나타낸 식으로 다음과 같다.

$$y = a \cosh \frac{x}{a} \quad \text{또는} \quad y = a \frac{e^{\frac{x}{a}} + e^{-\frac{x}{a}}}{2}$$

위의 함수는 다음과 같은 미분방정식 $T \dfrac{d^2 y}{dx^2} = \rho g \sqrt{1 + \left(\dfrac{dy}{dx}\right)^2}$ 을 풀어서 얻어진 결과이다. (여기에서 T는 줄에 걸리는 장력, ρ은 줄의 길이당 질량, 즉 선밀도이고 g는 중력 가속도이다.) 이때 현수선을 표현하는 데 사용된 $y = \cosh x$와 같은 함수는 코사인 쌍곡선 함수라고 부르는 함수로서 지수함수의 합으로 표시된다.

로그가 필요한 이유에 대하여 설명해 보고, 로그함수의 사용 예를 자세히 설명하시오.

문제 분석

필수 논제 **3**과 동일한 유형의 문제이다.

예시 답안

로그는 역사적으로 보았을 때 큰 수의 계산을 쉽게 하기 위하여 발명되었고, 오늘날에도 넓은 영역에 걸쳐 있는 큰 수를 쉽게 이해하기 위하여 만들어진 여러 가지 단위들을 정의하는 데 사용된다. 예를 들면 화학에서 수소 이온 농도나, 음파의 세기를 나타내는 데시벨 단위, 지진의 강도를 나타내는 리히터 규모, 별의 밝기 등급 등의 단위 등에 사용된다. 또한 엔트로피 같은 물리량 역시 로그함수로 정의된다.

수학적으로 보았을 때, 로그는 지수이며, 특히 유리수로 표시되지 않는 지수를 표현할 때에는 반드시 로그가 필요하다.

로그함수로 정의된 여러 단위들

1 pH

pH는 용액의 산성도를 나타내는 척도로서 수소 이온 농도에 상용로그를 취한 후 마이너스를 붙인 값이다. 일반적으로 용액의 수소 이온 농도는 매우 작은 값이라 다루기 까다롭기 때문에 pH라는 개념을 이용하여 간단히 나타내는 것이다. 그 단위는 다음과 같이 정의한다.

$$pH = -\log_{10}[H^+]$$

2 지진 규모(Magnitude)

지진의 크기를 나타내는 척도로 절대적 개념의 '규모'와 상대적 개념의 '진도'가 사용되고 있다. 규모는 지진 자체의 크기를 측정하는 단위로 1935년 이 개념을 처음 도입한 미국의 지질학자 리히터의 이름을 따서 '리히터 스케일(Richter scale)'이라고도 한다. 지진 규모는 지진파로 인해 발생한 총에너지의 크기로 계측 관측에 의하여 계산된 객관적 지수이며, 지진계에 기록된 지진파의 진폭, 주기, 진앙 등을 계산해 산출된다. 지진 규모의 단위는 규모를 뜻하는 'Magnitude'로, 간단히 M으로 쓴다. 지진에 발생되는 에너지 E(erg)와 지진 규모(M)의 관계식은 다음과 같다.

$$\log_{10}E = 11.8 + 1.5M$$

규모 1.0의 강도는 60톤 폭약의 힘에 해당되며, 규모가 1.0 증가할 때마다 에너지는 30배씩 늘어난다. 강도 6의 지진은 강도 5의 지진보다 30배 이상 강력하고 강도 4의 지진보다는 900배가 강력하다.

규모 3.5 미만 : 거의 느끼지 못하지만 기록된다.

규모 3.5~5.4 : 가끔 느껴지고 미약한 피해가 생긴다.(창문이 흔들리고 물건이 떨어짐)

규모 5.5~6.0 : 건물에 약간의 손상이 온다.(벽 균열, 서 있기가 곤란)

규모 6.1~6.9 : 건물이 파괴될 수 있다.(가옥 30% 이하 파괴)

규모 7.0~7.9 : 주지진이 발생하고 큰 피해를 야기한다.(가옥 전파, 교량 파괴, 산사태, 지각 균열)

규모 8 혹은 그 이상 : 거대한 지진이 발생하고 도시가 파괴된다.

3 데시벨(dB)

인간이 들을 수 있는 소리의 세기는 10^{-12}W/m^2에서부터 1W/m^2까지이다. 귀는 소리의 세기를 그대로 인식하는 것이 아니라 주관적으로 인식한다. 즉, 소리의 세기가 두 배가 된다고 해서 음량이 두 배가 되지 않는다는 것이다. 미국 과학자 벨은 소리의 세기가 약 10배가 되어야 사람이 느끼는 음량이 약 두 배가 된다는 것을 실험적으로 밝히고, 자신의 이름이 붙여 데시벨(deci Bell)이라는 단위를 만들었다. 데시벨은 다음과 같이 정의된다.

$$\beta = 10\log\frac{I}{I_0}$$

여기에서 I는 측정된 소리의 세기이며, $I_0 = 10^{-12} \mathrm{W/m^2}$라는 기준음의 세기이다. 즉 사람이 간신히 들을 수 있는 소리의 데시벨은 $\beta_{\min} = 10\log \dfrac{I_0}{I_0} = 10\log 1 = 0(\mathrm{dB})$이고 사람이 들을 수 있는 소리 세기의 최대값(사람이 고통을 느끼면서 들어야 하는 최대의 세기)은 다음과 같다.

$$\beta_{\max} = 10\log \frac{1}{10^{-12}} = 120(\mathrm{dB})$$

4 별의 밝기 등급 – 포그슨의 공식

기원전 2세기경 히파르코스는 약 1,000개의 별들에 대한 목록을 작성하여 밝기에 따라 별들을 6개 등급으로 분류하였다. 즉, 가장 밝은 20여 개의 별들을 1등급, 육안으로 겨우 식별이 가능한 별들을 6 등급, 그리고 그 중간의 밝기를 갖는 별들을 1등급과 6등급 사이에서 내분하였다. 140년경 프톨레마이오스가 이것을 『알마게스트』에 소개한 이후로 이러한 별의 등급 체계는 약 1700년간 별 밝기의 척도로 사용되어 왔다.

그러다가 18세기부터 천문학자들은 망원경으로 관측하여 별의 밝기를 결정하기 시작했다. 곧 한 별에 의한 빛의 영향력이 완전히 없어지는 구경의 면적을 비교하여 별들의 밝기 차이를 결정하였다. 1856년 래드클리프 천문대의 N. R. 포그슨은 별의 등급(m)과 별빛의 영향력이 완전히 없어지는 구경의 크기(a)는 $m = 5\log a + 9.2$와 같은 관계식을 가지고 있음을 처음으로 유도하였다.

이때 별빛의 밝기(I)는 구경의 크기의 제곱(a^2)에 비례하고 별빛이 어두울수록 등급은 커지기 때문에 별의 등급과 밝기는

$$m = -2.5\log I + C(\text{상수})$$

다음과 같은 관계식을 갖는다. 이 관계식을 포그슨의 공식이라고 한다.

5 엔트로피

1) 열역학에서의 엔트로피

절대온도 T인 열역학계에 ΔQ의 열을 가하는 가역 과정 동안의 엔트로피 S의 변화량은 열역학적으로 다음과 같이 정의된다.

$$\Delta S = \frac{\Delta Q}{T}$$

볼츠만은 위의 엔트로피를 통계 역학적으로 해석하여 다음과 같이 쓸 수 있다는 것을 알아냈다.

$$S = k_{\mathrm{B}}\ln \Omega$$

여기서 k_{B}는 볼츠만 상수이고, Ω는 계가 가질 수 있는 가능한 (미시적인) 상태의 가짓수이다.

2) 정보량의 엔트로피

어떤 사건의 발생을 인지하였을 때 얻는 정보의 크기를 나타내는 값을 말한다. 확률 P인 사건이 일어났다는 것을 알았을 때 얻는 정보량은 $-\log_a P$인데, 이것을 a를 밑으로 하는 정보량이라 한다.

어떤 초원에 분포하는 토끼와 사슴의 수를 각각 x, y라 한다. 이들이 1년간 뜯어먹는 풀의 소비량 G와 x, y 사이에는 다음과 같은 관계가 있다.

$G=kx^{m}y^{1-m}$ (단, k는 상수)

2000년에 비해 2003년에는 토끼 수가 44%, 사슴 수가 20%씩 각각 늘어나 전체 풀 소비량이 30% 증가했을 때 m의 값을 구하시오. (단, $\log 1.2=0.080$, $\log 1.3=0.114$, $\log 1.4=0.146$)

〈 2004 서강대 구술 〉

문제 분석

지수함수를 자연 현상에 적용한 이런 유형의 논제는 흔히 접할 수 있는 문제들이다. 제시된 수치들의 의미만 잘 파악하여 식에 대입하면 간단히 풀리는 매우 단순한 문제이지만 구술 면접 문제로 출제되면 당황할 수 있으므로 해법을 잘 익혀 두기 바란다.

예시 답안

2000년의 토끼 수가 x, 사슴 수가 y, 풀 소비량이 G라면, 2003년의 토끼와 사슴 수 그리고 풀 소비량은 각각 $1.44x$, $1.2y$, $1.3G$가 된다.

$G=kx^{m}y^{1-m}$이고

$$1.3G=k(1.44x)^{m}(1.2y)^{1-m}$$
$$=k1.44^{m}1.2^{1-m}x^{m}y^{1-m}=1.2^{1+m}G$$
$$\therefore 1.2^{1+m}=1.3$$

양변에 상용로그를 취하면

$$(1+m)\log 1.2=\log 1.3$$
$$1+m=\frac{\log 1.3}{\log 1.2}=\frac{0.114}{0.080}=1.425$$
$$\therefore m=0.425$$

1

> 　　선사 시대 유적의 정확한 연대를 측정하기 위해서는 탄소 14(C^{14})를 이용한다. 살아 있는 생물의 몸속에는 신진대사에 의하여 자연계와 똑같은 비율의 탄소 14가 들어 있다. 그러나 생물이 죽으면 탄소 14는 섭취되지 못하고 감소하기 시작하는데 현재의 양이 절반으로 줄어드는 데 약 5700년이 걸린다. 예를 들어 유적지에서 발견된 나무 조각에 있는 탄소 14의 양이 자연 상태의 $\frac{1}{4} = \left(\frac{1}{2}\right)^2$이라면 이 나무 조각은 $5700 \times 2 = 11400$(년) 전의 것으로 추정할 수 있다.
>
> 　　조선의 도읍인 서울의 주변에는 한강을 따라 선사 시대의 유적이 많이 발견되었다. 그 대표적인 것으로 신석기 시대의 유적인 암사동 주거지, 초기 철기 시대의 유적인 풍납토성, 강화의 고인돌 등이다.

(1) 암사동 유적지에서 볍씨가 발견되었는데 이 볍씨에 있는 탄소 14의 양이 자연 상태의 35.6%라면 이 볍씨는 얼마나 오래된 것인가? (단, $0.356 ≒ 2^{-\frac{3}{2}}$)

(2) 강화의 고인돌 유적지에서 조개껍질이 발견되었는데 이 조개껍질에 있는 탄소 14의 양이 자연 상태의 70.7%라면 이 조개껍질은 얼마나 오래된 것인가? (단, $0.707 ≒ 2^{-\frac{1}{2}}$)

(3) 중국 집안에 있는 고구려의 유적인 삼실총이나 장천 1호분은 1500년 전의 유적이다. 이 고분에서 발견되는 나무 조각에는 자연 상태의 몇 %에 해당하는 탄소 14가 남아 있겠는가? (단, $\log 8.33 = 0.9208$)

(가)　열역학 제2법칙의 핵심적인 개념인 엔트로피(entropy)는 두 가지로 정의할 수 있다. 첫째, 어떤 계(system, 관찰하고자 하는 어떤 열역학적 대상을 계라고 하고 나머지 부분을 주위(surrounding)라고 한다. 어떤 계와 주위는 열을 교환할 수도 있고, 물질을 교환할 수도 있다.)의 엔트로피 변화 ΔS는 그 계에 출입한 열을 온도로 나눈 것과 같다는 정의, 즉 $\Delta S = \dfrac{\Delta Q}{T}$ 라는 정의는 거시적 정의라고 한다.

둘째, 어떤 계를 이루고 있는 입자(분자 또는 원자)들이 어떤 주어진 상태에서 존재할 수 있는 경우의 수를 Ω라고 할 때 이 계의 엔트로피는 다음과 같이 정의된다.

$$S = k_{\mathrm{B}}\log_e \Omega$$

이것을 미시적 정의라고 한다. 여기서 k_{B}는 볼츠만 상수라고 한다.

(나)　같은 크기의 두 방이 단열되어 있는 상태로 칸막이로 막혀 있고, 왼쪽 방에는 N개의 입자가 존재하며, 오른쪽 방은 진공이다. 이제 칸막이를 제거하면 입자들은 크기가 같은 양쪽 방에 골고루 존재하게 될 것이다. 처음 상태와 나중 상태의 엔트로피 변화를 엔트로피의 거시적 정의를 이용하여 구해 보면 $\Delta S = nR\log_e \dfrac{V_2}{V_1}$ 가 된다. 여기에서 n은 입자의 몰수이고 R는 기체상수이며 V_2는 입자가 차지하는 나중 상태의 부피, V_1은 처음 상태의 부피이다.

(다)　N개 입자의 몰수는 $n = \dfrac{N}{N_{\mathrm{A}}}$ 이다. 여기에서 N_{A}는 아보가드로수로서 6.02×10^{23}이다. 한편 볼츠만 상수 k_{B}와 기체 상수 R 사이의 관계는 $k_{\mathrm{B}} = \dfrac{R}{N_{\mathrm{A}}}$ 이다.

(가)에서 주어진 엔트로피의 거시적 정의를 이용하여 구한 (나)에서의 엔트로피 변화의 공식 $\Delta S = nR\log_e \dfrac{V_2}{V_1}$ 를 (다)에서 주어진 여러 물리적 상수들 사이의 관계식을 이용하여 변형한 후, 그것이 (가)에 언급되어 있는 엔트로피의 미시적 정의와 어떤 연관이 있는지 해석하고 설명해 보시오

〈 2008 서울대 논술 예시 변형 〉

PART
4
행렬

척 척
행렬의
행렬이다

1장
행렬

⠿ 출제 경향

행렬은 많은 양의 데이터를 한꺼번에 처리하는 데 알맞은 수학적 개념이다. 인터넷을 비롯한 정보 통신의 급격한 발달로 과거에 비해 엄청나게 정보량이 증가한 현대 사회에 행렬은 필수불가결한 수학적 도구가 되었다.

통합형 수리 논술에서 행렬은 빼놓을 수 없는 테마다. 지금까지 암호화 과정을 행렬로 표현하는 문제보다는 도로망이나 인간 관계 등을 나타내는 인접행렬 문제가 출제되었다. 통합 논술의 취지상 행렬의 개념을 직접 물어보는 문제 또는 사회 현상이나 자연 현상을 수학적으로 모델링하여 행렬 이론을 적용하는 논제가 앞으로도 출제될 가능성이 크다.

먼저 교과서의 행렬 단원에 나오는 심화 학습이나 수행 평가 내용을 잘 학습함으로써 행렬에 관한 논술 문제에 대비하자. 그리고 암호화 행렬, 인접행렬과 같은 개념은 교과서에서 별로 다루어지지 않으므로 특별히 따로 공부해 두는 것이 좋다.

누가 행렬을 생각해 냈을까?

행렬은 무려 2000여 년 전 연립일차방정식에서 비롯되었다. 기원전 300년경 바빌로니아에서 제작된 점토판에 다음과 같은 문제가 기록되어 있었다.

"전체의 넓이가 1800제곱야드인 두 개의 들판이 있다. 한곳에서는 1제곱야드당 $\frac{2}{3}$통의 비율로 곡물이 수확되고, 다른 한곳에서는 $\frac{1}{2}$통의 비율로 곡물이 수확된다. 두 들판에서 수확한 전체 곡물량이 1100통이라면 두 들판의 크기는 얼마인가?"

위의 문제는 문장으로 표현되어 있지만 다음과 같은 행렬 방정식으로 나타낼 수 있다.

$$\begin{pmatrix} 1 & 1 \\ \dfrac{2}{3} & \dfrac{1}{2} \end{pmatrix}\begin{pmatrix} x \\ y \end{pmatrix} = \begin{pmatrix} 1800 \\ 1100 \end{pmatrix}$$

또한 기원전 200년경 쓰여진 중국의 가장 오래된 산법서인 『구장산술』에는 바빌로니아보다 더 복잡한 연립방정식 문제와 오늘날과 흡사한 해법이 제시되어 있다.

행렬에 오늘날과 같은 이론 체계를 처음 도입한 학자는 영국의 수학자 케일리[1]이다. 그는 1858년에 발표한 불변식에 관한 논문 「일차변환론에 대하여」에서 행렬의 이론을 소개하였다. 케일리의 행렬은 처음에는 계수를 표현하는 방법으로만 생각하고, 계산과는 관련이 없는 것이었으나, 나중에 대수적 개념이 도입되면서 행렬대수의 기본적 개념을 전개하게 되었다.

케일리 이후에 행렬대수는 프로베니우스[2], 실베스터[3] 등에 의해 활발하게 연구되었다. 그리고 실베스터에 의해 행렬이 '매트릭스(matrix)'로 불리게 되었다.

오늘날 행렬은 행렬대수뿐만 아니라 행렬의 지수함수와 로그함수, 행렬의 무한급수나 미적분, 행렬의 미분방정식 등이 연구되어 행렬해석의 이론이 구축되는 수준에까지 이르렀다. 또한 컴퓨터의 발전과 더불어 정보량이 증가함에 따라 행렬은 자연 과학에서만이 아니라 경제, 경영 등 다양한 분야에서 필수적인 도구로 사용되고 있다.

---

1) 케일리(1821~1895) 타원 함수론, 불변식론, 사영 기하학, n차원 공간의 기하학에서 광범위한 업적을 남겼으며, 특히 행렬에 관한 이론은 유명하다. 영국의 순수 수학을 발전시키는 데 중심적인 역할을 하였다.

2) 프로베니우스(1849~1917) 독일의 수학자. 군(群)의 지표라는 개념을 도입하여 유한군(有限群)의 표현론을 세워 군론(群論)의 발전에 이바지하고 대수적 정수론에서 프로베니우스 치환을 발견하였다.

3) 실베스터(1814~1897) 영국의 수학자. 불변식론의 개척과 소수 분포에 관한 연구로 유명하며, 미국에 머물르던 중 《미국 수학 잡지》를 창간하여 미국의 수학계에 영향을 끼쳤다.

■■■ **행렬의 정의**

(1) 수나 수를 나타내는 문자를 직사각형 모양으로 배열하여 괄호로 묶은 것을 **행렬**이라고 한다.
이때 수나 문자를 행렬의 성분 또는 원, 가로줄을 행, 세로줄을 열이라고 한다.

(2) m개의 행 n개의 열로 이루어진 행렬을 $m \times n$ **행렬**로 나타낸다.

■■■ **케일리해밀턴의 정리**

$A = \begin{pmatrix} a & b \\ c & d \end{pmatrix}$일 때, $A^2 - (a+d)A + (ad-bc)E = O$가 성립한다.

■■■ **역행렬**

(1) 정의

정사각행렬 A에 대하여 $AX = XA = E$를 만족시키는 행렬 X가 존재할 때, X를 A의 **역행렬**이라 하고 A^{-1}로 나타낸다.

즉, $X = A^{-1} \Longleftrightarrow A = X^{-1}$, $AA^{-1} = A^{-1}A = E$이다.

(2) 공식

행렬 $A = \begin{pmatrix} a & b \\ c & d \end{pmatrix}$에서 $D = ad - bc$라 할 때, A가 역행렬을 가질 조건은

$D = ad - bc \neq 0$일 때이고 공식은 $A^{-1} = \dfrac{1}{D}\begin{pmatrix} d & -b \\ -c & a \end{pmatrix}$이다.

연립일차방정식 $\begin{cases} ax+by=p \\ cx+dy=q \end{cases} \iff \begin{pmatrix} a & b \\ c & d \end{pmatrix}\begin{pmatrix} x \\ y \end{pmatrix}=\begin{pmatrix} p \\ q \end{pmatrix}$ 의 해는

(i) $D=ad-bc \neq 0$일 때, $\begin{pmatrix} x \\ y \end{pmatrix}=\begin{pmatrix} a & b \\ c & d \end{pmatrix}^{-1}\begin{pmatrix} p \\ q \end{pmatrix}$ (오직 한 쌍의 해를 가짐.)

(ii) $D=ad-bc=0$일 때, 부정 또는 불능이다.

■■■ 논술 시험에 자주 출제되는 행렬 개념

(1) 암호화 행렬

한글 자모음에 숫자를 대응하여 다음과 같은 표를 만든다.

ㄱ	ㄴ	ㄷ	ㄹ	ㅁ	ㅂ	ㅅ	ㅇ	ㅈ	ㅊ	ㅋ	ㅌ	ㅍ	ㅎ	ㅏ	ㅑ	ㅓ	ㅕ	ㅗ	ㅛ	ㅜ	ㅠ	ㅡ	ㅣ
0	1	2	3	4	5	6	7	8	9	10	11	12	13	14	15	16	17	18	19	20	21	22	23

행렬 $M=\begin{pmatrix} 3 & 0 \\ 6 & 2 \end{pmatrix}$ 와 위의 표를 이용하여 '수리'라는 글자를 암호화하면 다음과 같다.

수 : $\begin{pmatrix} 6 \\ 20 \end{pmatrix}$, 리 : $\begin{pmatrix} 3 \\ 23 \end{pmatrix}$ 으로 나타내어 '수리'에 대응되는 숫자 배열 (6, 20, 3, 23)을 만든다.

이 숫자 배열을 2개씩 끊어서 행렬 M과 곱하여 새로운 숫자 배열을 구한다.

음수와 24 이상인 수는 24로 나눈 나머지로 생각한다.

$$\begin{pmatrix} 3 & 0 \\ 6 & 2 \end{pmatrix}\begin{pmatrix} 6 \\ 20 \end{pmatrix}=\begin{pmatrix} 18 \\ 76 \end{pmatrix} \longrightarrow \begin{pmatrix} 18 \\ 4 \end{pmatrix}$$

$$\begin{pmatrix} 3 & 0 \\ 6 & 2 \end{pmatrix}\begin{pmatrix} 3 \\ 23 \end{pmatrix}=\begin{pmatrix} 9 \\ 64 \end{pmatrix} \longrightarrow \begin{pmatrix} 9 \\ 16 \end{pmatrix}$$

이므로 새로운 숫자 배열은 (18, 4, 9, 16)이다.

이 숫자 배열에 대응되는 문자열을 위의 표를 이용하여 구하면 $\begin{pmatrix} 6 \\ 20 \end{pmatrix}$: ㅗㅁ, $\begin{pmatrix} 3 \\ 23 \end{pmatrix}$: 처

이므로 '수리'의 암호문은 'ㅗㅁ처'가 된다.

행렬 M의 역행렬을 이용하면 암호문 'ㅗㅁ처'에서 원래의 글 '수리'를 찾을 수 있다.

이와 같이 평상문을 행렬을 이용하여 암호문을 만들 때, 행렬 M을 **암호화 행렬**이라고 한다.

(2) 인접행렬

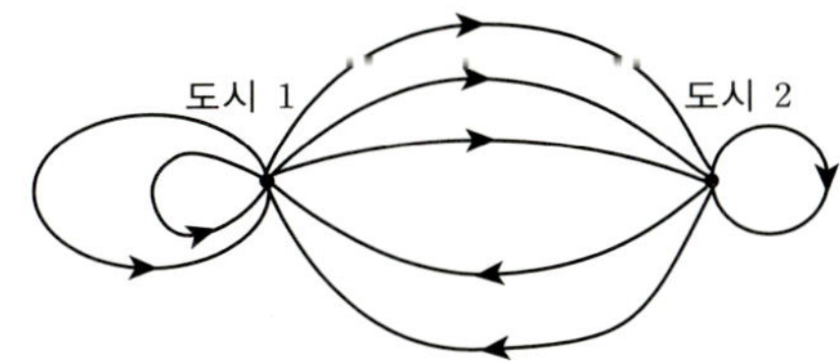

어느 지역에 도시 1과 도시 2가 있어서 각 도시를 연결하는 관광 코스가 위의 그림과 같다.

도시 i에서 도시 j로 가는 관광 코스의 가짓수를 i행 j열을 원소로 하는 행렬 A라 하면

$A=\begin{pmatrix} a_{11} & a_{12} \\ a_{21} & a_{22} \end{pmatrix}$에서 $a_{11}=2,\ a_{12}=3,\ a_{21}=2,\ a_{22}=1$이다.

이제 도시 i에서 도시 j로 두 코스를 거쳐서 가는 관광 코스의 가짓수를 i행 j열을 원소로 하는

행렬 M이라 하면 $M=\begin{pmatrix} m_{11} & m_{12} \\ m_{21} & m_{22} \end{pmatrix}$이다.

이때 행렬 M과 행렬 A의 관계를 알아보자.

예를 들어 도시 1에서 도시 1로, 두 코스를 거쳐서 가는 관광 코스는

도시 1 $\longrightarrow$ 도시 1 $\longrightarrow$ 도시 1인 관광 코스, 즉 $a_{11}\times a_{11}$가지와

도시 1 $\longrightarrow$ 도시 2 $\longrightarrow$ 도시 1인 관광 코스, 즉 $a_{12}\times a_{21}$가지를 합하면 된다.

따라서 $m_{11}=a_{11}a_{11}+a_{12}a_{21}$이다.

마찬가지로 생각하면

$$m_{12}=a_{11}a_{12}+a_{12}a_{22}$$

$$m_{21}=a_{21}a_{11}+a_{22}a_{21}$$

$$m_{22}=a_{21}a_{12}+a_{22}a_{22}$$

이다. 따라서

$$M=\begin{pmatrix} a_{11}a_{11}+a_{12}a_{21} & a_{11}a_{12}+a_{12}a_{22} \\ a_{21}a_{11}+a_{22}a_{21} & a_{21}a_{12}+a_{22}a_{22} \end{pmatrix}=A^2$$

이다. 일반적으로 n개의 코스를 거쳐서 도시 i에서 도시 j로 가는 코스의 가짓수를 나타내는

행렬은 A^n이 된다.

행렬 i와 같이 여러 대상들의 연결 상태를 나타내는 행렬을 **인접행렬**이라고 한다.

필수 논제 **1** 암호화 행렬

4개의 알파벳으로 된 메시지 $P_1P_2P_3P_4$를 아래 주어진 알파벳 코드표에 의하여 숫자로 바꾼 (m_1, m_2, m_3, m_4)를 평문이라 한다. 평문의 네 숫자들을 1열부터 차례로 배열하여 만든 행렬 $M = \begin{pmatrix} m_1 & m_3 \\ m_2 & m_4 \end{pmatrix}$와 암호화 행렬 K를 사용해 얻어지는 행렬의 곱 $KM = \begin{pmatrix} n_1 & n_3 \\ n_2 & n_4 \end{pmatrix}$를 순차적으로 나열한 (n_1, n_2, n_3, n_4)를 암호문이라 한다.

P_i	A	B	C	D	E	F	G	H	I	J	K	L	M	N	O	P	Q	R	S	T	U	V	W	X	Y	Z
m_i	0	1	2	3	4	5	6	7	8	9	10	11	12	13	14	15	16	17	18	19	20	21	22	23	24	25

1 "GAME"이라는 메시지에 암호화 행렬 K를 사용하면 암호문 $(12, 6, 44, 24)$를 얻을 수 있었다고 한다. 이때 사용된 암호화 행렬 K를 구하고, 이 암호화 행렬을 이용하여 "BEST"라는 메시지를 보냈을 때 받게 되는 암호문을 구하시오.

2 평문 (m_1, m_2, m_3, m_4)와 그에 대응하는 암호문 (n_1, n_2, n_3, n_4) 한 쌍으로부터 암호화 행렬을 찾아낼 수 있는 경우와 그렇지 못한 경우에 대해 논하시오.

〈 2006 이화여대 논술 예시 〉

문제 분석

행렬이 활용되는 분야 중 하나인 암호와 관련하여 기본 개념을 묻고 있다. 문제의 뜻을 파악하면 어렵지 않게 접근할 수 있으며, 역행렬의 유무와 연립방정식의 해집합과의 관계를 알아야 한다.

예시 답안

1 GAME에 대응되는 행렬은 $\begin{pmatrix} 6 & 12 \\ 0 & 4 \end{pmatrix}$이므로

$$K\begin{pmatrix} 6 & 12 \\ 0 & 4 \end{pmatrix}=\begin{pmatrix} 12 & 44 \\ 6 & 24 \end{pmatrix} \qquad \therefore K=\begin{pmatrix} 12 & 44 \\ 6 & 24 \end{pmatrix}\begin{pmatrix} 6 & 12 \\ 0 & 4 \end{pmatrix}^{-1}=\begin{pmatrix} 2 & 5 \\ 1 & 3 \end{pmatrix}$$

BEST에 대응되는 행렬은 $\begin{pmatrix} 1 & 10 \\ 4 & 19 \end{pmatrix}$이므로

$$K\begin{pmatrix} 1 & 18 \\ 4 & 19 \end{pmatrix}=\begin{pmatrix} 2 & 5 \\ 1 & 3 \end{pmatrix}\begin{pmatrix} 1 & 18 \\ 4 & 19 \end{pmatrix}=\begin{pmatrix} 22 & 131 \\ 13 & 75 \end{pmatrix}$$

따라서 BEST의 암호문은 (22, 13, 131, 75)이다.

2 $K\begin{pmatrix} m_1 & m_3 \\ m_2 & m_4 \end{pmatrix}=\begin{pmatrix} n_1 & n_3 \\ n_2 & n_4 \end{pmatrix}$에서 $m_1m_4-m_2m_3\neq0$이라면 $\begin{pmatrix} m_1 & m_3 \\ m_2 & m_4 \end{pmatrix}$의 역행렬이 존재

해서 $K=\begin{pmatrix} n_1 & n_3 \\ n_2 & n_4 \end{pmatrix}\begin{pmatrix} m_1 & m_3 \\ m_2 & m_4 \end{pmatrix}^{-1}$가 되어 암호화 행렬 K를 구할 수 있으나

$m_1m_4-m_2m_3=0$이면 $\begin{pmatrix} m_1 & m_3 \\ m_2 & m_4 \end{pmatrix}$의 역행렬이 존재하지 않기 때문에 K를 구할 수 없다.

회전 이동을 나타내는 행렬

점 $\mathrm{P}(x, y)$를 원점을 중심으로 각의 크기 θ만큼 회전하여 점 $\mathrm{P}'(x', y')$에 대응시키는 회전 이동을 생각해 보자. 오른쪽 그림에서 직사각형 PROQ를 원점 O를 중심으로 각의 크기 θ만큼 회전한 직사각형을 $\mathrm{P}'\mathrm{R}'\mathrm{O}\mathrm{Q}'$이라 하면 점 Q'의 좌표는 $\mathrm{Q}'(x\cos\theta,\ x\sin\theta)$이고, 점 R'의 좌표는 $\mathrm{R}'(-y\sin\theta, y\cos\theta)$이다. 한편 점 Q'에서 x축에 내린 수선의 발을 Q'', 점 P'에서 x축에 내린 수선과 점 R'에서 y축에 내린 수선의 교점을 S라 하면 $\triangle\mathrm{P}'\mathrm{R}'\mathrm{S}\equiv\triangle\mathrm{Q}'\mathrm{O}\mathrm{Q}''$이다.

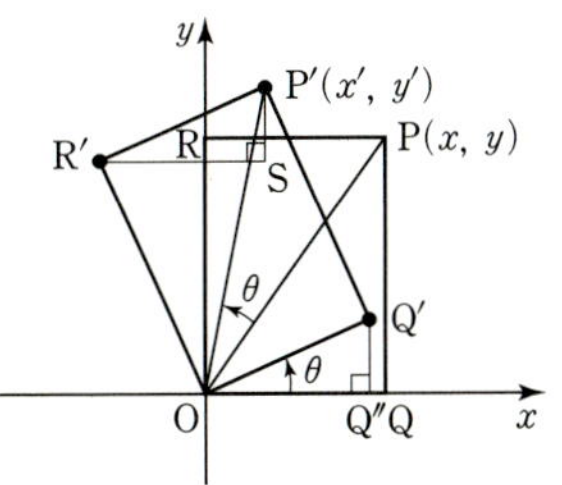

이상에서 점 $\mathrm{P}'(x', y')$은 점 R'을 x축의 방향으로 $x\cos\theta$만큼, y축의 방향으로 $x\sin\theta$만큼 평행이동한 것임을 알 수 있다.

$$\therefore \begin{cases} x'=x\cos\theta-y\sin\theta \\ y'=x\sin\theta+y\cos\theta \end{cases} \iff \begin{pmatrix} x' \\ y' \end{pmatrix}=\begin{pmatrix} \cos\theta & -\sin\theta \\ \sin\theta & \cos\theta \end{pmatrix}\begin{pmatrix} x \\ y \end{pmatrix}$$

4개의 도시를 연결하는 버스 노선이 다음 그림과 같고 이 노선에 대응하는 행렬 $A=(a_{ij})$를 도시 i에서 도시 j로 가는 노선이 있으면 $a_{ij}=1$, 없으면 $a_{ij}=0$으로 정의한다. (단, 화살표는 버스가 가는 방향이다.)

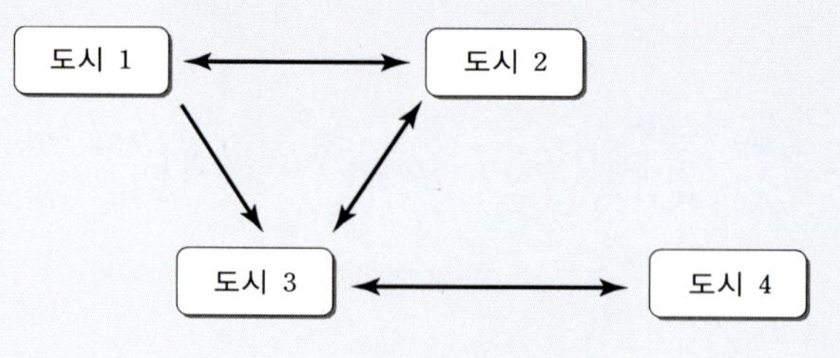

1 $A^2=(b_{ij})$에서 b_{ij}가 무엇을 의미하는지 자세히 설명하시오.

2 새로운 버스 노선을 만들려고 할 때, $A+A^2$을 이용하면 어떤 결론을 얻을 수 있는지 예를 들어 설명하시오.

문제 분석

버스 노선과 인접행렬의 관계를 나타내는 논제이다. 이 개념을 처음 접하는 학생들은 어렵게 느낄 수도 있다. 인접행렬의 제곱이 나타내는 의미가 무엇인지를 파악하는 것이 이 논제의 핵심 포인트가 된다.

예시 답안

1 화살표 방향을 고려하면 a_{ij}는 어떤 도시 i에서 j로 가는 버스 노선의 경우를 나타낸다. 예를 들어 $a_{13}=1$은 도시 1에서 도시 3으로 가는 노선이 존재한다는 뜻이고 $a_{13}=0$은 노선이 없다는 뜻이다. 이는 화살표 방향을 보면 쉽게 이해할 수 있다.

$$A = \begin{pmatrix} 0 & 1 & 1 & 0 \\ 1 & 0 & 1 & 0 \\ 0 & 1 & 0 & 1 \\ 0 & 0 & 1 & 0 \end{pmatrix}$$

또한 A^2을 계산해 보면

$$A^2 = AA = \begin{pmatrix} 0 & 1 & 1 & 0 \\ 1 & 0 & 1 & 0 \\ 0 & 1 & 0 & 1 \\ 0 & 0 & 1 & 0 \end{pmatrix} \begin{pmatrix} 0 & 1 & 1 & 0 \\ 1 & 0 & 1 & 0 \\ 0 & 1 & 0 & 1 \\ 0 & 0 & 1 & 0 \end{pmatrix} = \begin{pmatrix} 1 & 1 & 1 & 1 \\ 0 & 2 & 1 & 1 \\ 1 & 0 & 2 & 0 \\ 0 & 1 & 0 & 1 \end{pmatrix}$$

이다. A^2은 두 번 타고 갈 수 있는 노선을 의미한다. 즉, $b_{11}=1$은 버스를 두 번 타서 도시 1에서 출발하여 다시 도시 1로 오는 경우의 수를 의미한다. 그림에서처럼 도시 1에서 도시 2로 가서 다시 도시 1로 오는 방법은 한 가지가 있다는 뜻이다. $b_{22}=2$는 도시 2에서 도시 2로 가는 방법의 수가 도시 1이나 도시 3을 경유하는 총 2가지가 존재함을 말한다. 다른 b_{ij}들도 마찬가지 방법으로 해석된다.

2 $A+A^2$의 (i, j) 성분은 도시 i에서 도시 j로 버스를 1번 또는 2번 타고 가는 노선 수를 의미한다.

$A+A^2$을 계산하면

$$A + A^2 = \begin{pmatrix} 1 & 2 & 2 & 1 \\ 1 & 2 & 2 & 1 \\ 1 & 1 & 2 & 1 \\ 0 & 1 & 1 & 1 \end{pmatrix}$$

여기서 $(4, 1)$ 성분이 0이므로 도시 4에서 도시 1로 가는 데 버스를 2번 이내로 타고 갈 수 없음을 알 수 있다. 도시 4에서 도시 1로 가는 버스 노선을 만들어야 한다는 것을 알 수 있다.

어떤 생명체의 유전 정보의 총체를 유전체(genome)라고 부른다. 인간의 유전체는 23개의 염색체로 이루어져 있으며 그 안의 유전 정보는 DNA의 염기 서열로 기록된다. 인간의 염색체는 한 개의 선형 DNA로 구성되어 있는 반면 박테리아의 염색체는 한 개의 원형 DNA로 구성되어 있다.

유전체 DNA의 염기 서열을 알아내는 것은 생명 현상의 이해를 위해서 매우 중요한 일이다. 유전체 DNA의 염기 서열을 알아내기 위하여 인간 유전체 사업(Human Genome Project)에서 사용한 방법은 다음과 같다.

먼저 동일한 염색체 DNA 여러 개를 각각 적절한 길이로 무작위로 잘라 낸 다음, 염기 서열 분석기를 이용하여 잘라 낸 DNA 조각의 양 끝의 염기 서열을 읽어 낸다. 이렇게 읽어 낸 DNA 조각들의 염기 서열을 비교하여 서로 염기 서열이 일치하는 부분을 찾고, 이를 바탕으로 DNA 조각들을 배열하여 유전체의 염기 서열을 재구성한다. 예를 들어 잘려진 DNA 조각 S_1, S_2, S_3에 대하여 S_i와 S_j의 염기 서열 끝 부분이 서로 일치한다면 행렬의 (i, j) 성분을 1, 일치하지 않는다면 0으로 표시하여 만들어진 행렬이 다음과 같다고 하자.

$$\begin{pmatrix} 1 & 1 & 0 \\ 1 & 1 & 1 \\ 0 & 1 & 1 \end{pmatrix}$$

위의 내용으로부터 S_1, S_2, S_3이 다음과 같이 배열되어 있음을 알 수 있다.

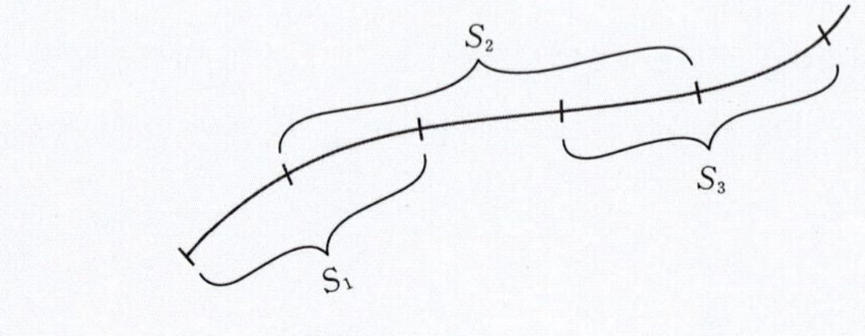

이 배열은 $\begin{matrix} \underline{\qquad S_1 \qquad} \\ \underline{\qquad S_2 \qquad} \\ \underline{\qquad S_3 \qquad} \end{matrix}$ 의 형태로도 표현할 수 있다.

1 인간의 같은 염색체에서 얻어진 DNA 조각을 S_1, S_2, S_3, S_4라고 하자. S_1, S_2, S_3, S_4의 염기

서열 일치 여부에 관한 정보로부터 다음 행렬이 만들어질 수 없음을 설명하시오.

$$\begin{pmatrix} 1 & 1 & 0 & 1 \\ 1 & 1 & 1 & 0 \\ 0 & 1 & 1 & 1 \\ 1 & 0 & 1 & 1 \end{pmatrix}$$

2 $n \times n$행렬 중 0과 1만을 성분으로 갖고 $1 \leq i \leq n$, $1 \leq j \leq n$인 i, j에 대하여 (i, j) 성분이 1이며 (i, j) 성분과 (j, i) 성분이 같은 행렬을 '거울 행렬'이라고 하자. 문제 **1**에서와 같이 4×4 거울 행렬 중에는 인간의 같은 염색체에서 얻어진 DNA 조각의 염기 서열의 일치 여부에 관한 정보로부터 만들어질 수 없는 행렬이 존재한다. 하지만 3×3 거울 행렬 중에는 그러한 행렬이 존재할 수 없음을 설명하시오.

3 인간의 같은 염색체에서 얻어진 n개의 DNA 조각을 S_1, S_2, $\cdots$, S_n $(n \geq 4)$이라고 하자. S_1, S_2, $\cdots$, S_n의 염기 서열의 일치 여부에 관한 정보로부터 만들어질 수 없는 거울 행렬을 하나 택하여 그것을 (i, j) 성분을 사용하여 표현하시오. (예를 들어 $\begin{pmatrix} 1 & 1 \\ 1 & 1 \end{pmatrix}$은 $1 \leq i \leq 2$, $1 \leq j \leq 2$인 i, j에 대하여 (i, j) 성분이 1인 행렬로 표현할 수 있다.) 또한 그 행렬이 염기 서열의 일치 여부에 관한 정보로부터 만들어질 수 없는 이유를 설명하시오.

4 인간의 같은 염색체에서 얻어진 DNA 조각을 S_1, S_2, S_3, S_4, S_5, S_6, S_7이라고 하자. 문제 **3**에서 찾은 행렬($n=7$)과 다르면서 S_1, S_2, S_3, S_4, S_5, S_6, S_7의 염기 서열 일치 여부에 관한 정보로부터 만들어질 수 없는 거울 행렬이 존재할 수 있는지에 대하여 논술하시오. (단, 문제 **3**에서 찾은 행렬의 i번째 행과 j번째 행, i번째 열과 j번째 열을 바꾸어 얻어지는 행렬은 같은 행렬로 간주한다.)

〈 2008 서울대 모의 논술 〉

문제 분석

단순 계산 문제가 아니라 좀 더 본질적인 수리적 사고력을 측정하는 문제이다. 주어진 행렬이 DNA 조각의 염기 서열 일치 여부에 대한 정보로부터 얻어질 수 없음을 논리적으로 설명함으로써 문제 이해 능력, 분석력, 통합 추론 능력, 의사 소통 능력 등을 평가하고자 하였다.

1 〈예시 답안 1〉

먼저 행렬 $\begin{pmatrix} 1 & 1 & 0 & 0 \\ 1 & 1 & 1 & 0 \\ 0 & 1 & 1 & 1 \\ 0 & 0 & 1 & 1 \end{pmatrix}$ 을 생각해 보자. 이 행렬은 S_i와 S_{i+1}의 염기 서열의 끝부분

이 일치하고($i=1,\ 2,\ 3$) 그 외의 경우는 일치하지 않으므로 아래 그림과 같은 형태로
DNA조각 $S_1,\ S_2,\ S_3,\ S_4$가 배열되어 있음을 알 수 있다.

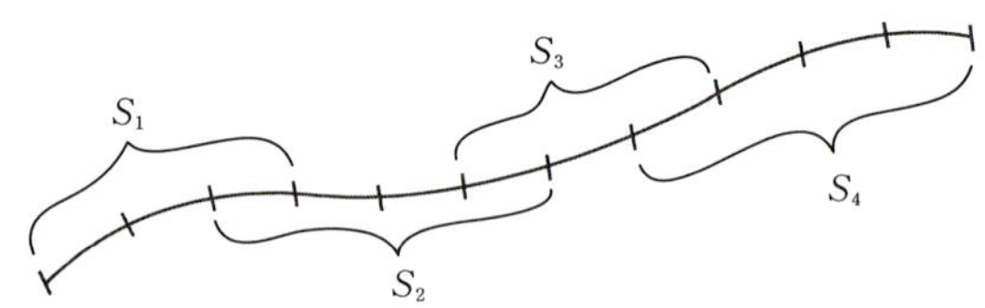

이제 행렬 $\begin{pmatrix} 1 & 1 & 0 & 1 \\ 1 & 1 & 1 & 0 \\ 0 & 1 & 1 & 1 \\ 1 & 0 & 1 & 1 \end{pmatrix}$ 을 생각해 보자. 위에서 언급한 행렬에서 $(1, 4),\ (4, 1)$ 성분

을 1로 한 행렬이므로 위에 언급한 그림에서 DNA 조각 S_1과 S_2의 염기 서열의 끝 부분
이 일치해야 하므로 아래 그림과 같이 $S_1,\ S_2,\ S_3,\ S_4$가 원형으로 배열될 수밖에 없다.
그러므로 인간의 같은 염색체에서 얻어진 DNA 조각 $S_1,\ S_2,\ S_3,\ S_4$의 염기 서열 일치

여부에 관한 정보로부터 행렬 $\begin{pmatrix} 1 & 1 & 0 & 1 \\ 1 & 1 & 1 & 0 \\ 0 & 1 & 1 & 1 \\ 1 & 0 & 1 & 1 \end{pmatrix}$ 은 만들어질 수 없다.

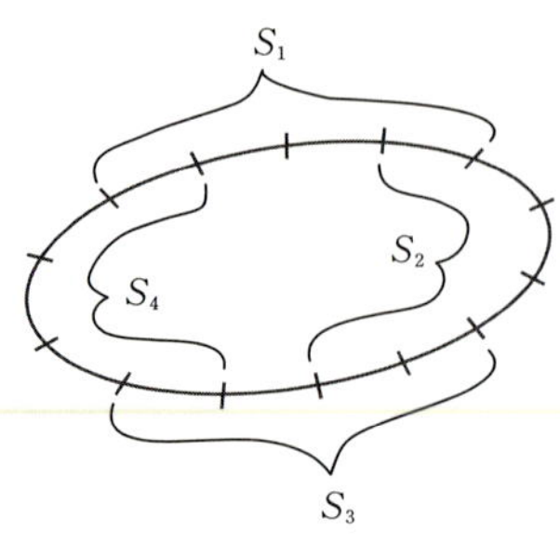

<예시 답안 2>

먼저 제1행의 정보에 따라 S_1이 S_2, S_4와 일치하는 부분이 있음을 알 수 있고, 제2, 4행의 정보에 따라 S_2와 S_4는 일치하는 부분이 없음을 알 수 있으므로, 이를 토대로 그림을 그려 보면 다음과 같다.

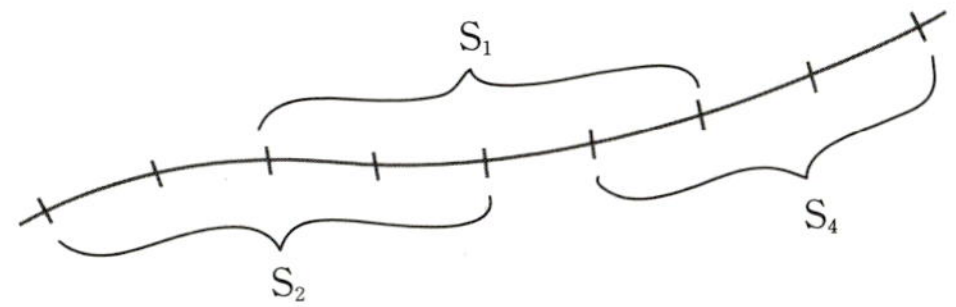

제3행의 정보에 따르면 S_3은 S_1과 일치하는 부분을 가지고 있지 않으면서 S_2, S_4와 일치하는 부분을 가져야 하나 위의 그림에서 그것은 불가능하다. 서로 일치하는 부분이 하나도 없는 S_2, S_4와 모두 만나면서 S_1과는 일치하는 부분이 하나도 없을 수는 없다. 이것이 가능하려면 인간 염색체는 선형이 아니라 박테리아의 염색체처럼 원형이어야 한다.

따라서 S_1, S_2, S_3, S_4의 염기 서열 일치 여부에 관한 정보로부터 행렬 $\begin{pmatrix} 1 & 1 & 0 & 1 \\ 1 & 1 & 1 & 0 \\ 0 & 1 & 1 & 1 \\ 1 & 0 & 1 & 1 \end{pmatrix}$

이 만들어질 수 없다.

※ 제시문에서 염색체 DNA 여러 개를 각각 "적절한 길이로" 잘라 낸다는 표현이 있는데, 이 말의 뜻을 조각 S_i와 S_j가 있어서 염기 서열 끝부분이 서로 일치하지 않으면서 조각 S_i가 조각 S_j를 완전히 포함하게 되는 경우는 없다는 것으로 이해해야 한다. 만약 그런 경우가 있다면 행렬 $\begin{pmatrix} 1 & 1 & 0 & 1 \\ 1 & 1 & 1 & 0 \\ 0 & 1 & 1 & 1 \\ 1 & 0 & 1 & 1 \end{pmatrix}$로 표현되는 선형 염색체를 아래 그림과 같이 구성할 수 있기 때문에 논제 자체가 틀리게 되는 오류가 생긴다.

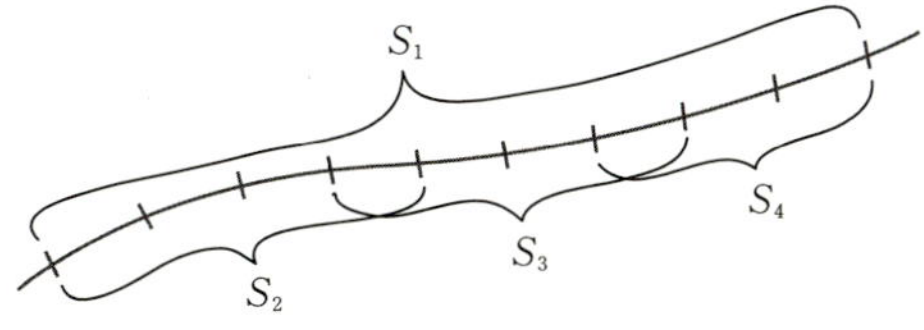

위 그림에서 조각 S_1에 조각 S_2가 완전히 포함되면서 끝부분이 일치하지 않게 된다. 이 점이 제시문에 충분하게 설명되어 있지 않아 오해할 수 있으므로 유의해야 한다.

2 염기 서열 일치 여부와 관련된 3×3 거울 행렬의 개형은 다음과 같다.

$$\begin{pmatrix} 1 & a & b \\ a & 1 & c \\ b & c & 1 \end{pmatrix}$$

a, b, c 각각에는 0, 1 두 가지 정보가 들어갈 수 있으므로 이론적으로 만들어질 수 있는 행렬의 가짓수는 총 8가지가 된다.

$$2^3 = 8$$

(ⅰ) 모두 0이 들어가는 경우

    DNA 조각 S_1, S_2, S_3이 서로 독립되어 있다면 가능하다.

(ⅱ) 한 가지만 1이 들어가는 경우

    세 개의 조각 중 단 2개만이 서로 일치하는 부분이 있고 나머지 하나는 독립되어 있을 때 가능하다.

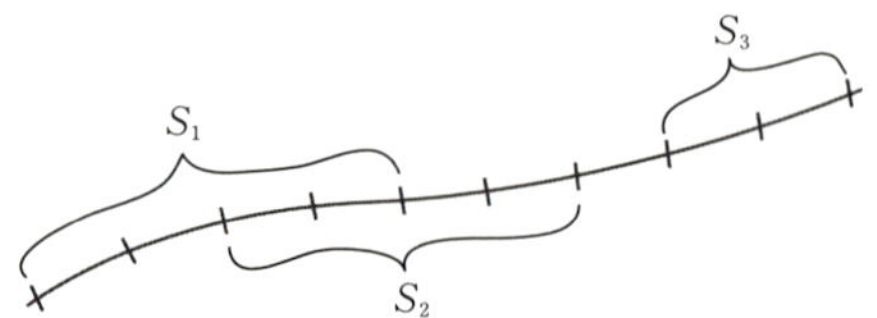

(ⅲ) 두 개가 1인 경우

    가운데 연결매개가 되는 조각이 있고, 그 조각의 가장자리 끝에 각각의 조각이 걸쳐 있을 때 가능하다.

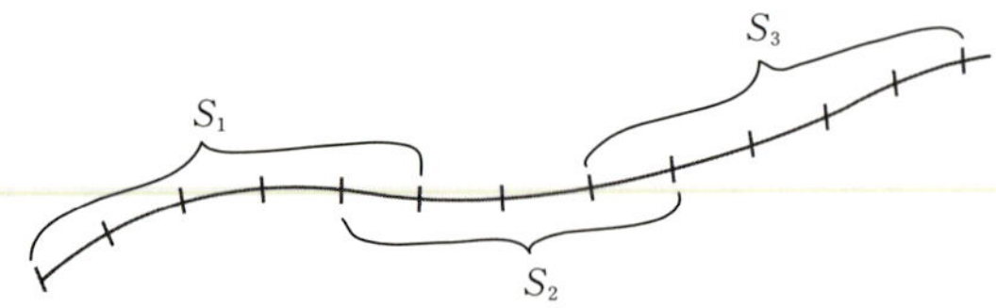

(iv) 모두 1인 경우

세 개의 조각이 모두 공유하는 부분이 있을 때 가능하다.

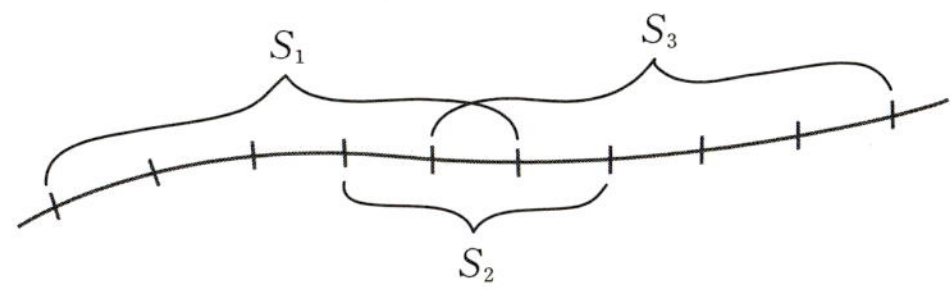

위와 같은 모든 경우에 대하여 행렬이 만들어질 수 있으므로 3×3 거울 행렬에서는 논리적으로 불가능한 행렬은 없다.

3 문제 **1**에서 나온 행렬을 일반화시켜 보자. n개의 DNA 조각을 이용해 만들 수 있는 $n \times n$ 거울 행렬을 다음과 같이 정의하자. ($n \geq 4$)

(i) $i = j$인 (i, j) 성분은 1

(ii) $i = j+1$과 $j = i+1$을 만족하는 성분은 1

(iii) $(n, 1)$과 $(1, n)$ 성분이 1

(iv) 나머지 성분은 0

(단, $1 \leq i \leq n$, $1 \leq j \leq n$)

문제 **1**에서 마찬가지로 '$(n, 1)$과 $(1, n)$ 성분이 1'을 생각지 않았을 때, DNA 조각의 배열은 아래 그림과 같다.

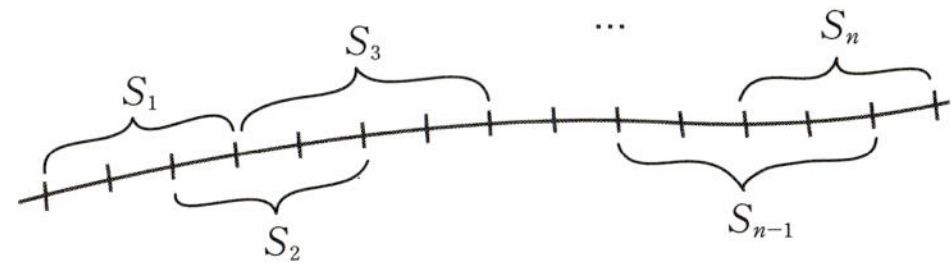

여기서 (iii) $(n, 1)$과 $(1, n)$ 성분이 1을 고려하면 문제 **1**에서 논했던 것처럼 S_n은 S_1과는 끝 부분이 일치하므로 원형 DNA가 된다. 따라서 이 행렬은 만들어질 수 없다.

4 문제 **3**에서 얻은 행렬을 $n=7$일 때 적용하여 만든 행렬 A와 대응하는 DNA 조각의 배열은 아래와 같다.

$$A=\begin{pmatrix} 1 & 1 & 0 & 0 & 0 & 0 & 1 \\ 1 & 1 & 1 & 0 & 0 & 0 & 0 \\ 0 & 1 & 1 & 1 & 0 & 0 & 0 \\ 0 & 0 & 1 & 1 & 1 & 0 & 0 \\ 0 & 0 & 0 & 1 & 1 & 1 & 0 \\ 0 & 0 & 0 & 0 & 1 & 1 & 1 \\ 1 & 0 & 0 & 0 & 0 & 1 & 1 \end{pmatrix}$$

이 행렬에서 2행과 5행, 2열과 5열을 바꾼 행렬 B와 대응하는 DNA 조각의 배열은 아래와 같다.

$$B=\begin{pmatrix} 1 & 0 & 0 & 0 & 1 & 0 & 1 \\ 0 & 1 & 0 & 1 & 0 & 1 & 0 \\ 0 & 0 & 1 & 1 & 1 & 0 & 0 \\ 0 & 1 & 1 & 1 & 0 & 0 & 0 \\ 1 & 0 & 1 & 0 & 1 & 0 & 0 \\ 0 & 1 & 0 & 0 & 0 & 1 & 1 \\ 1 & 0 & 0 & 0 & 0 & 1 & 1 \end{pmatrix}$$

따라서 문제 **3**에서 얻은 행렬의 i번째 행과 j번째 행, i번째 열과 j번째 열을 바꾸어 얻어지는 행렬은 원형 DNA에서 조각 S_i와 조각 S_j의 위치만 바꾸게 되므로 다른 구조의 DNA를 찾아낸 것이라고 볼 수 없다.

따라서 우리는 조각 S_1, S_2, S_3, S_4, S_5, S_6, S_7이 순서만 바뀌어서 원형구조가 되는 것 이외의 구조를 가지면서 인간의 DNA조각 S_1, S_2, S_3, S_4, S_5, S_6, S_7의 염기 서열 일치 여부에 관한 정보로부터 만들어질 수 없는 거울 행렬이 존재할 수 있는지에 대하여 알아 보아야 한다.

그런 거울 행렬은 존재한다. 예를 들면, 부분적인 원형 구조를 가지는 것을 생각할 수 있다. 아래 행렬들과 대응하는 DNA 조각의 배열을 보자.

$$C=\begin{pmatrix} 1 & 1 & 0 & 1 & 0 & 0 & 1 \\ 1 & 1 & 1 & 0 & 0 & 0 & 0 \\ 0 & 1 & 1 & 1 & 1 & 0 & 0 \\ 1 & 0 & 1 & 1 & 1 & 0 & 1 \\ 0 & 0 & 1 & 1 & 1 & 1 & 0 \\ 0 & 0 & 0 & 0 & 1 & 1 & 1 \\ 1 & 0 & 0 & 1 & 0 & 1 & 1 \end{pmatrix}$$

$$D=\begin{pmatrix} 1 & 1 & 0 & 1 & 0 & 0 & 0 \\ 1 & 1 & 1 & 0 & 0 & 0 & 0 \\ 0 & 1 & 1 & 1 & 0 & 0 & 0 \\ 1 & 0 & 1 & 1 & 0 & 0 & 0 \\ 0 & 0 & 0 & 0 & 1 & 1 & 0 \\ 0 & 0 & 0 & 0 & 1 & 1 & 1 \\ 0 & 0 & 0 & 0 & 0 & 1 & 1 \end{pmatrix}$$

$$E=\begin{pmatrix} 1 & 1 & 0 & 0 & 0 & 1 & 0 \\ 1 & 1 & 1 & 0 & 0 & 0 & 0 \\ 0 & 1 & 1 & 1 & 0 & 0 & 1 \\ 0 & 0 & 1 & 1 & 1 & 0 & 1 \\ 0 & 0 & 0 & 1 & 1 & 1 & 1 \\ 1 & 0 & 0 & 0 & 1 & 1 & 0 \\ 0 & 0 & 1 & 1 & 1 & 0 & 1 \end{pmatrix}$$

거울 행렬 C, D, E는 행렬 A와 1의 개수가 다르므로 행렬 A의 행과 열을 바꿔서 생기는 행렬이 아니면서 선형 DNA를 나타내는 행렬이 아니므로 논제가 원하는 거울 행렬들이다.

연습 논제

1

> n명의 학생 P_1, P_2, P_3, $\cdots$, P_n에 대하여 아래와 같은 규칙
>
> $$M_{ij}=\begin{cases} 1 & (P_i\text{가 } P_j\text{를 좋아하는 경우 } i\neq j) \\ 0 & (\text{그 외 모든 경우}) \end{cases}$$
>
> 에 의해 만들어지는 $n\times n$ 정사각행렬 $M=(M_{ij})$를 관계 행렬이라 하고, $N=M^2$을 2단계 관계 행렬이라 한다. 또한 P_i가 P_j를 좋아하고, P_j가 P_i를 좋아하는 경우 P_i와 P_j를 친구라고 정의한다.

(1) 4명의 학생들에 대한 관계 행렬이 아래와 같이 주어져 있다.

$$M=\begin{pmatrix} 0 & 1 & 0 & 1 \\ 0 & 0 & 1 & 1 \\ 1 & 0 & 0 & 1 \\ 0 & 1 & 1 & 0 \end{pmatrix}$$

이때 2단계 관계 행렬 $N=(N_{ij})$을 구해 보면 네 학생에 대하여 대각 성분 N_{ii}가 학생 P_i의 친구의 수와 같음을 알 수 있다. 왜 그렇게 되는지 논리적으로 설명하시오.

(2) n명의 학생들에 대한 임의의 관계 행렬 M에 대하여 2단계 관계 행렬 N의 대각 성분을 모두 합한 것은 항상 짝수가 됨을 설명하시오.

〈 2006 이화여대 수시 1 〉

최근 정보의 유출을 막기 위해 정보를 암호화하는 다양한 방법이 소개되고 있다. 그 한 가지 방법으로 다음과 같은 암호화 방법을 생각해 보자. 우선 한글의 자음과 모음에 아래와 같이 번호를 부여한다.

ㄱ	ㄴ	ㄷ	ㄹ	ㅁ	ㅂ	ㅅ	ㅇ	ㅈ	ㅊ	ㅋ	ㅌ	ㅍ	ㅎ
1	2	3	4	5	6	7	8	9	10	11	12	13	14

ㅏ	ㅑ	ㅓ	ㅕ	ㅗ	ㅛ	ㅜ	ㅠ	ㅡ	ㅣ
-1	-2	-3	-4	-5	-6	-7	-8	-9	-10

암호화하려는 단어를 풀어쓰기 한 후 각 자음과 모음을 부여된 숫자로 바꾼다. 만약 숫자의 개수가 짝수이면 그대로 두고 홀수이면 맨 마지막에 0을 첨가하여 개수가 짝수가 되도록 만든다. 이를 순서대로 두 개씩 묶은 1행 2열 행렬들을 아래 그림에 나타난 알고리즘을 적용하여 암호화한다. "고려"라는 단어는 $(1 \; -5)$, $(4 \; -4)$로 표현되는데 이 알고리즘을 적용하면 $(2 \; 3)$, $(-1 \; 2)$로 암호화된다.

이때 어떤 단어를 암호화한 $(0 \; 3)$, $(-9 \; 3)$, $(-1 \; 8)$을 갑과 을에게 보냈더니 갑은 암호를 해독했다는 회신을 보내왔고, 을은 해독하지 못하겠다는 회신을 보내왔다. 아래의 조건들이 만족된다는 가정하에 도대체 무슨 일이 벌어진 것일까 판단하여 설명하시오.

조건 1 : 갑과 을은 모두 주어진 암호화 알고리즘은 알지만 행렬 A와 B가 무엇인지는 누구에게서도 전달받지 않았다.

조건 2 : 갑과 을은 "고려"를 암호화한 것이 $(2 \; 3)$, $(-1 \; 2)$임을 알고 있다.

조건 3 : 갑과 을은 아래 알고리즘을 나름대로 정확히 적용하였다.

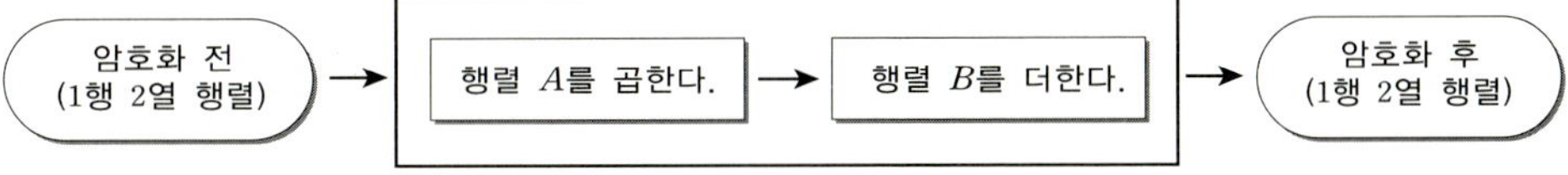

3

어느 학교에서 이번 주에 열어야 할 서클 모임은 A, B, C, D, E, F의 6개이고, 같은 날 서클 모임에 참석하는 학생이 중복되지 않으면 동시에 2개 이상의 서클 모임을 열 수 있다. 이때 두 서클 모임에 동시에 속한 학생이 있으면 1, 없으면 0으로 하여 나타낸 행렬은 다음과 같다.

$$\begin{array}{c}\\ A \\ B \\ C \\ D \\ E \\ F \end{array}\begin{array}{c}\begin{array}{cccccc} A & B & C & D & E & F \end{array}\\ \begin{pmatrix} 0 & 1 & 1 & 1 & 0 & 1 \\ 1 & 0 & 0 & 1 & 1 & 0 \\ 1 & 0 & 0 & 1 & 0 & 0 \\ 1 & 1 & 1 & 0 & 1 & 0 \\ 0 & 1 & 0 & 1 & 0 & 0 \\ 1 & 0 & 0 & 0 & 0 & 0 \end{pmatrix}\end{array}$$

각 학생이 자신이 속한 서클 모임에 빠지는 일이 없도록 하고, 되도록 동시에 여러 서클 모임을 열어서 서클 모임을 여는 요일의 수를 최소로 하려고 할 때, 최소 요일 수를 구하기 위한 방법을 서술하시오.

의사 결정의 방법

1장
의사 결정의 방법

∴∴ 출제 경향

우리는 사회 · 경제적 활동을 수행할 때, 매 순간 의사 결정을 내려야 한다. 그런데 의사 결정은 개인의 가치관에 따라 달라질 수 있으므로 의사 결정에는 개별성이 존재한다. 동시에 누구나 의사 결정 시 가능한 합리적인 판단을 내리고자 하기 때문에 의사 결정에는 일반적인 법칙이 작용한다. 의사 결정의 문제는 개별성과 보편성이 공존하므로 다소 복합적인 성격을 띤다. 이 때문에 통합 교과형 논술에서도 지금까지 주요한 논제가 되어 왔다. 가깝게는 2007학년도 고려대 수시 1, 2학기와 중앙대 수시 1학기 논술 문제로 출제된 바 있다. 앞으로의 통합 논술에서도 빼놓을 수 없는 논제이므로 관심을 가지고 대비해 두는 것이 좋다.

의사 결정과 연관된 논술 문제는 제시문 속 저자의 철학적인 입장을 파악하고, 그 입장에서 논리적이고 수리적인 사고를 통해 최종 판단을 내리는 유형이 대표적이다. 의사 결정에 관한 이론으로는 최적화, 게임 이론, 한계 효용 등이 있다. 의사 결정 논술 문제는 이 이론들 자체를 언급하고 있지는 않지만 대개 이 이론들의 틀 안에서 생각해 볼 수 있다.

각각의 이론을 세부적으로 살펴보기보다는 각 이론의 핵심을 요령껏 잘 정리해 둘 필요가 있다. 그래서 실제 논술 시험에서 출제자의 의도를 파악하여 효과적으로 활용하는 것이 중요하다.

게임 이론의 기원과 가치의 역설

게임 이론은 20세기 위대한 천재 수학자 존 폰 노이만[1]에서 그 기원을 찾을 수 있다.

노이만은 사람들의 경제적 행동을 체스와 같이 미리 정해진 규칙에 따라 행동하는 게임으로 분석했다. 이러한 게임에서 얻을 수 있는 이익은 자신의 행동뿐만 아니라 다른 플레이어의 행동에 의해서도 영향을 받는다. 그리고 여기서 중요한 것은 상대방의 행동을 예측하는 것이다. 그래서 노이만은 상대방의 행동을 예측하는 데 필요한 복잡한 추측들을 체계적으로 분석하여 하나의 이론으로 구축하게 된 것이다. 노이만에 의해서 토대가 잡힌 게임 이론은 경제, 경영뿐만 아니라 법률, 정치학, 사회학 등 다양한 분야에서 응용되고 있다.

경제학에서 밥과 같이 우리 생활에 절대적으로 필요한 재화(사용 가치가 큰 것)는 값(교환 가치)이 작으나, 다이아몬드와 같이 생활에 그다지 필요하지 않은 재화(사용 가치가 작은 것)의 값(교환 가치)은 크다고 하는 사실을 가치의 역설이라 한다. 애덤 스미스[2]가 처음 이 모순을 해명하려 했던 이유로 '스미스의 역설(모순)' 또는 '스미스의 패러독스'라고도 한다. 그러나 스미스는 재화의 가격(교환 가치)을 재화가 가지고 있는 사용 가치, 즉 총효용으로만 파악하였기 때문에 두 가치 사이의 모순, 즉 가치의 역설(이율배반)을 설명할 수 없었다. 나중에 이 문제는 한계 효용이라는 개념을 적용함으로써 해결되었다.

다이아몬드는 희소하고 그 수요가 크기 때문에 추가적인 소유는 큰 만족을 안겨 준다. 이 사실은 다이아몬드의 한계 효용이 높으며, 소비자는 기꺼이 다이아몬드에 대해 상대적으로 높은 가격을 지불하고자 한다는 것을 의미한다. 빵은 훨씬 덜 희소하기 때문에, 다시 말해 구매자들은 절박한 필요를 충족시키기에 충분할 정도로 빵을 소유하고 있기 때문에 훨씬 덜 귀중하다. 빵에 대한 식욕을 넘어서는 빵에 대한 추가적인 구매는 편익 또는 효용을 감소시킬 것이며, 결국에는 배고픔이 완전히 충족되는 지점에 도달하면 빵은 모든 효용을 상실하게 된다.

---

1) 존 폰 노이만(1903~1957) 헝가리 태생의 미국 수학자. 컴퓨터 중앙 처리 장치의 내장형 프로그램을 처음 고안하였으며, 1949년 에드삭(EDSAC, Electromic Delay Storage Automatic Calculator)이라는 새로운 개념의 컴퓨터를 만들었는데, 이때 고안한 방식은 오늘날에도 거의 모든 컴퓨터 설계의 기본이 되고 있다.

2) 애덤 스미스(1723~1790) 영국의 경제학자, 철학자. 고전 경제학의 창시자로 중상주의적 보호 정책을 비판하고, '보이지 않는 손'이라는 개념을 내세워 자유 경쟁이 사회 진보의 요건임을 주장하면서 산업 혁명의 이론적 기초를 다졌다. 대표적인 저서로 『국부론』, 『도덕 정조론』 등이 있다.

■■■ 최적화

우리 모두가 알게 모르게 최적화의 개념을 인식하고 있으며 그 해법 또한 나름대로 지니고 있다. 가령 어떤 물건을 구입하려 할 때 우리는 몇 가지 대안을 가지고 재정적인 고려와 함께 구입 이유, 사용 기간, 애프터서비스, 사용 대상, 구입 가격 등 여러 조건을 비교 검토한 후 최종적으로 어떤 것을 살지 결정을 내린다. 수학적인 기호나 컴퓨터를 통한 계산을 하거나 정형적인 모델을 수립하지 않더라도 앞의 구매 행위에는 최적화 기법이 그대로 적용되고 있다.

■■■ 게임 이론

게임 이론이란 상대방의 합리성을 전제로 상대방의 행동을 예측하고 이에 대응하여 가장 유리한 합리적 선택을 찾아내려는 이론이다. 게임의 결과는 참여자 일방에 의해 결정되는 것이 아니고 참가자 모두의 선택의 종합에 달려 있으며, 각 참여자는 자신과 갈등 관계에 있거나 이해관계가 다른 상대방을 상대해서 자신의 이익을 극대화하여야 한다는 것을 특징으로 한다.

■■■ 한계 효용

효용이란 소비자가 한 재화로부터 얻는 만족도를 의미한다. 만족이란 수치화하기 어려운 추상명사이긴 하지만 경제학에서는 이러한 만족도를 수치로 매길 수 있다고 가정한다. **한계 효용**이란 재화가 한 단위 증가함에 따른 효용의 증가량을 의미한다. 여기서 주의할 점은 재화를 구입했을 때 생기는 만족도 전체가 한계 효용은 아니라는 것이다.

재화 소비량 증가와 함께 한계 효용이 차츰 감소하는 것을 **한계 효용 체감의 법칙**이라고 한다. 가령 어떤 과자가 주는 효용이 다음과 같이 감소함을 뜻한다.

첫 번째에 먹은 과자(첫 번째 추가분)는 5라는 효용을 주고, 두 번째 과자(두 번째 추가분)는 첫 번째에 먹은 과자보다도 작은 효용인 4를, 세 번째 과자(세 번째 추가분)는 두 번째에 먹은 과자보다 더 작은 효용인 3을 준다는 것이다.

따라서 과자가 1개일 때 한계 효용은 5, 과자가 2개일 때 한계 효용은 4, 과자가 3개일 때 한계 효용은 3이 됨으로써 과자의 소비량이 늘어날수록 한계 효용은 작아진다.

위의 예에서 과자 3개의 소비가 가져다주는 전체 효용, 즉 '총효용'은 12(5＋4＋3)이지만, '과자를 3개 소비했을 때의 한계 효용은 얼마인가?'라고 묻는다면 세 번째 과자의 효용인 '3'이 된다. 다시 말하면, 과자를 2개를 먹었을 때와 3개를 먹었을 때의 전체 효용은 물론 3개를 먹었을 때가 더 크지만, 과자를 각각 1개씩 놓고 봤을 때는 세 번째에 먹은 과자 자체의 효용이 첫 번째나 두 번째 먹은 과자 자체의 효용보다 작게 되는 것이다.

■■■ 한계 효용 균등의 법칙

두 종류 이상의 재화를 소비할 경우, 재화의 최종 단위의 한계 효용이 같지 않을 때에는 한계 효용이 낮은 재화의 소비량을 줄이고 한계 효용이 높은 다른 재화의 소비량을 늘려야 일정한 소득 하에서 구입하는 재화 전체의 효용이 더 커질 것이다. 결국에 전체 효용이 최대가 되는 경우는 두 재화의 한계 효용이 균등하게 되거나 차이가 최소화되는 경우이다. 이것을 **한계 효용 균등의 법칙**이라고 한다.

어떤 강의 상류에는 염색 공장이 있고 하류에는 양식장이 있는데, 염색 공장에서 강으로 흘려보내는 폐수가 강물을 오염시켜 양식장에 피해를 주고 있다. 염색 공장의 생산량이 늘어날수록 강물의 오염이 심해져서 양식장의 피해가 증가한다. 양식장의 피해를 줄이기 위해서는 염색 공장의 생산량을 줄여 폐수의 방출량을 줄이는 것이 유일한 방법이라고 하자. 염색 공장의 생산량 변화에 따른 염색업자와 양식업자의 이윤은 아래 표와 같다.

염색 공장 생산량(단위 / 월)	0	1	2	3	4	5	6	7
염색업자 이윤(만 원 / 월)	0	40	80	120	160	200	240	280
양식업자 이윤(만 원 / 월)	300	290	270	240	200	150	90	20

물의 사용에 대한 권리는 염색업자에게 있다. 염색업자는 매월 7단위를 생산하여 월 280만 원의 이윤을, 양식업자는 월 20만 원의 이윤을 얻고 있다. 이때 양식장 주인은 염색업자에게 적정한 보상을 해 주고 염색 공장의 생산량을 줄이게 하여 자신의 이윤을 증가시킬 수도 있다. 예를 들어 염색 공장의 한 달 생산량이 7단위에서 6단위로 줄어드는 경우, 염색업자의 이윤은 월 40만 원 감소하고 양식업자의 이윤은 월 70만 원 증가한다. 따라서 양식업자가 40만 원과 70만 원 사이의 적절한 금액을 염색업자에게 보상하고 염색 공장의 생산량을 6단위로 줄이도록 협상하면 양식업자와 염색업자 모두 이윤을 증가시킬 수 있다.

양식업자가 염색업자와의 협상을 통해 어떻게 그리고 어느 수준에서 서로의 이윤을 극대화시키면서 강물 이용에 따른 문제를 원만히 해결할 수 있는지에 대해 설명하시오.

〈 2006 고려대 수시 1 〉

사회·경제적인 측면에서 서로 간에 갈등이 있을 때, 최적의 의사 결정을 내려야 한다. 먼저 고려해야 할 부분이 무엇이 될 수 있는지를 파악해야 한다. 수리 논술 문제라고 해서 언제나 옳은 답안이 하나만 존재하는 것은 아니다. 어떤 식으로 결론을 내리든 논리적이고 수리적인 근거를 분명히 밝히는 것이 중요하다.

예시 답안 (1)

두 사업자의 이해관계를 공정하게 타협시킬 수 있는 중재자가 있다고 가정하자. (현실에서 그런 중재자는 법원의 판사일 가능성이 높다. 두 사업자의 이해관계가 제로섬(zero-sum) 관계, 즉 한쪽이 손해를 보면 다른 쪽이 이익을 얻는 그런 관계이기 때문에 두 사람 사이에 적당하게 타협하기는 힘들다. 현실에서는 법정 다툼으로 갈 가능성이 다분하므로 이 문제는 현명하고 합리적인 판결을 내리는 판사의 입장에서 풀어 가는 것이 바람직하다.)

그리고 공정한 중재자는 대전제로 어느 일방의 이익보다는 사회 전체의 이익을 고려한다고 가정하자. 사회 전체의 이익을 고려한다는 말은 첫째, 오염을 무한정 허용하지는 않는다는 말이다. 즉, 물에 대한 사용 권리가 일차적으로 염색업자에게 있다고 하더라도 염색업자의 이익을 극대화시키는 판결을 내려서 물줄기의 상류에 있는 염색 공장의 최대 가동으로 인한 물의 심각한 오염을 무한정 허용하지는 않는다는 것이다.

사회 전체의 이익을 고려한다는 말은 둘째, 염색업자나 양식업자 어느 일방의 이윤이 최대가 되는 방향으로 판결을 내리기보다는 사회 전체적으로 생산되는 재부가 최대가 되는 방향으로 판결을 내린다는 것이다.(물론 이 문제에서는 두 사업자의 이익의 합이 사회 전체의 이익의 합으로 보는 것으로 한다.)

이같은 기준으로 판사가 염색 공장의 생산량을 정해 줄 경우, 특히 두 번째 기준에 의하면 다음 표에서도 알 수 있듯이 두 사업자의 이윤의 합이 최대가 되는 3단위 혹은 4단위를 생산하게 하면 될 것이다.

염색 공장 생산량(단위 / 월)	0	1	2	3	4	5	6	7
염색업자 이윤(만 원 / 월)	0	40	80	120	160	200	240	280
양식업자 이윤(만 원 / 월)	300	290	270	240	200	150	90	20
두 사업자의 이윤의 합	300	340	350	360	360	350	330	300

그러나 아무래도 염색업자는 불만일 수밖에 없다. 왜냐하면 염색 공장을 최대로 가동했을 경우 280만 원이라는 이윤을 얻을 수 있는데 이 경우에는 대략 그 절반밖에 이윤을 얻지 못할 뿐만 아니라 양식업자보다도 적은 이윤을 얻기 때문이다.

따라서 자본주의 사회에서 사유 재산이 보호되어야 한다는 세 번째 기준을 적용하여 염색업자의 불만을 달래 주어야 한다. 예를 들어 염색 공장이 3단위를 생산했을 경우 양식업자가 60만 원 정도를 물 사용료로 염색업자에게 지불하게 되면 두 업자의 이윤이 180만 원으로 동등해지고, 4단위를 생산했을 경우 양식업자가 20만 원 정도를 물 사용료로 염색업자에게 지불하게 되면 두 업자의 이윤이 180만 원으로 동등해지게 된다. 만약 이렇게 합의가 된다면 이것도 나름대로 합리적인 중재라고 볼 수 있다.

염색 공장의 월 생산량이 n단위일 때의 염색업자의 이익을 p_n, 양식업자의 이익을 q_n이라 하자. 서로에게 최대 이익이 되려면 우선 p_n+q_n이 최대가 되는 n, 즉 염색 공장의 월 생산량이 몇 단위를 생산할 때 최대 이익인지 파악해야 한다. 각각의 n에 대하여 p_n+q_n을 계산하면 3 또는 4 단위에서 $p_n+q_n=360$이 최대임을 알 수 있다. 그러므로 염색 공장의 생산량을 3 또는 4 단위로 조절하는 것이 서로에게 최대 이익이 된다.

또한 현재 생산량이 7단위로 $p_7=280$, $q_7=20$이므로 3 또는 4 단계의 총이윤 360만 원에서 280만 원과 20만 원은 각각 염색업자과 양식업자가 나누어 갖고, 나머지(현재 상황 대비) 잉여 이윤 60만 원에 대해 분배하여야 한다. 기준이 되는 생산량 7단위에서 이윤의 비율이 $280 : 20 = 14 : 1$이므로 이 비율대로 잉여 이윤분을 분배하는 것이 합리적이다. 즉, 잉여 이윤 60만 원에 대해서 염색업자가 56만 원, 양식업자가 4만 원으로 분배한다.

따라서 염색 공장의 생산량을 3 또는 4단위로 조절하고, 이윤을 염색업자는 336만 원, 양식업자는 24만 원으로 분배하는 것이 가장 합리적이라고 본다. 즉, 3단위로 줄였을 경우에는 양식업자가 자신의 이윤 240만 원 중 216만 원을, 4단위로 줄였을 경우에는 양식업자가 자신의 이윤 200만 원 중 176만 원을 염색업자에게 보상해 주는 것이 합리적이라 판단한다.

(가)　인간은 본래 이기적인 존재로서 자기 자신의 이익을 극대화하는 방식으로 행위한다. 즉 인간의 모든 행위는 사실상 자기 이익에 의해 동기가 부여되며, 인간의 본성은 그렇게 구성되어 있으므로 우리는 항상 이기적으로 행동하게 된다. 인간의 행위는 그 결과가 이타적으로 나타나더라도 그 동기는 궁극적으로는 이기적이다. 만약 이기적인 사람들과 이타적인 사람들이 한 공동체 내에서 공존하던 시대가 있었다고 한다면, 생존 경쟁에서 이기적인 사람들이 승리할 확률은 거의 압도적이라고 할 수 있다.

(나)　19세기 말 중국은 전쟁의 상처를 딛고 일어서기 위한 부국강병론의 일환으로 다윈의 진화론을 적극적으로 수용하였다. 부국강병론 혹은 자본주의 시장의 자유 경쟁 논리의 배경이 되는 것이 바로 진화론의 자연선택론이었다. 다시 말해서 강한 것은 자연선택에 의해 살아남고 약한 것은 자연도태되는, 약육강식이라는 매우 처절한 논리가 중국도 강해져야 한다는 정치 논리로 연결되었다. 이런 경우 내가 살아 남기 위하여 네가 죽어야 하는 집단 이기주의만이 팽배해질 것이 너무 뻔한 일이다.

그러나 자연 선택의 진화 과정에서 반드시 강한 것만이 살아남는다는 논리만 이야기하는 것이 다윈의 진화론에 대한 일반인의 가장 큰 오해이다. 다윈은 일개미의 경우와 아프리카 어떤 종족의 사례를 통하여 나를 희생시켜 자기가 속한 종족 혹은 개체 군집 전체의 자손 증식과 종의 존속을 유지시키는 개체의 이타적 행위를 매우 강조하였다. 그렇다면 인간의 도덕심이나 이타심도 자연 선택에 영향을 미칠 수 있다는 것이며, 집단의 종족 보존에 도움이 되는 결과를 자아낼 수 있다는 논리로 연결될 수 있다.

(다)　강도의 공범으로 체포된 죄수 갑과 죄수 을이 있다고 하자. 이들을 일단 수감한 담당 검사는 여러 정황을 고려할 때 이들이 무장 강도 사건의 범인이라는 확신은 가지만 기소(起訴)하는 데 필요한 결정적인 증거가 부족한 상태이다. 검사는 이들이 서로 의사소통을 할 수 없도록 분리시켜 놓은 상태에서 심문을 하는

데 이때 두 용의자가 각기 선택할 수 있는 대안은 범죄를 자백하든가 아니면 부인하는 것이다.

담당 검사가 여죄를 추궁하기 위해 두 사람을 따로 따로 심문하면서 다음과 같은 제안을 했다고 하자. 첫째, 양쪽 모두가 범행을 부인하는 경우, 불법 무기 소지와 같은 가벼운 죄목으로 기소되어 징역 5년형을 살게 될 것이다. 만약 두 사람이 관련된 여죄를 자백하면 자백한 사람은 풀어 주고 자백하지 않은 사람은 20년형을 산다. 그러나 만약 두 사람 다 여죄를 자백하면 모두 10년형을 받는다.

갑 \ 을	범행을 부인	자백
범행을 부인	5년, 5년	갑 20년, 을 석방
자백	갑 석방, 을 20년	10년, 10년

(라)　게임 이론은 상대방의 합리성을 전제로 상대방의 행동을 예측하고 이에 대응하여 가장 유리한 합리적 선택을 찾아내려는 이론이다. 만일 게임 참가자가 진취적이며 위험 선호자라면 가능한 한 가장 높은 보장을 얻는 데만 신경을 쓸 것이며, 상대방이 조금만 기민하게 행동하면 그는 치명적인 손실을 입을지도 모른다. 반면에 참가자가 매우 조심성 있고 사려 깊은 성격의 소유자라면 위험성 있는 행동 대안은 택하지 않으려고 할 것이며, 그 결과 커다란 손실을 입지도 않지만 크게 이득을 보지도 못할 것이다. 전통적으로 게임 이론에서는 게임의 참가자들을 후자의 유형으로 가정하여 왔으며, 게임 운용 방식도 자연히 보수적인 사고에 바탕을 두었다. 따라서 여러 가지 선택 상황에서 각각의 최악의 경우를 생각해서 그중에서 최선의 선택을 하는 것이 일반적인 선택 방식이다.

(마)　때는 1943년 2월, 미 해군 사령관 키니 장군은 일본 해군 함대의 접근을 저지하기 위한 대책에 골몰하고 있었다. 첩보에 의하면 일본 해군 함대는 뉴브리튼 섬의 라바울에 집결해 있으며 장차 뉴기니 섬의 레로 오게 되어 있다는 것이다. 그들의 가능한 접근로는 북쪽 비스마르크 해와 남쪽 코럴 해 두 가지이다. 미군은 수색 정찰기를 동원하여 접근해 오는 일본 함대를 미리 발견해야 하고 그래야만 충분한 시간 동안 공중 폭격을 할 수 있게 된다. 그런데 수색 정찰기의 대

수가 제한되어 북쪽과 남쪽을 동시에 수색할 수 없다는 데에 고민이 있는 것이다. 북쪽 접근로는 시계가 불량하여 만일 수색 정찰을 하지 않는다면 적이 아주 가까이 다가온 다음에야 비로소 공중 공격을 하게 된다. 이 경우, 공중 공격 가능 시간은 1일 정도이다. 만일 적이 북쪽으로 접근해 오는데 마침 북쪽을 수색 정찰한다면 3일간의 공중 공격이 가능하다. 반면에 남쪽 접근로는 해안선이 단순하고 시계가 양호하다. 즉, 적이 남쪽으로 접근해 오는데 남쪽을 수색 정찰한다면 4일간의 공중 공격이 가능하고, 적이 남쪽으로 접근해 오는데 북쪽을 수색 정찰한다면 2일간의 공중 공격이 가능하다. 이와 같은 미 해군측의 판단은 극히 객관적인 조건에 의한 것이어서 일본 해군 측에서도 똑같이 판단하고 있었다.

미군 \ 일본군	북쪽 접근	남쪽 접근
북쪽 수색	3일	2일
남쪽 수색	1일	4일

(바)　야구 경기에서 투수가 직구를 던졌을 때, 타자가 직구라고 예상하고 쳤을 때 안타가 될 확률은 0.4이고, 변화구라고 예상하고 쳤을 때 안타가 될 확률은 0.1이라고 한다. 또, 투수가 변화구를 던졌을 때 타자가 직구라고 예상하고 쳤을 때 안타가 될 확률은 0.2이고, 변화구라고 예상하고 쳤을 때 안타가 될 확률은 0.3이라고 한다.

투수 \ 타자	직구	변화구
직구	0.4	0.1
변화구	0.2	0.3

1 (다)에서 죄수 갑이 범행을 부인할 것인지 자백할 것인지를 갑이 (가)의 관점을 가질 경우와 (나)의 관점을 가질 경우를 비교해서 설명하시오.

2 우리가 어떤 선택을 할 때, (라)의 관점을 따른다고 하자. 그럴 때, (마)에서 미 해군과 일본 해군은 어떤 판단을 했을지를 논술하시오. 또한 (바)에서 투수는 직구와 변화구의 볼 배합을 어떻게 할 것인지를 논술하시오.

인간의 의사 결정은 철학적 관점에 따라 달라질 수 있다. 따라서 주어진 제시문의 철학적 관점이 무엇인지 정확히 파악하고, 그 관점에 따라서 수리적인 도구를 사용하여 의사 결정을 내리는 전형적인 통합형 수리 논술 문제이다.

예시 답안

1 (가)는 타인의 배려보다는 일차적으로 자신의 이익을 우선하는 관점이다. 따라서 갑은 을이 범행을 부인할 경우 자백을 해야 석방이 되므로 자백을 할 것이다. 이때 을은 20년형을 살게 되겠지만 개의치 않을 것이다. 을이 자백을 한 경우 갑도 자백을 해야 형량이 10년으로 줄어든다. 따라서 갑은 을의 어떤 선택에 상관없이 자신의 이익만을 도모하려면 자백을 할 것이다.

(나)는 자신의 희생을 감수해서라도 상대방이나 자기가 속한 집단의 이익을 우선시하는 관점이다. 따라서 공범자 을을 생각한다면 자기에게는 불리하지만 갑은 범행을 부인하게 될 것이다. 그러나 을보다는 자기 사회 구성원 전체의 공익을 생각해서 자백을 할 수도 있다.

2 (i) (마)의 선택

(라)의 관점은 최악의 경우를 피해 보자는 소극적인 입장에서 의사 결정을 내리는 것이다. 먼저 미 해군은 북쪽 수색을 할 경우 최악의 경우에는 2일만 공중 폭격을 할 수 있고 남쪽 수색을 할 경우 최악의 경우 1일만 공중 폭격을 할 수 있다. 따라서 그중에서 2일 동안 폭격하는 것이 1일 동안 폭격하는 것보다 나으므로 북쪽 수색을 선택한다.

일본 해군의 경우 북쪽으로 접근했을 때 최악의 경우 3일 동안이나 공중 폭격을 받을 수 있다. 남쪽으로 접근했을 때 최악의 경우 4일 동안이나 공중 폭격을 받을 수 있다. 4일보다 3일이 유리하므로 북쪽으로 접근할 것이다.

(ii) (바)의 선택

투수가 직구와 변화구의 볼 배합을 $p : 1-p$ $(0 \leq p \leq 1)$로 한다고 하자.

타자가 직구라고 예상했을 때, 안타를 칠 확률은

$$g(p) = 0.4p + 0.2(1-p) = 0.2p + 0.2$$

이다. 타자가 변화구라고 예상했을 때, 안타를 칠 확률은

$$h(p)=0.1p+0.3(1-p)=-0.2p+0.3$$

이다. 투수 입장에서는 특정한 p에 대하여 안타를 칠 확률이 높을 때 최악의 경우이다.
따라서 최악의 확률은 $f(p)=\max\{g(p),\ h(p)\}$이다. (단, $\max(\alpha,\ \beta)$는 $\alpha,\ \beta$ 중에서
작지 않은 것을 의미한다.)

$y=g(p),\ y=h(p)$의 그래프와 $y=f(p)$의 그래프를 그리면 다음 그림과 같다.

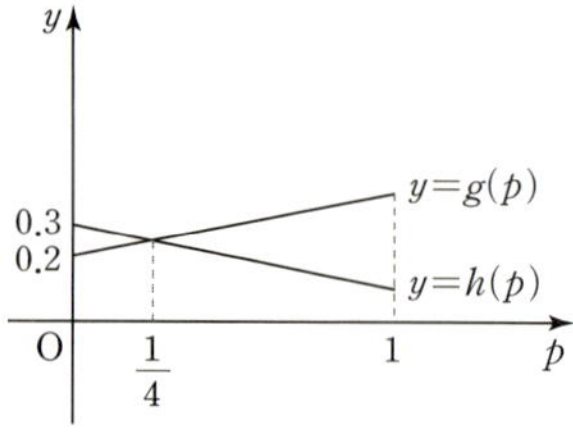
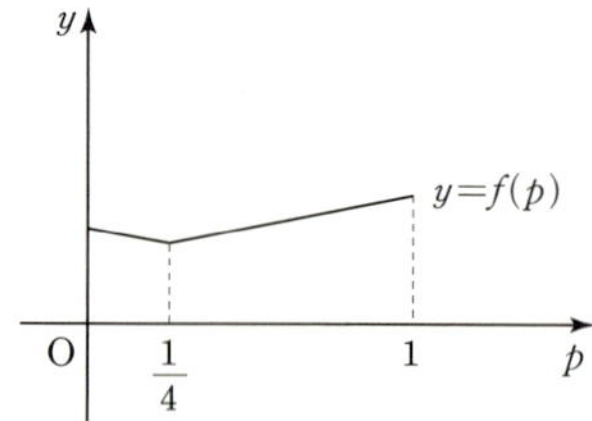

최악의 확률 $f(p)$가 최소가 될 때, 투수 입장에서는 최선의 선택이므로 $p=\dfrac{1}{4}$일 때를

선택할 것이다. 따라서 직구와 변화구의 볼 배합을 $1:3$으로 할 것이다.

보험 회사에 근무하는 갑은 회사가 있는 A도시를 출발하
여 B, C, D, E도시를 모두 방문하고 다시 A도시로 돌아오
는 여행 일정을 세우려고 한다. A, B, C, D, E도시 사이의
교통비가 오른쪽 그림의 수치와 같을 때, 교통비를 가능한 한
적게 하려면 각 도시를 방문하는 순서를 어떻게 정하여야 할
까?

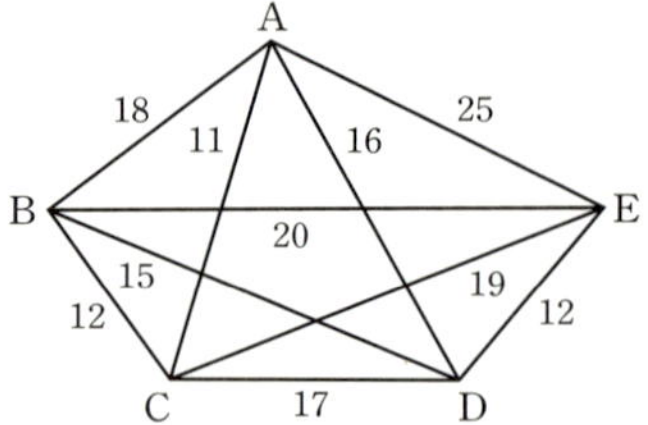

모든 방문 순서를 고려하여 가장 적은 교통비를 구하려면 $4!=24$(가지) 경우를 살펴보아야 한다. 그
러나 도시가 16개라면 $15!=1.307674368\times10^{12}$가지를 알아보아야 한다. 따라서 이 문제를 해결하
기 효율적인 알고리즘을 고안해야 한다. 이렇게 최적의 경로를 찾는 문제를 외판원 문제(Traveling
Salesman Problem)라고 한다. 아직까지 외판원 문제를 해결하는 일반적인 알고리즘은 알려져 있지
않다.

주어진 예산으로 휴대폰, MP3 플레이어, 전자수첩을 각각 하나씩 사고자 한다. 각 물품의 만족도는 가격이 상승함에 따라 증가한다고 가정하자. 아래의 표는 휴대폰, MP3 플레이어, 전자수첩의 가격별 만족도를 나타낸다. 90만 원의 예산으로 총만족도가 최대가 되도록 구매하고자 할 때, 구매할 물품들의 가격을 결정하는 방법을 설명하시오.

물품 가격	10만 원	20만 원	30만 원	40만 원	50만 원
휴대폰		30	42	50	55
MP3 플레이어	20	30	37	41	
전자수첩	10	19	25	28	30

위의 표와 다르게 각 물품의 단위 가격당 만족도 증가량이 일정한 경우를 생각해 보자. 단위 가격당 만족도는 휴대폰이 가장 많이 증가하고, 그 다음은 MP3 플레이어, 전자수첩 순이다. 총만족도가 최대가 되도록 하려면 임의의 주어진 예산으로 어떻게 물품들을 구매해야 하는지 설명하시오.

〈 2007 이화여대 수시 1 〉

문제 분석

가격이 상승함에 따라 만족도가 증가하나 만족도의 증가분(한계 효용)은 감소하고 있다. 앞의 핵심 개념에서 설명한 한계 효용 균등의 법칙이 적용되는 논제이다. 총만족도가 최대가 될 때는 각각의 제품의 한계 효용이 같거나 비슷할 때임을 파악해야 한다. 설혹 한계 효용에 관한 개념을 몰라도 논리적으로 사고하면 답을 제시할 수 있다.

예시 답안

표에서 물품 가격이 10만 원씩 증가할 때, 만족도가 최대로 증가하는 경우는 휴대폰 가격이 20만 원에서 30만 원으로 상승할 때이므로 총만족도(구입한 물품들의 만족도의 합)가 최대가 될 때는 적어도 휴대폰을 20만 원에 구입했을 때가 아니라는 점은 확실하다.

설명의 편의를 위해서 휴대폰 가격을 x, MP3 플레이어 가격을 y, 전자수첩 가격을 z라 하고, 이때 총만족도를 $S(x, y, z)$라 하자.

$x=30$일 때, $S(x, y, z)$가 최대가 되는 경우를 알아보자.

단위 가격(10만 원)의 변화에 따라 만족도의 증가 · 감소량을 살펴보면 $y=30$, $z=30$일 때 $S(x, y, z)$가 최대가 됨을 알 수 있다. 따라서 $x=30$일 때는 $y=z=30$일 때 총만족도가 최대가 됨을 알 수 있다.

이제 $x=40$으로 변화시켜 보자.

그러면 만족도가 8증가하고, y 또는 z를 20으로 변화시켜야 하는데 만족도의 감소가 작은 경우는 $z=20$으로 하는 경우로 만족도가 6 감소한다. 따라서 (x, y, z)를 $(30, 30, 30)$에서 $(40, 30, 20)$으로 변화시키면 총만족도 $S(x, y, z)$가 2증가한다. 이 상태에서 $x=50$으로 변화시키면 어떠한 경우도 총만족도가 감소한다. 그러므로 $x=40$, $y=30$, $z=20$일 때 총만족도가 최대이다.

각 물품의 단위 가격당 증가량이 일정한 경우를 생각해 보자.

단위 가격당 휴대폰, MP3 플레이어, 전자수첩의 증가량을 각각 a, b, c라 하자.

그러면 $a>b>c>0$이다.

$$S(x, y, z)=ax+by+cz+k \quad (k\text{는 상수})$$

$a>b>c>0$이므로 x의 단위 가격의 증가에 따라 $S(x, y, z)$가 가장 많이 증가하므로 x를 크게 하면 할수록 $S(x, y, z)$가 커진다. 따라서 $x=50$이다.

이때 $y+z=40$ $(y\geqq10, z\geqq10)$이고, $S(x, y, z)=by+cz+50a+k$이다.

이제 $b>c$이므로 마찬가지 이유로 y를 크게 하면 할수록 $S(x, y, z)$가 커진다. 따라서 $y=30$이다. 이때 $z=10$이다.

그러므로 휴대폰은 50만 원, MP3 플레이어는 30만 원, 전자수첩은 10만 원에 구입해야 총만족도가 최대가 된다.

1

유산으로 물려받은 뉴타운 개발 예정지 땅을 놓고 형제가 주먹다짐을 벌인 끝에 서로를 고소했다.

미국에 살던 A(55)씨는 사업이 어려워지자 올 여름 자금 마련을 위해 귀국했다. 그러나 돈을 융통하기는 쉽지 않았고 생각 끝에 동생(52)과 함께 상속받은 땅을 활용하기로 마음먹었다. 부인들의 공동 명의로 돼 있는 이 땅은 2003년 말 강북 뉴타운 개발 예정지로 선정되면서 가격이 2~3배 오른 노른자위 땅으로 내놓기만 하면 사겠다는 사람이 줄을 설 판이었다.

그러나 동생은 땅을 팔자는 형의 제안을 거절했다. 돌아가신 부모님이 유산을 공동 명의로 해 놓은 뜻을 무시할 수 없는 데다 뉴타운 사업이 본격화하면 땅값이 더 오를 수 있다는 판단에서였다. 형은 "그렇다면 대신 5억 원 정도만 융통해 달라."고 사정했지만 이것도 잘되지 않았다.

급기야 형제는 8월 말께 가족이 모두 모인 가운데 땅 처분을 놓고 말다툼을 벌이다 분을 이기지 못한 나머지 서로 치고받는 사태로 이어졌다. 결국 형은 9월 동생 부부와 조카 등 5명을 폭행 혐의로 경찰에 고소했다. 이들에게 맞아 전치 10주 이상의 부상을 입었다는 주장이다. 그러자 동생 부부 역시 자신들도 맞았다며 형을 맞고소했다. 경찰 관계자는 "상속받은 재산 때문에 가족끼리 다투는 게 어제오늘의 일은 아니지만 주먹다짐까지 벌인 건 드문 경우"라며 혀를 찼다.

사건을 접수한 서울 마포 경찰서는 폭행 부분에 대한 사실 관계를 조사한 뒤 이들을 입건할 계획이다.

제시문에서처럼 유산을 둘러싼 형제간 폭행 사건을 막기 위해서 K씨는 세 자녀 A, B, C에게 집과 땅과 함께 누구나 만족할 수 있는 합리적인 배분 방법을 물려주려고 한다. 단, 외부 사람에게는 결코 팔아서는 안 된다는 조건이다. A, B, C에게 각각 집과 땅이 얼마의 가치가 있는지 적어 내도록 하였더니 다음과 같았다.

(단위 : 만 원)

	A	B	C
집	2600	2300	2500
땅	460	550	800
합계	3060	2850	3300

A가 생각한 위의 재산의 합은 3060만 원이고 상속자는 세 명이므로 A가 생각하는 몫은 전체 금액의 $\frac{1}{3}$인 1020만 원이다. 따라서 A는 1020만 원 이상을 상속받으면 만족이다. (자기가 생각한 가치 기준으로) B, C도 마찬가지이다. 그렇다면 가장 효과적인 유산 배분의 방식은 무엇인지 설명하시오.

2

다음 표는 어느 자동차 회사에서 자동차 한 대를 만드는 데 필요한 작업들과 작업 일수, 그리고 각 작업 이전에 행해져야 할 작업들이 나열되어 있다.

작업	작업 일수	먼저 행해져야 할 작업
A	3	없음
B	5	A
C	3	A
D	7	A
E	4	B
F	6	C, D
G	8	E, F
H	5	F
I	3	G, H
J	1	I

자동차를 만드는 데 각 작업 일수의 총합 45일이 필요하지 않은 이유를 설명하시오. 또한 자동차를 만드는 데 필요한 최소 일수를 구하는 방법을 설명하시오.

3

10종류의 물품을 진열할 수 있는 자판기에서 기존의 물품 중 하나를 신상품으로 교체하려고 한다. 다음 그림에 나타난 × 표시는 현재 진열된 각 상품이 판매된 시점을 표시한 것이다. 각 상품의 개당 판매 이익이 모두 같다고 하자.

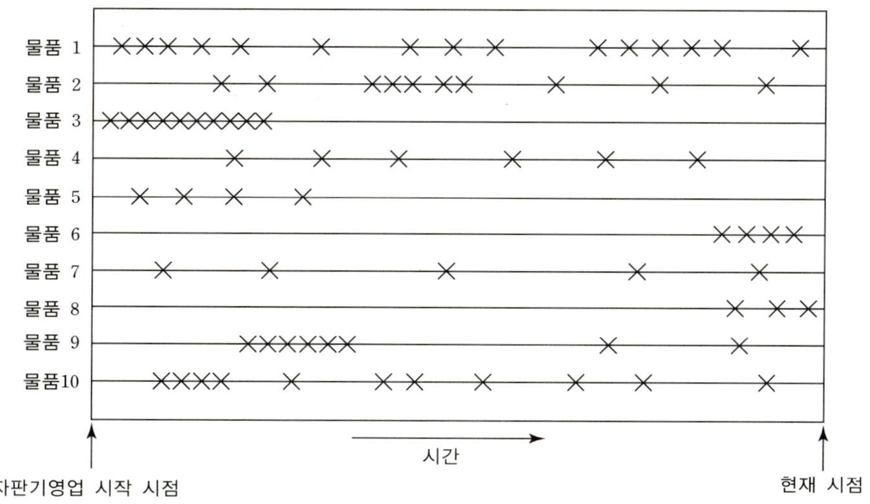

(1) 어떤 사업자가 자판기에서 물품 8를 제외시켰다면 그 기준이 무엇일지 추정해 보고, 그와 같은 기준의 문제점을 논하시오.

(2) 어떤 사업자가 자판기에서 물품 3을 제외시켰다면 그 기준이 무엇일지 추정해 보고, 그와 같은 기준의 문제점을 논하시오.

(3) 위 두 가지 제외 기준은 서로 다르지만 동일한 목표를 추구하고 있다. 그 목표가 무엇인가를 서술하고, 두 기준이 갖는 문제점을 해결할 수 있는 새로운 기준을 제시해 보시오.

〈 2006 이화여대 논술 예시 〉

4

사람은 수없이 다양한 재화와 서비스를 소비하는데, 그 목적은 물론 육체적, 심리적 만족을 얻는 것이다. 그 육체적, 심리적 만족을 가리켜 경제학에서는 '효용(效用, utility)'이라고 한다. 어떤 사람이 어떤 특정한 재화를 많이 소비하면 할수록 그가 얻는 만족감의 합은 커진다. 이것을 경제학에서는 "어떤 재화를 소비해서 얻는 총효용은 그 재화의 소비량이 많을수록 증가한다."고 표현한다. 하지만 이 경우 그가 소비량을 점차 늘여 나가는 과정에서 마지막으로 소비한 한 단위의 재화가 주는 만족감, 즉 한계 효용은 지속적으로 줄어든다. 이것을 가리켜 "한계 효용은 그 재화의 소비량이 증가할수록 감소한다."고 표현한다. 이것이 '한계 효용 체감의 법칙'이다.

한편, 사람의 욕망은 무한하지만 이것의 충족 수단인 화폐, 노동력 및 시간 등은 제약을 받는다. 그러므로 욕망 충족 수단에서 얻는 효용을 최대로 하기 위하여 어떠한 행동 기준이 요구된다. 특히 두 가지 이상의 재화를 제한된 예산 아래에서 합리적인 소비를 하기 위한 기준이 한계 효용 균등의 법칙이다.

이제 일정 금액의 소득을 가진 사람이 A, B 두 재화에 지출한다고 가정할 때 먼저 A만을 많이 사면 살수록 그 재화의 한계 효용은 하락한다. A의 가격을 화폐 1단위라 하면 최초 화폐 1단위로 사는 A의 효용은 극히 높으나 A를 소비하기 위하여 점차로 1단위씩 화폐를 추가 지출하면 그 한계 효용은 그때마다 점감하여 나중에는 다음에 화폐 1단위를 차라리 A에 지출하는 것보다는 B에 지출하는 편이 보다 큰 효용을 얻을 수 있는 점에 도달할 것이다. B의 가격도 화폐 1단위라 하면 B의 1단위당 효용이 A의 마지막 추가되는 단위당 효용보다도 크면 이것은 A를 너무 많이 산 것이며 따라서 A의 최후의 1단위 대신에 B의 1단위를 사는 것이 합리적이 된다. 그러나 또 B에 대하여 지출하는 화폐 단위를 증가하여 B를 더욱 많이 사면 B의 한계 효용도 체감한다. 소비자가 다음의 화폐 1단위를 A와 B 중 어느 것에 지출할 것인가 하는 것은 항상 양측의 한계 효용을 비교하여 결정한다. 즉 한계 효용이 높은 편의 재화를 사는 것이 유리하다. 소비자는 일정 금액의 소득밖에 가지고 있지 않으므로 A, B를 사는 분량은 어떠한 점에서 중지되어야 하며 이 중지되는 점에서는 어떤 특정한 조건을 만족시켜야 한다.

다음의 효용표에서 연필 가격이 200원, 과자 가격이 100원일 때, 1000원이라는 돈을 합리적으로 소비하는 방법은 연필과 과자를 각각 몇 개씩 살 때이며, 그때의 조건은 무엇인지를 서술하시오.

상품 개수	연필의 총효용	과자의 총효용
1	12	7
2	22	13
3	30	18
4	36	22
5	40	25
6	42	27

5

(가)　게임 이론은 한 집단, 특히 기업에 있어서 어떤 행동의 결과가 게임(놀이)에서와 같이 참여자 자신의 행동에 의해서만 결정되는 것이 아니고 동시에 다른 참여자의 행동에 의해서도 결정되는 상황하에서, 자기 자신에 최대의 이익이 되도록 행동하는 것을 분석하는 수리적 접근법이다. 게임 이론이란 상충적이고 경쟁적인 조건에서의 경쟁자 간의 경쟁 상태를 모형화하여 참여자의 행동을 분석함으로써 최적 전략을 선택하는 것을 이론화하려는 것이다.

게임 이론은 1944년 J. 폰 노이만과 O. 모르겐슈테른의 공저 『게임 이론과 경제 행동(Theory of Games and Economic Behavior)』에서 이론적 기초가 마련되어, 제2차 세계 대전 당시 잠수함 전투에 이 이론을 이용한 미국의 물리학자인 P. 모스에 의해서 더욱 발전되었다. 게임 이론은 주로 군사학에서 적용되어 왔으나 경제학, 경영학, 정치학, 심리학 분야 등에도 널리 적용되고 있다. 게임 이론에 있어서는 게임 당사자를 경쟁자라 하고, 경쟁자가 취하는 대체적 행동을 전략이라 하며,

어떤 전략을 선택했을 때 게임의 결과로서 경쟁자가 얻는 것을 이익 또는 성과라고 한다. 어떤 경쟁자가 어떤 전략을 선택하느냐에 따라 좌우되는 것이므로 각 경쟁자는 상대방이 어떤 전략을 선택하더라도 자기의 이익(성과)을 극대화시킬 수 있는 전략을 선택하게 된다.

(나)   어떤 지역의 패스트푸드 업체인 갑과 을은 회원에게 네 가지 음식 A, B, C, D 중 하나를 제공한다고 한다. 갑의 입장에서 갑과 을의 한 달 동안의 수익을 나타내면 다음과 같다. 예를 들면 갑과 을이 모두 음식 A를 제공하면 갑은 200만 원 이익이고, 을은 200만 원 손해이다. 또한 갑은 음식 A를 제공하고, 을은 음식 B를 제공하면 갑은 400만 원 손해이고 을은 400만 원 이익이다.

(단위 : 만 원)

갑＼을	A	B	C	D
A	200	−400	−300	−400
B	500	50	200	−100
C	400	−100	−200	−300
D	300	0	300	−200

(가)의 입장에서 (나)의 두 업체 갑과 을은 어떤 음식을 판매할 것인지를 논리적으로 서술하시오.

6

미국 월드 빌리지 프로젝트(www.worldvillage.org)가 지구촌 60억 인구의 소득을 조사해 본 결과 고소득층 상위 20%가 전체 재산의 75%를 소유하고 있으며 최하위 20%는 겨우 2%만을 소유하고 있다고 발표했다.

… (중략) …

건국 이래 최고의 경제 호황이라는 미국의 상황도 크게 다르지 않다. 워싱턴 소재 비영리 연구 기관인 '예산 정책 우선 순위를 위한 센터'가 77년부터 99년까지 미국 내 소득 분포를 조사했더니 소득 상위 1%의 총소득액이 하위 38%의 소득을 합친 것과 맞먹는 것으로 나타났다.

… (중략) …

우리나라는 어떤가? 종합 소득이 연간 1억 원을 넘는 고소득자는 2만 여 명이다. 이들은 수적으로는 전체 종합 소득세 납세자의 1.9%에 불과하지만 소득 금액으로는 22%를 차지한다. 고액 소득자 분포를 보면 연간 소득이 1∼3억 원인 사람은 20,013명, 3∼5억 원인 사람은 1,829명, 5억 원 이상인 사람도 무려 1,376명이나 된다고 한다. 전체적으로 보면 고소득자 20%가 대한민국 전체 소득의 80% 이상을 차지한다고 한다. 부동산의 경우는 더욱 심해서 상위 10% 부자들이 대한민국 땅덩어리의 90% 이상을 소유하고 있다는 통계도 최근 나온 바 있다.

(1) 다음의 표는 위의 제시문에 등장하는 소득 분포를 단순화하여 어떤 가상 국가의 소득 분포를 작성한 데이터이다. 표에서 제시된 총소득과 총인구를 각각 1로 놓고 인구와 소득의 누적 분포표를 작성하고, 그래프를 그려 보시오. 만약 이 국가의 소득이 균등하다면 어떤 그래프가 나와야 하는지를 설명하시오.

인구	최하위 20%의 평균 소득	다음 20%의 평균 소득	다음 20%의 평균 소득	다음 20%의 평균 소득	다음 20%의 평균 소득
소득	8천 달러	5만 6천 달러	15만 2천 달러	29만 6천 달러	48만 8천 달러

(2) (1)에서 그린 그래프를 로렌츠 곡선이라고 한다. 로렌츠 곡선은 빈부 격차를 시각적으로 표현하는데 매우 유용하다. 그러나 이 로렌츠 곡선에는 문제점이 있다. 예를 들어 어떤 두 나라의 소득 분배를 로렌츠 곡선을 비교할 때 두 곡선이 교차하는 경우 어느 나라의 소득이 더 균등하게 분배되는지 비교하기 어렵다. 이러한 문제를 극복하기 위한 보조 수단, 즉 어느 나라의 소득이 더 균등하게 분배되는지 수치적으로 비교할 수 있는 수단을 만들고, 설명해 보시오.

(가)　정의는 옳고 그름의 문제이다. 그렇다면 무엇이 옳고 무엇이 그른가? 최대 행복의 원리를 도덕의 기초로 삼는 공리주의에 따르면 모든 행위는 행복의 증진에 기여하는 만큼 옳고, 그 반대에 기여하는 만큼 그르다. 여기서 행복은 고통이 없는 쾌락의 상태를 의미하고 불행은 쾌락이 없는 고통의 상태를 의미한다. 결국 옳음과 그름, 정의로움과 정의롭지 않음을 구별하는 기준은 사람들이 실제로 소망하는 것, 즉 행복뿐이다.

　그런데 공리주의는 행위자 자신만의 행복이 아니라 관계된 모든 사람의 행복을 요구한다. 공리주의 기준도 행위자 자신의 최대 행복이 아니라 전체의 최대 행복이다. 공리주의 도덕은 인간이 다른 사람의 선을 위해 기꺼이 자신의 최대 선까지도 희생할 수 있고 그 희생이야말로 인간이 이룰 수 있는 최고의 덕이라고 생각한다. 다만 희생 그 자체가 선이라고 주장하지는 않는다. 행복의 증대에 기여할 수 없는 희생은 아무런 쓸모가 없기 때문이다.

　공리주의가 인정하는 자기 포기는 단 하나뿐이다. 그것은 전체의 행복의 총량을 증대시키기 위해 자기 자신의 행복을 포기하는 것이다. 따라서 공리주의는 사람들에게 가능한 한 덕을 사랑하는 마음을 길러서 사회 전체의 행복을 증진하라고 요구한다. 개인의 욕구는 사회 전체의 행복을 침해하지 않는 한에서 요구된다. 그러나 개인의 행복과 다른 사람들의 행복이 충돌할 경우 공리주의는 개인에게 마치 불편부당한 제삼자처럼 됨으로써 자신의 행복보다 전체의 행복을 먼저 생각하라고 한다.

　이 같은 요구는 다소 가혹해 보일지도 모른다. 그러나 이는 "누구나 한 사람으로 간주되어야 하고, 누구도 한 사람 이상으로 간주되어서는 안 된다."는 공리주의의 금언과 개개인이 아니라 전체의 행복의 총량만이 도덕적 기준이라는 전제를 수용한다면 피할 수 없는 결론이다.

(나)　선진국에서 개발되는 신약들은 장기간의 연구와 천문학적인 비용의 투자를 필요로 하고 있다. 임상 실험의 마지막 단계는 비용의 효율적인 절감을 이유로 개발도상국 국민을 대상으로 진행되는 경우가 많은데 이때 위약(僞藥)의 투여나 국제 협약의 무시 등 비도덕적인 행위가 나타나기도 한다. 그러나 이렇게 개발된 신약이 개발도상국에서 판매될 때에는 선진국 수준의 비싼 가격으로 책정되기 때문에 정작 개발도상국 국민들은 실제적인 혜택을 거의 받지 못한다. 세계 무역 기구의

무역 관련 지적 재산권 협정 제31조는 국가 비상 상태, 극도의 긴급 상황 또는 공공의 비상업적 사용을 전제로 특허권자의 동의 없이 특허 대상의 생산 및 비용을 허용하고 있다.

이 규정에 기초하여 개발도상국 정부 또는 정부의 승인을 받은 제삼자(제약 회사)는 특허에 의해 보호되는 신약을 특허권자의 동의 없이 생산 판매할 수 있다. 그래서 개발도상국에서는 강제 실시권을 발동하고 복제약을 만들어 가난한 사람들이 혜택을 받을 수 있게 하기도 한다. 이때 개발도상국 정부는 자국에서 복제약을 개발할 수 있는지의 여부와 예상 가격을 알아보고 다국적 기업과 다시 가격 협상을 한 다음에 강제 실시권의 발동 여부를 결정할 수도 있다.

다음은 어느 개발도상국에서 전염병이 발생했을 때 그에 대한 대처 상황을 가정해 본 것이다.

전염병은 두 도시 A와 B의 도심에서 동시에 발생하여 모든 방향으로 일정한 속도로 확산되고 있다. A 도시는 B 도시에 비해 상대적으로 빈곤층이 많고 인구 밀도가 높다. 한 다국적 제약 회사에서 개발한 신약을 이용하면 이 전염병 환자의 80%가 치료된다. 하지만 신약의 값이 비싸기 때문에 그 개발도상국에서는 강제 실시권을 발동하여 치료율은 30%로 낮지만 가격이 싼 복제약을 공급하려고 한다. 이를 위해 A와 B도시 사람들의 신약과 복제약 구매 가능성을 조사해서 다음의 결과를 얻었다.

〈자료 1〉 도시별 환자 집단의 구매력 현황

	신약을 살 수 있는 환자	어느 약도 살 수 없는 환자
A도시	10%	10%
B도시	50%	0%

※ 구매력이 있는 경우 신약을 산다.

그런데 다국적 제약 회사는 복제약의 가격을 높게 책정하면 신약의 가격을 낮추겠다는 조건으로 협상을 제안하면 협상안 수용시 예상되는 상황에 대하여 다음의 자료를 제시하였다.

〈자료 2〉 도시별 환자 집단의 구매력 예상

	신약을 살 수 있는 환자	어느 약도 살 수 없는 환자
A도시	20%	30%
B도시	70%	0%

※ 구매력이 있는 경우 신약을 산다.

(나)에서 개발도상국 정부는 치유되는 환자 수를 기준으로 삼아 협상안 수용 여부를 결정하려고 한다. 정부가 (가)의 관점을 취할 경우 어떤 결론에 이르게 되는가에 대하여 논술하시오.

〈 2007 고려대 수시 1 〉

8

(가)　두 친구 갑과 을이 A와 B 중 한 분야에서 서로 독립적으로 사업을 하려고 한다. 이 두 사람은 동일한 분야나 다른 분야에서 사업을 할 수 있다. 갑과 을이 어떤 분야를 선택하느냐에 따라 다른 분야에서 사업을 할 수 있다. 갑과 을이 어떤 분야를 선택하느냐에 따라 그들 각자가 얻는 이윤은 달라진다. 갑이 얻을 수 있는 이윤과 을이 얻을 수 있는 이윤은 다음과 같다.

<table>
<tr><th colspan="2" rowspan="2"></th><th colspan="2">을</th></tr>
<tr><th>A</th><th>B</th></tr>
<tr><td rowspan="2">갑</td><td>A</td><td>12</td><td>9</td></tr>
<tr><td>B</td><td>15</td><td>10</td></tr>
</table>

갑의 이윤

<table>
<tr><th colspan="2" rowspan="2"></th><th colspan="2">을</th></tr>
<tr><th>A</th><th>B</th></tr>
<tr><td rowspan="2">갑</td><td>A</td><td>12</td><td>15</td></tr>
<tr><td>B</td><td>9</td><td>10</td></tr>
</table>

을의 이윤

　갑과 을은 서로 협의하지 않고 다음과 같은 방식으로 동시에 사업 분야를 정한다. 갑은 을이 A를 선택할 것이라고 예상하면 자신이 A를 택할 경우 12의 이윤을, B를 택할 경우 15의 이윤을 얻을 것이기 때문에, 이 두 경우 중 더 큰 이윤을 가져다줄 B를 택한다. 만일 을이 B를 택할 것이라고 예상하면 갑은 9와 10의 이윤 중 더 큰 이윤을 얻게 해 주는 B를 택한다. 따라서 을이 어떤 사업 분야를 택할 것으로 예상되더라도 갑은 항상 B를 택할 것이다. 을도 갑의 경우와 같은 방식으로 사업 분야를 정하고, 그 결과 B로 진출할 것이다. 따라서 두 사람은 모두 B에 진출하여 각각 10의 이윤을 얻게 될 것이다. 이때 갑과 을의 '의사 결정 요소'는 자신의 이윤이다.

(나)　공자가 말했다.

　　"도(道)는 사람에게서 멀리 있는 것이 아니다. 도를 행한다면서 사람을 멀리한다면 그것은 도라고 할 수 없다. 군자는 '사람다움'의 기준으로 사람을 다스리되 사람이 그 기준에 맞게 바로잡히면 다스림을 그친다. 도는 자신이 원치 않는 일을 다른 사람에게도 행하지 않는 것이다.

　　군자의 도에는 네 가지가 있다. 나는 그중 어느 한 가지도 실천하지 못하고 있다. 자식에게 바라는 바로써 부모를 섬기지 못하고, 하급자에게 바라는 바로써 상급자를 대하지 못하고, 동생에게 바라는 바로써 형을 위하지 못하고, 벗에게 바라는 바로써 벗에게 먼저 베풀지 못한다. 그러니 평소에 어찌 말과 행동에 부족함이나 지나침이 없도록 성실히 노력하지 않을 수 있겠는가."

　　공자가 일컫는 도의 의미에 대해 그의 제자인 증자는 "선생님의 도는 충(忠)과 서(恕)일뿐이다."라고 설명했다. 여기서 '충'이란 자신의 진심을 다한다는 뜻이고, '서'란 자신을 미루어 남을 대한다는 뜻이다. 자연에는 만물이 조화를 이루도록 하는 법칙과 규범이 있다.

　　모든 인간은 자연으로부터 이 법칙과 규범을 부여받아 동일한 도덕적 본성을 지니고 태어난다. '충'은 바로 이 본성을 그대로 따르는 진실된 마음이다. '서'는 어떤 경우이든 한결같이 '충'의 마음을 미루어 남을 대하는 방법을 일컫는다.

(가)의 상황에서 갑과 을이 (나)의 관점을 의사 결정에 반영하는 정도에 따라 결과가 다르게 나타날 수 있다. (나)의 관점을 어떻게 '의사 결정 요소'로 반영할 수 있는지 수리적으로 추론하고 그렇게 추론된 '의사 결정 요소'에 따라 사업 분야를 정할 때 갑과 을이 각각 12의 이윤을 얻을 수 있는 경우를 논술하시오.

〈 2007 고려대 수시 2 〉

9

제주도에서 대학생 단편 영화제가 총 열흘간 개최될 예정이다. 주최 측은 전국의 대학생 영화감독들을 초정하여 각 영화마다 5회씩 시사회를 개최할 계획이다. 그중 서울에 사는 5명의 대학생 영화감독이 시사회에 참석하기로 한 일정은 다음 표에 ■로 표시되어 있다.

영화감독 \ 행사일	1	2	3	4	5	6	7	8	9	10
감독 A	■	■	■			■	■			
감독 B				■	■	■		■	■	
감독 C			■	■				■	■	■
감독 D		■	■	■	■					■
감독 E		■		■	■	■				■

주최 측이 제공하는 경비는 제주도에 머무는 기간 동안의 호텔 숙박비와 서울과 제주 간 왕복 항공료이고, 주최 측은 경비를 줄이기 위해 시사회가 없는 날 해당 대학생을 서울에 갔다 다시 돌아오게 하거나 제주도에 머무르게 할 수 있다. 주최 측이 비용을 절감하기 위해서 영화제에 참석한 5명의 영화감독들의 체류 일정을 어떻게 결정해야 할지 호텔 숙박 요금과 항공료를 고려하여 논하시오.

기본 도형과 삼각법

1장
기본 도형과 삼각법

◦◦◦ 출제 경향

기하학의 한 부분인 기본 도형과 삼각법은 중학교부터 고등학교 과정까지 광범위하게 걸쳐 있다. 기하학 자체가 논리적 증명 방법을 훈련하는 데 훌륭한 소재가 될 뿐만 아니라 실용적인 면에서도 매우 중요하기 때문이다.

수리 논술에서는 기하학적인 명제들을 증명하는 문제보다는 삼각법 및 기본 도형에 관한 지식을 실용적으로 활용하는 문제와 해석기하학 문제들이 주로 출제되어 왔다. 앞으로도 이러한 추세는 계속될 것으로 보이므로 핵심 개념에 정리되어 있는 기본 도형과 관련한 기하학적 지식 및 삼각법을 숙지해 둘 필요가 있다. 기본 도형에 관한 내용은 중학교 과정에서 주로 배우고 고등학교 과정에서는 거의 다루어지지 않기 때문에 소홀히 여기는 경향이 있는데 수리 논술뿐만 아니라 수능 문제 중에도 기본 도형 및 삼각법을 알고 있으면 쉽게 풀리는 문제들이 많이 있으므로 잘 정리해 두자.

특히 자연계 학생들의 경우에는 기본 도형에 관한 지식뿐만 아니라 수학 II 에 나오는 이차곡선에 관한 내용들을 해석기하학적으로 공부해 두는 것이 좋다.

피라미드의 높이는 누가 처음 쟀을까?

도형과 공간의 성질을 다루는 기하학은 고대 이집트에서 토지 측량을 위해 도형을 연구하는 데서 시작되었다. 고대 이집트에서는 홍수로 나일강이 범람한 후 경계가 사라진 토지를 다시 적절하게 분배해야 했기 때문에 측량술이 발달했다. 그에 따라 자연스럽게 도형에 관한 연구도 활발하게 이뤄졌던 것이다. 기하학은 영어로 '지오메트리(geometry)'라 하는데 어원상으로 '지오(geo)'는 땅을, '메트리(metry)'는 측량을 뜻한다.

이집트인에 의해 실용적 목적으로 개발, 축적된 도형에 관한 지식들은 추상적인 사고방식에 능했던 그리스인들에 의해 새롭게 개념이 정리되고 연역적 체계 속에서 다듬어졌다. 이러한 작업들은 특히 탈레스[1]와 피타고라스[2], 아르키메데스[3], 아폴로니오스[4] 및 유클리드[5] 등에 의해 수행되었다. 특히 유클리드의 『기하학 원본』은 그 당시 수학 지식의 집대성으로 볼 수 있으며 그 정연한 논증법은 오늘날까지도 학교에서 가르치고 있으며, 다른 학문의 모범이 되어 왔다.

17세기에 들어와 좌표 개념을 기하학에 도입한 데카르트는 '해석기하학'의 창시자로 알려져 있다. 해석기하학은 오일러[6]에 의해 더욱 가다듬어졌으며, 뉴턴과 라이프니츠에 의해서 미적분학이 탄생한 이후 기하학은 미분기하학으로 발전해 나갔다.

한편 삼각법은 삼각비를 써서 삼각형의 6요소 (세 각과 세 변) 사이의 관계를 구하고 주어진 조건을 만족하는 삼각형을 결정하는 데 쓰이는 방법이다. 이미 그리스 시대에 탈레스는 삼각형의 닮음을 이용하여 피라미드의 높이를 구하였다고 한다. 각과 거리를 이용해 계산하는 삼각법은 측량을 통한 지도 작성, 항해, 천문 관측 등에 다각적으로 활용되고 있다.

---

1) 탈레스(B.C.624?~B.C.546?) 고대 그리스의 철학자. 자연 철학의 시조로 불리며 밀레토스학파를 창시하였다. 만물의 근원을 '물'이라고 보고, 변화하는 만물에 일관하는 본질적인 것을 문제 삼은 데 그의 철학적 공적이 있으며, 일식을 예언하기도 했다.
2) 피타고라스(B.C.582?~B.C.497?) 고대 그리스의 철학자, 수학자. 만물의 근원을 '수(數)'로 보았으며, '피타고라스의 정리'를 발견하여 과학적 사고를 구축하는 데에 큰 역할을 하였다.
3) 아르키메데스(B.C.287?~B.C.212?) 고대 그리스의 수학자, 물리학자. 아르키메데스의 원리 및 '구에 외접하는 원기둥의 부피는 그 구 부피의 1.5배이다.'라는 정리를 발견하였으며, 지렛대의 반비례 법칙을 발견하여 기술적으로 응용하였다.
4) 아폴로니오스(B.C.262?~B.C.200?) 고대 그리스의 수학자. 직원뿔을 평면으로 잘랐을 때 생기는 원뿔 곡선의 성질을 연구하였으며, 저서에 『원뿔 곡선론』이 있다.
5) 유클리드(B.C.330~B.C.275) 고대 그리스의 수학자. 기하학의 원조로 『기하학 원본』을 써서 유클리드 기하학의 체계를 세웠다.
6) 오일러(1707~1783) 스위스의 수학자, 물리학자. 수학, 천문학, 물리학뿐만 아니라, 의학, 식물학, 화학 등 많은 분야에 걸쳐 광범위하게 연구하였다. 특히 수학에서는 미적분학을 발전시키고, 변분학을 창시하였으며, 대수학, 정수론, 기하학 등 여러 방면에 걸쳐 큰 업적을 남겼다.

핵심 개념

■■■ **삼각법**

(1) 호도법

반지름의 길이가 r, 중심각의 크기가 θ, 호의 길이가 l
인 부채꼴에서

① $\theta = \dfrac{l}{r}$

② $l = r\theta$

③ 부채꼴의 넓이를 S라 하면

$$S = \frac{1}{2}r^2\theta = \frac{1}{2}rl$$

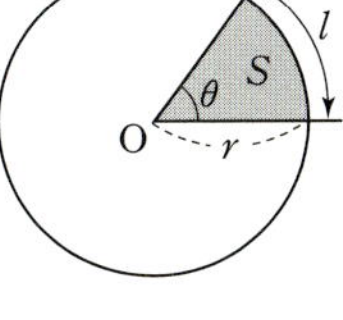

(2) 사인법칙

$\triangle ABC$의 외접원의 반지름의 길이를 R라 할 때,

$$\frac{a}{\sin A} = \frac{b}{\sin B} = \frac{c}{\sin C} = 2R$$

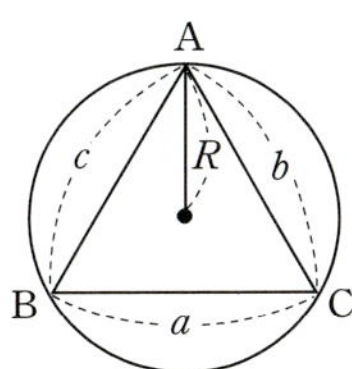

(3) 코사인법칙

① 제일코사인법칙

$$a = b\cos C + c\cos B$$
$$b = c\cos A + a\cos C$$
$$c = a\cos B + b\cos A$$

② 제이코사인법칙

$$a^2 = b^2 + c^2 - 2bc\cos A$$
$$b^2 = c^2 + a^2 - 2ca\cos B$$
$$c^2 = a^2 + b^2 - 2ab\cos C$$

(1) 두 변의 길이와 끼인각의 크기를 알고 있을 때,

$$S=\frac{1}{2}ab\sin C=\frac{1}{2}bc\sin A=\frac{1}{2}ca\sin B$$

  ※ 사각형의 넓이

   두 대각선 p, q가 이루는 각을 θ라 할 때,

$$S=\frac{1}{2}pq\sin\theta$$

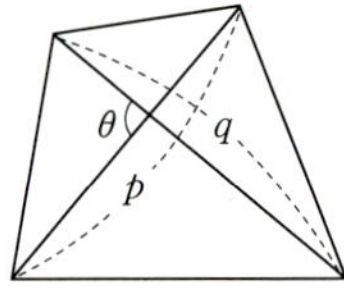

(2) 세 변의 길이를 알 때, (헤론의 공식)

$$S=\sqrt{s(s-a)(s-b)(s-c)}\ (단,\ 2s=a+b+c)$$

(3) 세 변의 길이와 내접원의 반지름의 길이 r를 알 때,

$$S=rs\ (단,\ 2s=a+b+c)$$

(4) 세 각의 크기와 외접원의 반지름의 길이 R를 알 때,

$$S=2R^2\sin A\sin B\sin C$$

(5) 세 변의 길이와 외접원의 반지름의 길이 R를 알 때,

$$S=\frac{abc}{4R}$$

(6) 세 꼭지점이 $A(x_1,y_1)$, $B(x_2,y_2)$, $C(x_3,y_3)$일 때,

$$S=\frac{1}{2}\begin{vmatrix} x_1 & x_2 & x_3 & x_1 \\ y_1 & y_2 & y_3 & y_1 \end{vmatrix}$$

■■■ **삼각형의 해법**

(1) 세 변을 알 때 : $A+B+C=180°$와 코사인법칙을 이용한다.

(2) 두 변과 그 사이각을 알 때 : 코사인법칙과 사인법칙을 이용한다.

(3) 두 각과 그 사이변을 알 때 : $A+B+C=180°$와 사인법칙을 이용한다.

(4) 두 변과 한 각을 알 때 : 사인법칙과 코사인법칙을 이용한다.

  ※ 외접원의 반지름을 알 때 사인법칙을 이용한다.

필수 논제 **1** 천체의 운동과 기하학

완전한 구 모양의 항성 S, 행성 E, 위성 M으로 구성된 항성계에서 S의 주위를 도는 행성 E의 공전 궤도와 행성 E의 주위를 도는 위성 M의 공전 궤도가 같은 평면상의 완전한 원이라 하자. 행성 E상의 천문학자가 위의 항성계에 대하여 아래와 같은 관측 자료를 얻었다고 한다.

> (가) 항성 S의 반지름은 10만km이다.
> (나) 행성 E의 반지름은 1만km이다.
> (다) 위성 M의 반지름은 5천km이다.
> (라) 항성 S의 중심으로부터 행성 E의 중심까지의 거리는 30만km이다.
> (마) 행성 E의 중심으로부터 위성 M의 중심까지의 거리는 2만km이다.

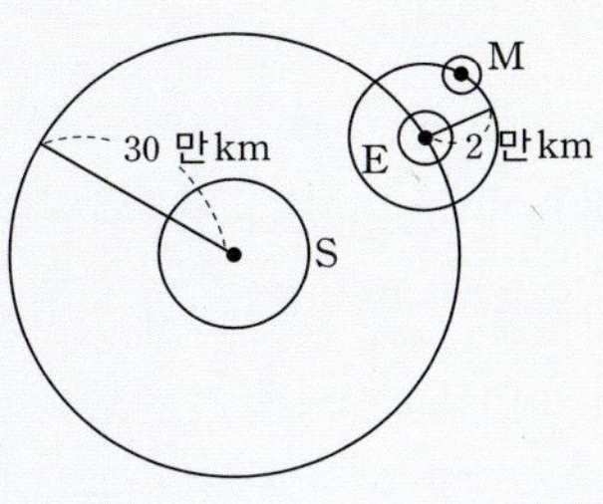

1. 위의 천문학자가 "매 보름달마다 행성 E의 그림자에 가려지는 월식이 생기며, 그때마다 보름달의 모양은 반지 모양으로 보인다."라는 결론을 이끌어 내었다. 이러한 결론에 도달하는 데 필요한 조건을 위 관측 자료로부터 모두 나열하고, 그 이유를 논하시오.

2. 같은 천문학자가 "행성 E에서는 위성 M이 항성 S를 가리는 일식 현상을 관찰할 수 있으며, 행성 E의 낮 시간인 어느 곳에서도 완전히 어두워지는 개기 일식을 관찰할 수는 없다."라는 가설에 도달하였는데 이러한 가설의 타당성 여부를 논하시오.

〈 2006 이화여대 수시 1 〉

제시된 천문학적 자료들과, 삼각형의 닮음과 같은 기본 도형에 관한 지식을 이용하여 일식 또는 월식이
일어날 조건을 찾아내는 문제이다. 얼핏 보면 지구과학 문제 같지만 별다른 지구과학적 지식이 필요한
것이 아니다. 월식, 일식의 개념만 제대로 알고 있다면 충분히 해결할 수 있다.

1 천문학자가 내린 결론을 이끌어 내기
위하여 필요한 관측 자료는 (가), (나),
(다), (라), (마) 모두 필요하다.
항성 S, 행성 E, 위성 M의 중심을 각
각 O_S, O_E, O_M이라고 하자. O_S와 O_E
를 잇고 원 O_S와 원 O_E의 공통외접선

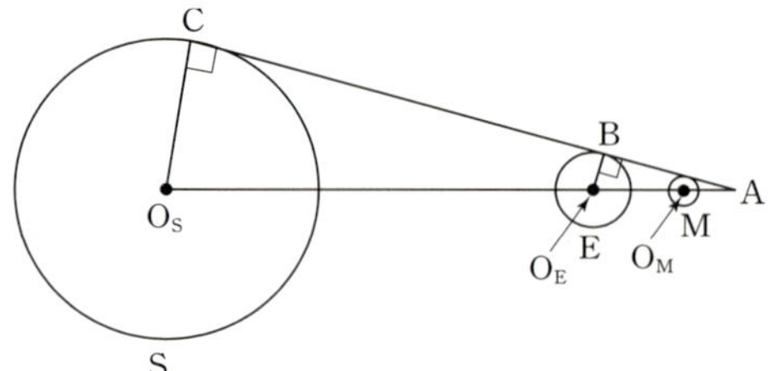

을 이어서 직각삼각형 ACO_S를 만들 수 있다. 관측 자료 (가), (나), (라), (마)와 삼각형
ABO_E와 삼각형 ACO_S는 닮음이라는 사실을 이용하면 $\overline{AO_E}=\dfrac{30}{9}$이 된다. 관측 자료
(다)를 이용하면 개기 월식이 일어나기 위한 E와 M 사이의 거리를 구할 수 있으며 이는
M의 반지름이 E의 반지름의 $\dfrac{1}{2}$이므로 $\dfrac{1}{2}\cdot\overline{AO_E}=\dfrac{15}{9}$이다. 하지만 실제 E와 M 사이
의 거리는 $\dfrac{30}{9}>2>\dfrac{15}{9}$이므로 월식은 일어날 수 있지만 개기 월식은 일어날 수 없다.

2 행성 E에서 위성 M이 항성 S를 가리는 일식 현상을 관찰할 수 있는지 살펴보자.
$\overline{O_SO_E}=30$, $\overline{O_MO_E}=2$이다. 이때 O_M
에서 M의 그림자가 미치는 범위 $\overline{O_MD}$
$=z$의 길이를 계산해 보자. 삼각형의
닮음을 이용하여 $10:28+z=0.5:z$
라는 관계식을 얻을 수 있고 $z=\dfrac{28}{19}$이

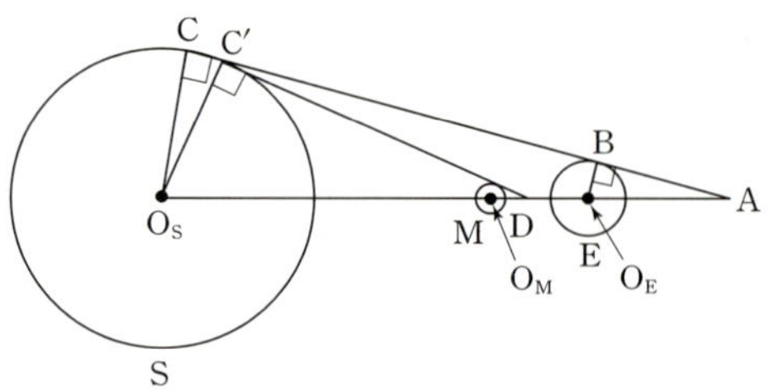

다. 이때 $1<z$이므로 M의 그림자는 행성 E의 일부를 덮게 된다. 따라서 행성 E의 낮 시
간에 완전히 어두워지는 개기 일식을 관찰할 수 있다.

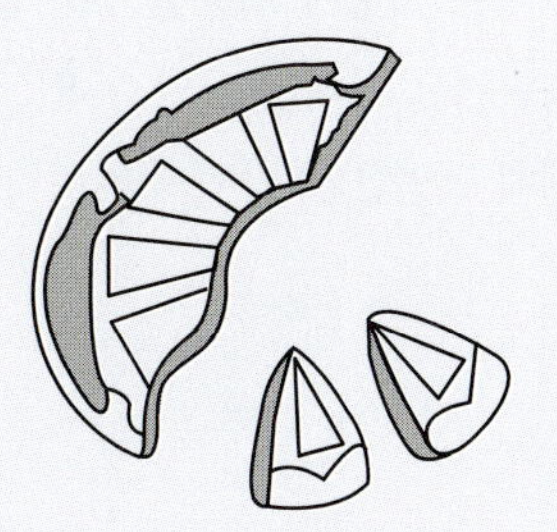

한 공사 현장에서 유적이 출토되어 유물 발굴 작업이 시작되었다는 기사가 한 일간지에 보도되었다. 기사에는 출토된 유적이라며 오른쪽 그림과 같은 접시 조각의 사진이 함께 실려 있었고, 지름이 30cm인 크기의 접시라고 씌여 있었다. 그러나 사진에서 볼 수 있듯이 접시는 원형 그대로가 아닌 깨진 일부분만이 발견되었을 뿐이다. 실제로 발굴된 유물 중에는 원형이 보존된 접시는 발견되지 않았다고 한다.

그렇다면 어떻게 지름을 알 수 있었는지를 논하시오.

문제 분석

세 점이 주어지면 해석기하학으로 원의 방정식을 구할 수 있다. 그러나 초급 기하학으로도 주어진 원의 일부를 통해 원의 지름과 중심을 찾을 수 있는데 삼각형의 외심을 찾는 방법을 이용하면 된다.

예시 답안 (1)

삼각형의 외심을 이용하는 방법

접시의 원둘레 부분에서 임의로 세 점 A, B, C를 잡는다. 그리고 선분 AB와 선분 BC의 수직이등분선의 교점을 구한다. 이 점은 삼각형 ABC의 외접원의 중심이 되고, 바로 구하고자 하는 접시의 중심이므로 이 중심에서 세 점 A, B, C 중 한 점에 이르는 거리를 측정하면 접시의 반지름의 길이가 구해진다.

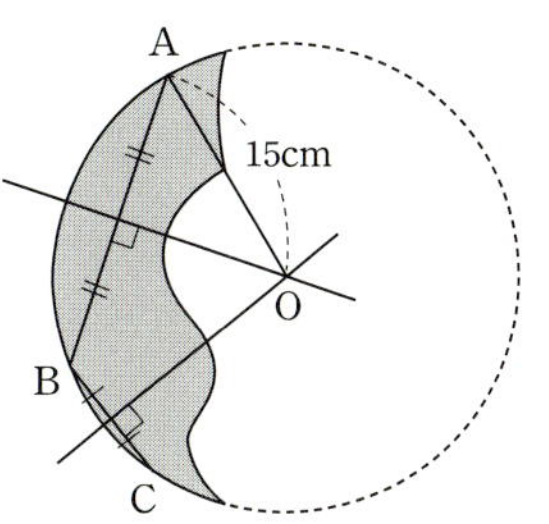

예시 답안 (2)

컴퍼스를 이용하는 방법

접시의 가장자리 부분을 종이 위에 연필 등으로 그린 후 종이에 그려진 부분과 겹쳐지는 원을 컴퍼스로 그려 보면, 원의 중심을 알 수 있고, 따라서 반지름의 길이를 구할 수 있다. 이 방법은 접시의 가장자리를 얼마나 정확히 종이에 옮기느냐, 그리고 접시의 일부분과 일치하는 원을 얼마나 정확하게 그릴 수 있느냐에 따라 측정한 지름의 정확도가 크게 영향을 받는다. 따라서 예시 답안(1)의 방법에 비해 덜 정확하다고 할 수 있다.

필수 논제 ❸ 측량술에 응용되는 삼각법

> 해변에서 멀지 않은 곳에 무인도가 있고 그 섬 가운데에는 높은 산이 있다. 이 무인도에 가는 방법이 없어 해변에서만의 측정으로 해변으로부터 이 섬이 떨어진 거리와 산의 높이를 근사적으로 알고자 할 때, 가능하면 측정 횟수를 줄이고 작업량이 적도록 효율적인 방법을 찾으려 한다. 단, 측정 도구로 줄자와 각도기만 사용할 수 있음을 가정한다.

1 해변에 있는 두 나무의 위치를 이용해서 이 두 나무에서 섬까지의 거리를 각각 알아낼 수 있는 여러 방법 중 두 가지를 택하여 각각의 방법이 갖는 장단점을 비교하여 설명하시오.

2 해변의 어느 두 지점을 정하여 산의 높이를 알아낼 수 있는 여러 가지 방법 중 하나를 택하여 설명하고, 이러한 방법의 효율성에 대해 논하시오.

〈 2006 서강대 논술 예시 〉

문제 분석

인류 역사에서 기하학은 측량술에서 시작되었고, 현대 측량술에서도 기하학이 활용되고 있다. 이 문제는 삼각형의 결정 요소에 대해 잘 이해하고 있는지 또 그것을 잘 적용할 수 있는지를 묻고 있다. 수리 논술 문제답게 특정한 답을 요구하는 것이 아니라 여러 가지 방법을 서술하고 각각의 방법을 비교해야 한다. 평소에 수학 문제를 풀 때에도 여러 가지 해법을 고민해 보고, 각각의 방법의 효율성에 대해 비교, 평가하는 훈련과 연습을 해 두는 것이 좋다.

1 방법 1 : 해변에 있는 두 나무와 섬의 한 시점을 삼각형의 세 꼭시점으로 생각하고 해변
에 있는 두 나무 사이의 거리(변의 크기)와 각 나무에서 섬에 있는 지점과 이루
는 두 각을 측정하면 삼각형의 각 요소를 알 수 있으므로 각 나무에서 섬까지의
거리를 알 수 있다.

방법 2 : 어느 한 나무를 기준으로 섬의 한 지점이 이루는 선분을 생각하고 해변에 다른
한 지점을 선택하여 이 지점, 섬의 한 지점, 나무가 이루는 삼각형을 생각한다.
이제 방법 1에서와 같은 접근 방법으로 이 나무에서 섬까지의 거리를 알아낸다.
이때 삼각형이 직각삼각형이 되도록 해변의 한 지점을 선택하면 더욱 쉽게 나무
에서 섬까지의 거리를 알아낼 수 있다. 다른 나무에서도 같은 방법을 반복한다.

첫 번째 방법은 변을 한 번 측정하고 각을 두 번 측정해야 한다. 그러나 두 번째 방법은
두 그루의 나무에 대해서 각각 섬까지의 거리를 측정하는 방법으로서 두 배의 측정 횟수
가 필요하게 된다.

이제 변의 길이를 알아내기 위한 작업량을 비교해 보자.

첫 번째 방법에서는 삼각형의 한 변과 양 끝각을 알고 있기 때문에 다음과 같은 방법으로
두 나무에서 섬까지의 거리를 계산해야 한다. (삼각함수표는 주어져 있다고 가정하자.)

(i) 알고 있는 변과 마주 보는 각은 $180°$에서 측정한 두 각을 뺌으로써 알아낸다. (1회 작업)

(ii) 세 각을 모두 알아냈으므로 세 각의 사인 값을 표에서 찾는다. (3회 작업)

(iii) 측정한 한 변과 마주 보는 각의 사인 값의 비율을 구한 후 사인법칙을 이용하여 나머
지 두 변의 길이를 계산한다. (비율 계산, 각각 두 변 계산 총 3회 작업)

그러므로 첫 번째 방법에서는 총 7회의 작업량이 필요하다.

한편 두 번째 방법에서 직각삼각형이 되도록 해변의 한 지점을 선택했다면 다음과 같은
작업량이 필요하다.

(i) 해변의 한 지점에서 나무까지의 거리가 만드는 삼각형의 한 변과 해변의 한 지점에서
섬까지의 거리가 만드는 삼각형의 다른 한 변 사이의 끼인각이 측정되었으므로 이 각
의 탄젠트 값을 찾는다. (1회 작업)

(ii) 이 각의 탄젠트 값에 측정한 거리, 즉 나무에서 해변이 한 지점까지의 거리를 곱하면
나무에서 섬까지의 거리가 된다. (1회 계산 작업)

이 과정을 두 번 반복해야 하므로 총 4회의 작업량이 필요하다.

이상과 같이 첫 번째 방법을 사용할 경우 측정은 3회, 계산 및 표 찾기는 7회가 필요하고

두 번째 방법을 사용할 경우 측정은 6회, 계산은 4회가 필요하다. 일반적으로 측정이 육체적으로 힘들고 오차가 있을 수 있는 작업이라고 할 수 있으므로 첫 번째 방법이 더 효율적인 방법이라고 볼 수 있다.

2 〈예시 답안 1〉

해변의 어느 한 지점에서 산봉우리를 올려다본 각도를 잰 후, 산 쪽으로 몇 미터 다가가 다시 산봉우리를 올려다본 각도를 잰다. 이 측정으로 얻은 두 각과 두 측정 지점의 거리를 가지고 사인법칙을 사용하면 산의 높이를 알아낼 수 있다.
측정 횟수 3회, 계산 및 표 찾기 작업량 7회가 필요하다.

〈예시 답안 2〉

해변에서 어느 두 지점을 정하고 이 두 지점과 산봉우리가 이루는 삼각형을 생각하여 위의 문제 **1**의 방법을 사용하면 이 지점에서 산봉우리까지의 거리를 알 수 있다. 이제 한 측정 지점에서 산봉우리를 올려다본 각도를 측정하고 산봉우리에서 내린 수선의 발과 산봉우리, 이 측정 지점이 이루는 직각삼각형을 생각하면 빗변의 길이 및 그 빗변과 밑변이 이루는 각을 알므로 각의 사인 값에 빗변의 길이를 곱하여 산의 높이를 구할 수 있다.
첫 번째 측정 횟수 총 4회 및 계산 및 표 찾기 작업량 9회가 필요하다.

현재 우리가 배우고 있는 수학의 대부분은 유럽의 수학자들에 의해 만들어진 것이지만, 유럽의 수학은 이슬람 수학의 영향을 크게 받았다. 그 여러 가지 예들 중 하나가 삼각법이다.

이슬람 수학자들은 여섯 가지 기본 삼각비를 도입하여 기하학적 문제에 대한 해를 얻는 방법을 발전시켰다. 이는 그리스 천문학자 프톨레마이오스가 원의 현에 기초해 사용한 불편한 방법을 근대적인 삼각법으로 대체한 셈이다. 여기에서 근대적인 삼각법이란 우리가 현재 사용하고 있는 사인, 코사인, 탄젠트와 같은 것을 말한다.

이슬람 수학자 알 바티니는 처음으로 $\tan \theta = \dfrac{\sin \theta}{\cos \theta}$ 및 $1 + \tan^2 \theta = \sec^2 \theta$ 등을 발견했으며, 역시 이슬람 수학자 아부 와파는 $\sin(\alpha + \beta) = \sin \alpha \cos \beta + \cos \alpha \sin \beta$ 등의 관계식을 확립하였다. 한편, 기호를 처음으로 썼던 수학자는 로그 발견의 중요한 기여자 중 한 사람인 브릭스의 동료 건터이다.

1

해변에 남산이 보이는 아파트 8층에 살고 있는 영희는 해발 고도가 H인 남산의 정상에 위치한 남산 타워의 높이 h를 계산하려고 한다. 그래서 자신의 집에서 남산 타워의 정상을 잇는 직선과 수평선이 이루는 각도, 그리고 자신의 집에서 남산의 정상을 잇는 직선과 수평선이 이루는 각도를 측정하였다.

(1) 영희가 자신의 집의 해발 고도를 알고 있을 때 위에서 측정한 두 각도를 이용하여 남산 타워의 높이를 구하는 방법을 설명하시오.

(2) 영희는 자신의 집의 해발 고도를 알 수 없어 같은 열 12층에 사는 친구 집에서 이전과 동일한 방법으로 남산 타워의 정상을 바라보는 각도 및 남산의 정상을 바라보는 각도를 다시 측정하였다. 처음에 측정한 두 각도와 함께 8층과 12층 사이의 높이 차와 새롭게 측정한 각도들을 이용하면 남산 타워의 높이를 구할 수 있을지 논하시오.

(3) 영희는 자신의 집의 해발 고도를 알 수 없어 같은 높이의 옆 동 8층에 사는 친구 집에서 이전과 동일한 방법으로 남산 타워의 정상을 바라보는 각도 및 남산의 정상을 바라보는 각도를 다시 측정하였다. 처음에 측정한 두 각도와 함께 두 측정 지점 사이의 수평 거리와 새롭게 측정한 각도들을 이용하면 남산 타워의 높이를 구할 수 있을지 논하시오.

〈 2006 이화여대 수시 1 〉

2

다음 그림은 네 도시 A, B, C, D와 그 사이에 있는 산의 위치를 보여 주고 있다. 정부에서는 도시 A와 B, B와 C, C와 D 사이의 기존 직선 도로 이외에 도시 A와 D 사이의 직선 도로를 새로 만들기로 하였다.

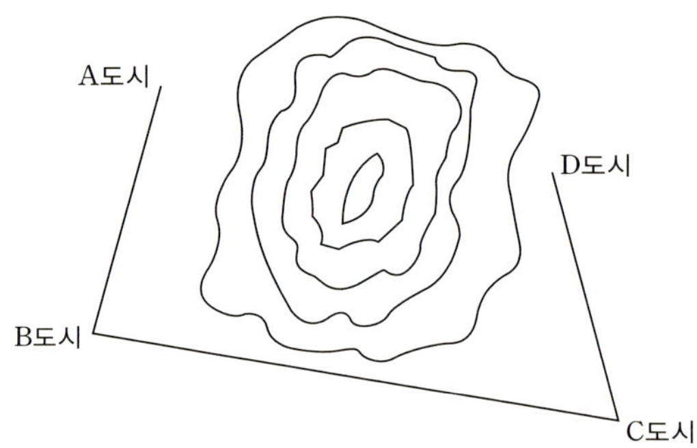

기존 도로들의 길이와 이들 도로들이 이루는 각을 이용하여 직선 도로 AD의 길이를 계산할 수 있는 방법을 단계별로 제시하시오. (단, 모든 도시는 같은 높이에 있고, 중간에 있는 산을 관통하는 지점들 사이의 거리와 각은 직접 측량이 불가능하다고 한다.)

〈 2006 이화여대 모의 논술 〉

3

> 덴마크의 천문학자 요하네스 케플러는 케플러의 법칙 3개를 발표하여 뉴턴이 만유인력의 법칙 등을 발견하는 데 큰 영향을 끼쳤다. 케플러의 제1법칙은 태양 주위를 회전하고 있는 행성들은 타원 궤도를 따라 회전하고 있다는 법칙이고, 제2법칙으로 알려진 면적 속도 일정의 법칙은 공전하고 있는 행성이 시간당 휩쓸고 지나간 면적은 일정하다는 법칙이다. 즉, 태양의 위치와 행성 궤도상의 두 지점을 이어서 만든 부채꼴의 넓이를 두 지점을 지나는 데 걸리는 시간으로 나눈 값(= 면적 속도)이 언제나 일정하다는 것이다.

⑴ 라디안(radian)의 정의, 부채꼴의 넓이 공식 등을 이용하여 면적 속도 일정의 법칙이 원둘레를 시간당 일정한 각을 돌고 있는 물체에 대해서도 성립한다는 것을 설명해 보시오.

⑵ 일정한 속도로 직선을 따라 움직이고 있는 물체도 '회전'하고 있다고 볼 수 있는지, 회전이라는 개념을 나름대로 정의한 후 그 정의에 입각하여 설명해 보시오. 만약 회전하고 있다고 가정한다면 이 경우에도 면적 속도 일정의 법칙이 성립하는지를 논해 보시오.

집합 및 수와 식

1장
집합과 논리

⠿ 출제 경향

집합과 논리는 아주 빈번히 출제되는 논제는 아니지만 수학의 기본 중에서도 기본이 되는 까닭에 여러 가지 문제를 풀 때 중요한 도구로 사용된다. 출제 비중이 낮다고 소홀히 하지 말고 기본기를 익힌다는 마음으로 충실하게 공부해 두는 것이 좋다.

집합과 논리에서는 지금까지 논·구술 시험에서 포함과 배제, 비둘기집의 원리, 논리적 추론 등의 문제들이 출제되었다. 포함과 배제, 비둘기집의 원리 등의 개념을 정리하고 이를 응용하여 문제를 해결하는 기법을 익히며, 논리적으로 추론하는 연습을 해 둘 필요가 있다.

특히 논리적 추론만으로 답을 찾아나가는 유형의 문제들을 많이 풀어 보고, 자신의 논리를 글로 옮겨 보는 훈련을 하는 것은 중요하다. 자신의 생각을 글이나 말로 논리 정연하게 표현하는 것은 비단 수리 논술을 대비하는 차원에서뿐만 아니라 앞으로 사회 생활을 해 나가는 데도 매우 요긴한 요소이기 때문이다.

자연수와 유리수의 개수가 같다?

19세기 말 집합론을 수학적으로 체계화한 것은 독일의 수학자 칸토어[1]로 알려져 있으나 드모르간[2]이나 벤[3] 역시 집합을 수학의 대상으로 생각했다.

칸토어가 집합론을 연구하게 된 동기는 무한의 탐구에 있었다. 칸토어 이전 수학자들은 무한대 기호(∞)로 표시되는 한 가지 무한만을 받아들여, 이 기호로 자연수 집합이나 실수 집합의 원소 개수를 나타내는 데 무차별적으로 사용하였다. 칸토어는 '농도'라는 개념을 통해 무한집합의 원소 개수를 비교하였는데, 자연수 집합과 정수, 유리수 집합의 원소 개수가 같으며 실수 집합의 원소 개수는 자연수 집합의 원소 개수보다 많음을 보이기도 하였다.

그러나 칸토어가 전개한 집합의 소박한 정의는 엄밀함이 떨어져 여러 가지 역설들이 대두되었으며 이것은 19세기 말 이른바 '수학의 위기'로 이어졌다. 이 위기를 해결하는 과정에서 수리 논리학, 공리적 집합론, 수학 기초론과 같은 새로운 수학 분야가 나타났다. 20세기 들어와서는 집합론이 수학의 모든 분야에 침투함으로써 이전과는 색다른 수학이 발전하였다. 그래서 흔히 집합론 이전의 수학을 고전 수학이라 하고, 20세기 들어와서는 집합론을 도구로 발전한 수학을 현대 수학이라고 부른다.

한편 고대 그리스에서 이미 형식 논리가 발전하였는데 아리스토텔레스는 그 결과들을 일상 언어로 체계화하였다. 이것이 흔히 고전 논리학이라고 부르는 것이다. 그러나 일상 언어는 의미의 모호성 때문에 엄밀한 수학의 논리로서는 부적당하므로 과학적으로 논리를 다루기 위한 기호적 언어가 도입되었다. 여기서 기호 논리학 또는 수리 논리학이 탄생하였다.

논리학에서 기호를 처음으로 사용할 것을 생각한 사람은 라이프니츠였다. 라이프니츠는 몇 가지 개념을 기호를 써서 형식화하였다. 그 후 사고의 법칙과 대수의 연산 법칙의 유사성이 밝혀짐에 따라 드모르간과 G. 불에 의해 본격적으로 기호 논리학이 전개되었고, 19세기 후반 프레게에 의해 일단의 체계가 완성되었다. 현재 쓰이는 기호 논리학은 페아노[4], 러셀, 힐베르트 등에 의해 개량된 것이다.

---

1) 칸토어(1845~1918) 독일의 수학자. 도집합과 같은 개념을 확립하여 함수론의 기초를 구축하였으며 무한집합을 분석하여 고전 집합론을 창시하였다.
2) 드모르간(1806~1871) 영국의 수학자, 논리학자. 근대 수학의 개척자 중 한 명으로 특히 논리학과 확률론의 발전에 공헌을 하였다.
3) 벤(1834~1923) 영국의 논리학자. 집합의 포함 관계를 나타내는 '벤 다이어그램'으로 유명하다.
4) 페아노(1858~1932) 이탈리아의 수학자, 논리학자. 자연수론을 처음으로 공리적으로 전개하였고, 페아노 곡선을 소개하였다. 기호 논리학의 개척자로 현재 쓰이는 논리 기호를 도입하기도 하였다.

■■■ 집합 연산의 정의와 성질

(1) 집합 연산의 정의

① 합집합 : $A \cup B = \{x \mid x \in A$ 또는 $x \in B\}$

② 교집합 : $A \cap B = \{x \mid x \in A$ 그리고 $x \in B\}$

③ 차집합 : $A - B = A \cap B^C = \{x \mid x \in A$ 그리고 $x \notin B\}$

   ※ $A - B = A - (A \cap B)$

④ 여집합 : $A^C = U - A = \{x \mid x \in U$ 그리고 $x \notin A\}$

⑤ 서로소 : $A \cap B = \phi$

(2) 집합 연산의 성질

① $A \cup B = X \implies A \subset X$

② $A \cap B = X \implies X \subset A$

■■■ 집합의 연산법칙

(1) 교환법칙

$$A \cup B = B \cup A$$
$$A \cap B = B \cap A$$

(2) 결합법칙

$$(A \cup B) \cup C = A \cup (B \cup C)$$
$$(A \cap B) \cap C = A \cap (B \cap C)$$

(3) 분배법칙

$$(A \cup B) \cap C = (A \cap C) \cup (B \cap C)$$
$$(A \cap B) \cup C = (A \cup C) \cap (B \cup C)$$

(4) 드모르간의 법칙

$$(A \cap B)^C = A^C \cup B^C$$
$$(A \cup B)^C = A^C \cap B^C$$

■■■ 부분집합의 개수

$A = \{a_1, a_2, a_3, \cdots, a_n\}$일 때

(1) A의 부분집합의 개수 : 2^n(개)

(2) A의 진부분집합의 개수 : $2^n - 1$(개)

(3) $a_1, a_2, a_3, \cdots, a_m \ (m < n)$을 반드시 포함하는 부분집합의 개수 : 2^{n-m}(개)

(4) $a_1, a_2, a_3, \cdots, a_k \ (k < n)$를 제외한 부분집합의 개수 : 2^{n-k}(개)

(5) A의 부분집합 중 원소가 s개인 것의 개수 : $_n C_s$(개)

(6) 원소가 s개인 A의 부분집합의 모든 원소들의 총합 : $_{n-1} C_{s-1}(a_1 + a_2 + \cdots + a_n)$

(7) A의 부분집합의 모든 원소들의 총개수 : $1 \cdot {_n C_1} + 2 \cdot {_n C_2} + \cdots + n \cdot {_n C_n} = n \cdot 2^{n-1}$(개)

(8) A의 부분집합의 모든 원소들의 총합 : $2^{n-1}(a_1 + a_2 + a_3 + \cdots + a_n)$

■■■ 멱집합과 곱집합

(1) 집합 A의 부분집합들을 원소로 갖는 집합을 **멱집합**이라 하고 2^A 또는 $P(A)$로 표시한다.
$$2^A = P(A) = \{X \mid X \subset A\}$$

(2) $a \in A, \ b \in B$인 모든 순서쌍 (a, b)의 집합을 **곱집합**이라 하고
$$A \times B = \{(a, b) \mid a \in A, \ b \in B\} \text{로 표시한다.}$$

■■■ 배수의 집합

$A_k : k$의 배수의 집합이라 하면

(1) $A_a \cap A_b = A_k \implies k$는 a, b의 최소공배수

(2) $A_a \cup A_b \subset A_k \implies k$는 a, b의 최대공약수

■■■ 유한집합의 원소의 개수

(1) $n(A \cup B) = n(A) + n(B) - n(A \cap B)$

(2) $n(A \cap B) = n(A) + n(B) - n(A \cup B)$

(3) $n(A^C) = n(U) - n(A)$

(4) $n(A - B) = n(A \cap B^C) = n(A) - n(A \cap B)$

■■■ 무한집합의 원소의 개수의 비교

두 무한집합 사이에 일대일 대응을 찾을 수 있으면 두 집합의 원소의 개수는 같다.

■■■ 포함 배제의 원리

여러 개의 집합이 있을 때, 그중 어느 것에도 포함되지 않은 원소의 개수를 구하는 일반적인 원리.

(1) 두 개의 집합에 대해서

$$n(A^C \cap B^C) = n(U) - n(A) - n(B) + n(A \cap B)$$

(2) 세 개의 집합에 대해서

$$n(A^C \cap B^C \cap C^C) = n(U) - n(A) - n(B) - n(C) + n(A \cap B) + n(B \cap C) \\ + n(C \cap A) - n(A \cap B \cap C)$$

(3) n개의 집합에 대해서

$$n(A_1{}^C \cap A_2{}^C \cap \cdots \cap A_n{}^C)$$
$$= n(U) - \sum_{i=1}^{n} n(A_i) + \sum_{1 \le i < j \le n} n(A_i \cap A_j) - \sum_{1 \le i < j < k \le n} n(A_i \cap A_j \cap A_k) \\ + \cdots + (-1)^n n(A_1 \cap A_2 \cap \cdots \cap A_n)$$

(1) 조건명제와 진리집합과의 관계

$p(x), q(x)$의 진리집합을 각각 P, Q라 할 때

① $p(x)$ 또는 $q(x)$의 진리집합 $\implies P \cup Q$

② $p(x)$ 그리고 $q(x)$의 진리집합 $\implies P \cap Q$

③ $\sim p(x)$의 진리집합 $\implies P^C$

(2) 필요조건과 충분조건

$p(x), q(x)$의 진리집합을 각각 P, Q라 할 때

① $p(x) \longrightarrow q(x)$가 참일 때, $P \subset Q$이다.

$p(x)$는 $q(x)$이기 위한 충분조건이고, $q(x)$는 $p(x)$이기 위한 필요조건이다.

② $p(x) \longrightarrow q(x)$와 $q(x) \longrightarrow p(x)$가 모두 참일 때, $P \subset Q, Q \subset P$

$p(x)$는 $q(x)$이기 위한 필요충분조건이다.

(3) 명제의 역 · 이 · 대우

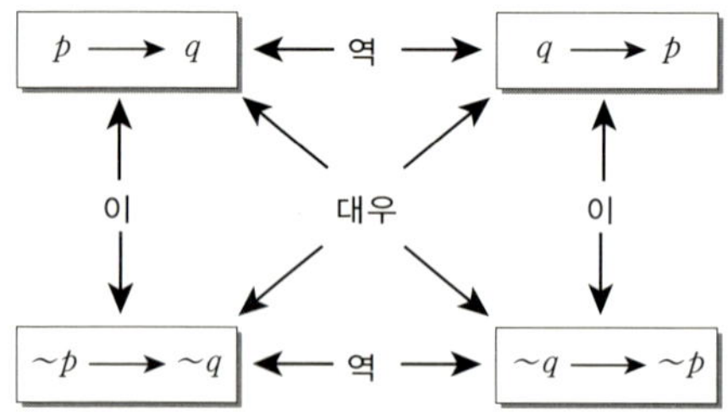

필수 논제 1 논리 – 러셀의 역설

1 갑이라는 사람은 "나는 거짓말쟁이다."라고 말한다. 갑은 거짓말쟁이인가 아니면 정직한 사람인가?

2 어떤 사람이 "시골 마을 A에는 자신들의 머리를 깎지 않는 모든 마을 사람들의 머리만 깎아 주는 한 이발사가 있다."라고 말했다. 이 말이 모순이 될 때와 그렇지 않을 때에 대하여 자세히 설명하시오.

문제 분석

러셀의 역설에 관한 문제이다. 러셀의 역설은 집합론이 내포하고 있는 모순을 지적하는 것으로서 이후 집합론 및 수학 전반에서 엄밀한 정의를 사용하게 하는 계기가 되었다. 이 문제는 주어진 명제들이 모순이라는 사실을 이해하고 왜 모순인지에 대해 논리적으로 잘 설명할 수 있는지를 보고자 하는 것이다.

예시 답안

1 갑이 거짓말쟁이라면 "나는 거짓말쟁이다."라는 문장은 거짓이다. 따라서 "나는 거짓말쟁이다."의 부정이 성립하므로 갑은 거짓말쟁이가 아니다. 모순이다.
반면에 갑이 거짓말쟁이가 아니라면 "나는 거짓말쟁이다."라는 문장은 참이다. 따라서 갑은 거짓말쟁이다. 모순이다.
그러므로 갑의 "나는 거짓말쟁이다."라는 말은 논리적인 모순이 발생한다. 즉, 갑이 거짓말쟁이인지 아닌지 알 수 없다.

2 만일 이발사가 자신의 머리를 깎는다면 그는 자기 자신의 머리를 깎는 사람이 된다. 따라서 그는 자신의 머리를 깎을 수는 없다. 또 만일 이발사가 자기 자신의 머리를 깎지 않는다면 그는 그가 깎아 주어야 할 마을 사람들의 집합에 속한다. 따라서 어느 경우든 그는 어느 쪽에도 속할 수 없다.

※ 앞의 두 답안은 다음과 같이 일반화할 수 있다.

자기 자신을 원소로 포함하지 않는 모든 집합의 집합을 Z, 즉 $Z=\{X \mid X \not\subset X\}$라 할 때, "$Z$는 자기 자신에 속하는가 또는 속하지 않는가?"라는 질문에 대하여 만일 Z가 Z에 속하지 않는다면 Z의 정의에 따라 Z는 자기 자신에 속한다. 또 Z가 Z에 속한다고 하면, Z의 정의에 따라 Z는 자기 자신에 속하지 않는다. 어느 경우든 모순에 도달한다.

무한집합의 원소의 개수 비교

자연수 집합의 원소의 개수가 많은가, 짝수 집합의 원소의 개수가 많은가?

〈 2001 아주대 정시 〉

무한집합의 원소의 개수를 비교하는 문제이다. 유한집합이건, 무한집합이건 두 집합의 원소의 개수는 일대일 대응을 시켜 보면 비교가 가능하다는 점이 포인트이다. 구술 시험이나 전공 적성 시험 등에 단골로 출제되는 주제이다.

임의의 자연수 n에 대하여 $f(n)=2n$은 일대일 대응이며 이 함수의 존재는 자연수의 개수와 짝수의 개수가 같음을 보여 준다.

이는 무한집합에서는 어떤 집합의 원소의 개수와 그 집합의 진부분집합의 원소의 개수가 같을 수 있다는 것의 한 예이다. "전체는 부분보다 크다."는 유클리드 시대부터 전해져 오는 명제는 유한집합에서만 성립함을 알 수 있다.

100명의 학생을 모집단으로 하여 실시한 두 번의 설문 조사 응답 현황이 아래 표에 소개되어 있다. 아래 표에 따르면 1차 설문에는 대상자 55명에게 설문지를 배포하여 이 중 40명이 설문에 응답하였고 15명은 설문 응답을 거부하였다.

설문 조사 응답 현황표

	1차	2차
응답자 수	40	a
무응답자 수	15	20
대상 예외자	45	b

이 두 번의 설문 조사에서 1차와 2차에 모두 응답한 사람은 30명이었고 2차에만 응답한 사람은 5명이었다.

1 2차 설문 응답자 수와 1차 설문에만 응답한 사람의 수를 구하는 과정을 설명하시오.

2 위 자료에서 한 번도 설문 조사에 참여하지 않은 사람 수의 최소값을 구할 수 있는지 논하시오.

〈 2006 이화여대 수시 1 〉

문제 분석

복잡한 형태의 교집합의 원소의 개수를 구하는 문제이다. 경우의 수를 셀 때와 마찬가지로 '빠짐없이 그리고 중복되지 않게'라는 원칙만 잘 지키면 초보적인 계산으로도 쉽게 풀 수 있다.

예시 답안

1 주어진 자료를 표로 나타내면 다음과 같다.

		2차			합계
		응답	무응답	대상 예외	
1차	응답	a_{11}	a_{12}	a_{13}	40
	무응답	a_{21}	a_{22}	a_{23}	15
	대상 예외	a_{31}	a_{32}	a_{33}	45
합계		a	20	b	100

여기서 1, 2차 모두 응답한 사람이 30명이므로 $a_{11}=30$이고, 2차에만 응답한 사람이 5명이므로 $a_{21}+a_{31}=5$이다.

위의 표에서 2차 설문 조사에 응답자 수는 $a=\sum_{k=1}^{3} a_{k1}=30+5=35$(명)이다.

1차 설문에만 응답한 사람의 수는 $a_{12}+a_{13}$이므로

$$a_{12}+a_{13}=\sum_{k=1}^{3} a_{1k}-a_{11}=40-30=10$$(명)이다.

2 $a=35$이고 $a+20+b=100$이므로 $b=45$이다.

		2차			합계
		응답	무응답	대상 예외	
1차	응답	$a_{11}=30$	a_{12}	a_{13}	40
	무응답	a_{21}	a_{22}	a_{23}	15
	대상 예외	a_{31}	a_{32}	a_{33}	45
합계		$a=35$	20	$b=45$	100

한 번도 조사 대상에 포함되지 않는 사람의 수 a_{33}이 최소가 되기 위해서는 a_{13}, a_{23}, a_{31}, a_{32}가 최대가 되어야 한다. 최대값을 구해 보면 $a_{13}=10$, $a_{31}=5$, $a_{23}=15$, $a_{32}=20$일 때 $a_{12}=a_{21}=a_{22}=0$이고 그때의 $a_{33}=20$이다. 따라서 한 번도 설문 조사에 참여하지 않은 사람의 최소값을 구할 수 있다.

> 수학자 칸토어는 수학의 본질은 자유로움에 있다고 했다. 우리는 연산을 반드시 수에 한정해서 사용할 필요는 없다. 또한 연산은 사칙 연산 외에도 자유롭게 정의할 수 있다.

우리가 두 집합 A, B에 대하여 연산 $\triangle$를 $A\triangle B=(A-B)\cup(B-A)$로 정의하자. 그러면 실수에서 곱셈과 마찬가지로 연산 $\triangle$는 교환법칙이 성립한다. 이런 식으로 연산이라는 관점에서 집합에서 연산 $\triangle$와 실수에서 곱셈과 유사한 성질 세 가지 이상 설명하시오.

문제 분석

대칭 차집합을 두 집합의 연산으로 볼 수 있다. 여기서 곱셈이라는 연산이 만족해야 하는 성질을 잘 알고 있다면 쉽게 접근할 수 있는 문제이다.

예시 답안

(ⅰ) 임의의 집합 A, B에 대하여 $A\triangle B$가 다시 집합이 되므로 연산 $\triangle$는 닫혀 있다.

(ⅱ) $(A\triangle B)\triangle C=A\triangle(B\triangle C)$가 성립하므로 결합법칙이 성립한다.

(ⅲ) 임의의 집합 A에 대하여 $A\triangle\phi=\phi\triangle A=A$이므로 연산 $\triangle$에 대한 항등원이 존재한다.

(ⅳ) 주어진 집합 A, B에 대하여 $A\triangle X=B$를 만족하는 집합 X를 구할 수 있다.

즉, $A\triangle X=B \implies A\triangle(A\triangle X)=A\triangle B$

$\implies (A\triangle A)\triangle X=A\triangle B$

$\implies \phi\triangle X=A\triangle B$

$\implies X=A\triangle B$

이므로 집합 X에 관한 일차방정식의 해를 구할 수 있다.

52장의 카드에서 5장을 뽑을 때 각 무늬가 적어도 하나씩 포함되어 있을 경우의 수를 구하시오.
(단, 카드는 스페이드, 하트, 다이아몬드, 클로버 4가지 무늬가 있다.)

문제 분석

포함 배제의 원리를 이용해야 하는 문제이다. 교과서에서 기본적인 포함 배제의 원리는 배우기 때문에 전혀 낯선 주제는 아니겠지만 집합의 개수가 3개 이상이 되면 계산이 복잡해지므로 일반적인 공식을 알아 둘 필요가 있다. 구술 문제로 출제될 가능성이 높은 주제이다.

예시 답안

전체집합 S는 5장으로 이루어진 집합이고 A_1, A_2, A_3, A_4, A_5는 S의 부분집합이다.

A_1은 스페이드가 없는 5장으로 이루어진 집합, A_2는 하트가 없는 5장으로 이루어진 집합, A_3은 다이아몬드가 없는 5장으로 이루어진 집합, A_4는 클로버가 없는 5장으로 이루어진 집합이라 하면 구하는 경우의 수는 $n(A_1{}^C \cap A_2{}^C \cap A_3{}^C \cap A_4{}^C)$이다.

S_k는 모든 k개의 A_i의 교집합의 크기의 합이라 하자.

$$S = {}_{52}C_5$$

$n(A_1)$은 스페이드가 없으므로 $52-13=39$(장) 중에서 5장을 뽑는 경우이므로 ${}_{39}C_5$이다.

$n(A_1 \cap A_2)$는 스페이드와 하트가 없으므로 $52-26=26$(장) 중에서 5장을 뽑는 경우의 수이므로 ${}_{26}C_5$이다.

이런 식으로 계산하면 다음이 성립한다.

$$n(A_1{}^C \cap A_2{}^C \cap A_3{}^C \cap A_4{}^C)$$
$$= n(S) - \sum_{i=1}^{4} n(A_i) + \sum_{1 \le i < j \le 4} n(A_i \cap A_j) - \sum_{1 \le i < j < k \le 4} n(A_i \cap A_j \cap A_k)$$
$$+ (-1)^4 n(A_1 \cap A_2 \cap A_3 \cap A_4)$$
$$= {}_{52}C_5 - 4\,{}_{39}C_5 + 6\,{}_{26}C_5 - 4\,{}_{13}C_5 + 0$$

9 이하의 서로 다른 자연수로 구성된 미지의 네 자리 수를 알아내기 위해 무작위로 네 자리 수를 다음과 같이 불러 보았다. 이때 수의 자리와 숫자가 동시에 맞으면 스트라이크(strike)를, 자리는 틀렸지만 숫자가 맞으면 볼(ball)을 선언하도록 했다.

A : 9412를 불렀다. 결과는 스트라이크 1개였다.

B : 3197을 불렀다. 결과는 스트라이크 1개, 볼 1개였다.

C : 5678을 불렀다. 결과는 스트라이크 1개, 볼 1개였다.

D : 8956을 불렀다. 결과는 볼 2개였다.

E : 1234를 불렀다. 결과는 볼 2개였다.

F : 6713을 불렀다. 결과는 스트라이크 1개, 볼 1개였다.

위의 정보들만으로 답안을 얻기 위해서는 정보들의 활용 순서가 중요하다. 정보를 활용한 순서와 함께(예 : B−C−F−D−A−E) 미지의 네 자리 수를 답하시오.

〈 2005 중앙대 수시 2 〉

문제 분석

주어진 정보를 분석하여 논리적 추론을 통해 결론을 이끌어 내는 전형적인 논리 문제이다. 이런 문제는 고등학교 수학 지식이 필요 없다. 논리적 추론 능력만 있으면 누구나 쉽게 풀 수 있다.

예시 답안

D, E를 보면 5, 6, 8, 9 네 개의 수 중 두 개가 있어야 하고, 1, 2, 3, 4 네 개의 수 중에서 두 개가 있어야 한다는 사실과 함께 7은 없어야 한다는 사실을 알 수 있다.
C를 보면 7은 이미 제외되었으므로 5, 6, 8 중 두 개가 있어야 하는데 그러면 9도 제외되어야 한다는 사실을 알 수 있다.

B를 보면 9와 7이 이미 제외되었으므로 1, 2, 3, 4 네 개의 수 중 1, 3이 반드시 포함되어야 한다는 사실을 알 수 있다.

F를 보면 1, 3이 반드시 포함되어야 하므로 6, 7은 제외되어야 한다는 사실을 알 수 있다.

A를 보면 1은 세 번째 자리에 있어야 한다는 것을 알 수 있다.

다시 B를 보면 1은 다른 자리에 있고 3이 첫 번째 자리에 있어야 한다는 것을 알 수 있다.

다시 C를 보면 5는 엉뚱한 자리에 있고 8이 네 번째 자리에 있음을 알 수 있다.

이상으로부터 숫자 배열은 3518임을 알 수 있다.

※ 예시 답안과 다른 순서로 접근할 수도 있다. 예를 들면 먼저 C와 E를 보고 9가 없어야 함을 알 아낼 수 있다.

집합의 여러 기호들은 어떻게 생겨났을까?

{ } : 1895년에 독일의 수학자 칸토어가 발표한 논문에 처음으로 쓰였다.

　집합 자체는 A, B, C, ⋯ 등 알파벳 대문자를, 원소를 나타낼 때에는 a, b, c, ⋯ 등 알파벳 소문자를 사용한다.

∈ : 1903년 영국의 수학자이자 철학자인 러셀에 의해 처음 사용되었다. 원소를 뜻하는 영어 '엘리먼트(Element)'의 첫 글자 E에서 따 온 것이다.

ϕ : 공집합을 나타내는 기호로 프랑스의 수학자 베일이 노르웨이어 알파벳의 문자 중 하나인 **Ø**를 도입한 것이었다. 그러다가 활자를 구하기 어려워 그리스어 알파벳인 ϕ가 쓰이게 되었다. 이 기호는 '영(0)이 아니다.(/)'를 결합하여 만들었다는 설도 있다.

⊂, ⊃ : 부분집합을 나타내는 기호로 1898년 이탈리아의 수학자 페아노가 처음으로 도입하였다. 이것은 포함하다라는 뜻의 영어 컨테인(Contain)의 첫 자 C에서 비롯되었다.

∪, ∩ : 이 기호의 원조는 알려져 있지 않지만 1877년 이탈리아의 수학자가 처음으로 사용한 논리기호 ∧, ∨에서 발전, 변형된 것으로 본다.

∪ : 전체집합이란 의미의 영어 유니버설 셋(Universal set)의 첫 글자 U에서 비롯되었다.

C : 여집합을 뜻하는 영어 컴플리먼트(Complement)의 첫 글자 C에서 비롯되었다.

13명의 회원으로 구성된 어느 모임에서 모든 회원의 생일에 파티를 한다면 두 사람 이상의 생일 파티를 하는 달이 반드시 있게 된다. 또한 11마리의 비둘기가 구멍이 10개가 있는 비둘기 집에 들어간다면 두 마리 이상의 비둘기가 들어가는 구멍이 반드시 있게 된다. 이것을 비둘기집의 원리라고 한다.

1 한 변의 길이가 4m인 정사각형 모양의 방 안에 5명의 학생들이 앉아 있을 때, 두 사람 사이의 거리에 대하여 비둘기집의 원리를 적용해 보시오.

2 좌표평면 위에 5개의 정수점이 있다. 5개 중 서로 다른 두 점의 중점들을 잡으면, 이 중점들 중에서 정수점이 반드시 존재함을 어떻게 설명할 수 있을까?

3 m마리의 비둘기와 n개의 비둘기집이 있다면 비둘기집의 원리가 어떻게 확장되겠는가?

4 문제 **3**을 이용하여 넓이가 S인 $\triangle ABC$가 주어져 있다. $\triangle ABC$의 내부에 어느 세 점도 동일 직선 사이에 있지 않은 임의의 9개의 점을 잡으면, 이들 중 세 점을 잡아서 만든 삼각형 중에는 그 넓이가 $\dfrac{1}{4}$ 이하인 것이 적어도 하나 존재함을 설명해 보시오.

〈 2005 중앙대 수시 2 〉

문제 분석

비둘기집의 원리를 이용하는 문제이다. 비둘기집의 원리는 수학 교과서 혹은 참고서에 간략히 소개되어 있거나 아예 없는 경우가 많다. 다소 생소한 주제일 수 있지만 구술 문제 등으로 출제될 수 있으므로 대비를 해 두도록 하자.

예시 답안

1 한 변의 길이가 4m인 정사각형의 각 변의 중점을 잡은 후 연결하면, 한 변의 길이가 2m

인 작은 정사각형이 4개 만들어진다. 따라서 비둘기집의 원리에 의해 2명의 학생이 앉아 있는 작은 정사각형이 반드시 존재한다. 이때 작은 정사각형의 대각선의 길이는 $2\sqrt{2}$이다. 그러므로 두 사람 사이의 거리가 $2\sqrt{2}$보다 크지 않은 한 쌍이 반드시 존재한다.

2 좌표가 정수인 점 (a, b)는 다음 집합 중 한 집합의 원소이다.

$A_1 = \{(a, b) \mid a$는 짝수, b는 짝수$\}$, $A_2 = \{(a, b) \mid a$는 짝수, b는 홀수$\}$

$A_3 = \{(a, b) \mid a$는 홀수, b는 짝수$\}$, $A_4 = \{(a, b) \mid a$는 홀수, b는 홀수$\}$

그러므로 비둘기집의 원리에 의해 5개의 정수점 중 2개는 위 4개의 집합 중 같은 집합에 속한다. 따라서 그 두 점을 (a, b), (c, d)라고 하면 두 점의 x좌표 a, c는 모두 짝수이거나 홀수가 되고, 이 경우 그 합은 짝수가 되므로 중점의 x좌표 $\dfrac{a+c}{2}$는 다시 정수가 된다. y좌표도 마찬가지이다. 따라서 (a, b), (c, d)의 중점은 다시 정수점이 된다.

3 $\langle x \rangle$를 x보다 작지 않은 정수 중 최대 정수라고 정의하자.

예를 들면 $\langle 3.4 \rangle = 4$, $\langle 2 \rangle = 2$, $\langle -1.2 \rangle = -1$ 등이다. 이 정의를 이용한다면 확장된 비둘기집의 원리는 다음과 같다.

m마리의 비둘기와 n개의 비둘기집이 있다면, $\left\langle \dfrac{m}{n} \right\rangle$마리의 비둘기가 들어 있는 집이 적어도 하나 존재한다.

4 넓이가 S인 $\triangle ABC$의 각 변의 중점을 서로 연결하면, 넓이가 $\dfrac{1}{4}S$인 작은 삼각형이 4개가 만들어진다. 따라서 문제 **3**의 확장된 비둘기집의 원리에 따라 $\triangle ABC$의 내부에 임의의 9개의 점을 잡으면 $\left\langle \dfrac{9}{4} \right\rangle = 3$(개)의 점을 포함하는 작은 삼각형이 반드시 존재하게 되고, 그 세 점을 꼭지점으로 하는 삼각형은 넓이는 $\dfrac{1}{4}S$ 이하가 된다.

 **비둘기집의 원리(Pigeonhole Principle)**

1 단순 비둘기집의 원리

$n+1$마리의 비둘기를 n개의 비둘기 집에 넣을 때, 2마리 이상 들어간 집이 반드시 있다.

〈증명〉 증명은 귀류법으로 한다. 만약 모든 비둘기집에 1마리 이하의 비둘기만 있다면 전체 비둘기집에 최대 n마리의 비둘기들이 들어 있다. 그러나 원래 $n+1$마리의 비둘기들이 있으므로 가정에 모순이 있다. 따라서 적어도 어느 한 비둘기집에는 2마리 이상의 비둘기가 들어 있다.

※ 비둘기집 원리는 어느 상자에 2개 이상의 물건이 있는지 아는 데는 아무 도움이 되지 않고, 단지 그런 상자의 존재성을 보장할 따름이다.

2 변형된 비둘기집의 원리

n개의 정수 $m_1, m_2, \cdots, m_n$의 평균 $\dfrac{m_1+m_2+\cdots+m_n}{n}$이 정수 r보다 크면, 이들 중 적어도 한 정수는 $r+1$ 이상이다.

〈증명〉 귀류법을 사용한다. 만약 모든 i에 대하여 $m_i \leq r$이면,

$$m_1+m_2+\cdots+m_n \leq nr$$ 가 되고 $\dfrac{m_1+m_2+\cdots+m_n}{n} \leq r$이므로 모순이다.

3 중요 비둘기집의 원리

m마리의 비둘기가 n개의 비둘기집에 있으면 적어도 k마리 이상 있는 집이 있다.

$$k=\begin{cases} \dfrac{m}{n} & (n \text{이 } m \text{을 나눌 때}) \\ \dfrac{m}{n}+1 & (n \text{이 } m \text{을 나누지 않을 때}) \end{cases}$$

〈증명〉 $A_1, A_2, \cdots, A_n$은 n개의 비둘기집이고, 비둘기집 A_i에 있는 비둘기의 마리 수를 a_i $(i=1, 2, \cdots, n)$

이라 하고 $\displaystyle\sum_{i=1}^{n} a_i = m$이라 하자.

(ⅰ) n이 m을 나눌 때 만약 $a_i < \dfrac{m}{n}$ $(i=1, 2, \cdots, n)$이면 $\displaystyle\sum_{i=1}^{n} a_i < m$은 가정에 모순이다.

따라서 $a_i \geq \dfrac{m}{n} = k$인 상자 A_i가 존재한다.

(ⅱ) n이 m을 나누지 않을 때 m을 n으로 나눌 때 몫 q, 나머지 r가 존재한다.

즉, $m=nq+r$ $(0<r<n)$이고 $q=\dfrac{m}{n}$이다. 만약 모든 i $(i=1, 2, \cdots, n)$에 대하여 $a_i < \dfrac{m}{n}+1$ 즉 $a_i \leq \dfrac{m}{n} = q$이면 $\displaystyle\sum_{i=1}^{n} a_i \leq nq$이다. 그러나 $\displaystyle\sum_{i=1}^{n} a_i = m = nq+r$는 모순이다.

따라서 $a_i \geq \dfrac{m}{n}+1 = k$인 비둘기집 A_i가 존재한다.

연습 논제

1

> 무한집합 A가 셀 수 있는 집합이라는 말은 A의 모든 원소들을 빠짐없이 순서를 줄 수 있다라는 뜻이다. 엄밀히 수학적으로 이야기하면 자연수 집합 N에서 A로의 일대일 대응이 존재한다는 뜻이다. 예를 들면 $f(n) = -n$은 자연수 전체의 집합 N에서 음의 정수 전체의 집합으로의 일대일 대응이므로 음의 정수 전체의 집합은 셀 수 있는 집합이다. 실수 전체의 집합은 셀 수 없는 집합이라는 사실이 알려져 있다.

(1) 정수 전체의 집합은 셀 수 있는 집합인지 아닌지 설명하시오.

(2) 좌표평면에서 제1사분면 위에 있는 정수점들의 집합은 셀 수 있는 집합인지 아닌지 설명하시오.

2

서로 다른 r개의 물건을 적어도 한 상자가 빈 서로 다른 5개의 상자에 분배하는 방법의 수를 구하시오.

3

한 호텔의 2층에 방이 1, 2, 3, 4호실 4개가 있고, 현재 모두 손님이 투숙 중이다. 호텔방은 어른들의 경우 최대 2명까지 투숙이 가능하다. 다음의 사실로부터 3호실에 투숙한 어른과 아이의 수를 구하시오.

> (가) 모든 방마다 어른의 수가 아이의 수보다 적지 않다.
> (나) 한 방을 제외하고 나머지 방의 사람 수는 모두 홀수이다.
> (다) 방 번호가 짝수인 방 중 하나에는 아이가 없다.
> (라) 짝수 번호 방에 투숙한 사람의 총수는 4명이다.
> (마) 만일 1호실에 아이가 있다면 3호실에도 아이가 있다.
> (바) 어른의 총수는 아이들의 총수의 2배이다.
> (사) 4호실 사람의 수가 3호실보다 많다.

〈 2003 중앙대 정시 변형 〉

4

1985명이 참가한 어느 국제 회의에서 모든 사람은 많아야 5개의 언어를 알고 있었으며, 어느 세 사람이 모여도 그중 적어도 2명은 같은 언어를 알고 있었다. 그러면 적어도 200명의 참가자가 같은 언어를 알고 있음을 증명하시오.

5

어떤 조직에 $n(n \geq 5)$명의 회원이 있고 3명의 회원으로 구성된 $(n+1)$개의 위원회가 있다. 어느 두 위원회도 전원이 같은 회원으로 구성되어 있지는 않다고 한다. 이때 1명의 회원만을 공유하는 2개의 위원회가 있음을 증명하시오.

6

지구촌의 특정한 17개국의 국방 담당 대표에 관한 이야기이다. 각 나라의 국방 담당 대표는 각기 다른 16개 나라의 국방 담당 대표와 세 가지의 서로 다른 핵무기에 관한 문제점 X, Y, Z를 인터넷 이메일을 통하여 서로 논의를 한다. 국제 관계의 미묘함으로 인해서 어느 두 나라의 대표도 하나의 문제만을 거론할 수밖에 없다. 예컨대 "한국의 국방부 장관과 일본의 방위청(＝국방부) 장관은 문제점 X만을 논의하고, 북한의 인민 무력 부장은 일본의 방위청 장관과 문제점 Y만을 논의하고 ……"하는 식으로 말이다. 이제 서로 같은 문제점만 가지고 논의를 하는 국방 담당 대표 3인이 반드시 있음을 증명하시오.

2장
수와 식

◈ 출제 경향

수와 식은 모든 수학 계산에서 가장 기초적이고 필수적인 개념이다. 수와 식은 그 자체로 논술 시험의 주요한 논제는 아니지만 집합과 논리와 마찬가지로 기초적인 단원이므로 충실히 공부해 두어야 한다.

통합형 수리 논술에서는 사회 현상이나 자연 현상의 분석과 관련하여 비례식, 부정방정식, 산술기하 부등식, 약수와 배수 등이 출제될 가능성이 크다. 교과 과정에 나오는 기본적인 내용을 마스터한 다음, 이와 연관된 통합형 수리 문제를 되도록 많이 풀어 보는 것이 가장 확실한 대비 전략이다.

실수 개념이 정립되기 전에 허수가 탄생했다!

역사적으로 수 개념은 다음과 같은 순서로 확장되어 갔다.

자연수 (원시 시대)
음수와 0 (5,500년 전)
분수 (4,500년 전)
무리수 (2,500년 전, 그리스 시대)
소수 (16세기)
허수와 복소수 (16세기)

이와 같은 수의 확장은 방정식의 해를 구하는 과정에서 어떠한 경우에도 해가 존재하고 사칙연산과 제곱근 계산에 대해 닫혀 있도록 하려는 수학적 노력과 관련되어 있다.

즉, 자연수는 $3+x=6$과 같은 방정식의 해로서 필요했고, 0은 $4+x=4$, 음수는 $5+x=3$, 분수는 $4x=1$ 등의 방정식의 해를 구하는 과정에서 탄생했다고 볼 수 있다. 또한 무리수는 $x^2=2$, 허수는 $x^2=-1$ 또는 $x^3=1$ 등의 방정식의 해가 방정식의 차수만큼 존재하도록 하는 과정에서 탄생한 것이다.

그런데 유리수에서 실수로의 확장은 '한 직선 위의 점들을 크기 순서대로 빈틈없이 늘어놓을 수 있다.'는 실수의 연속화 혹은 완비성을 기하는 속에서 이루어졌다. 허수 개념이 생긴 지 한참 뒤인 19세기에 들어서야 실수 개념이 완벽하게 다듬어졌다는 것은 예상 밖의 놀라운 사실이다.

이처럼 수 개념의 확장은 방정식 이론의 발전과 밀접한 연관을 갖고 진행되어 왔는데 방정식 이론에서 결정적인 비약은 대수학에 기호와 식이 도입되면서부터였다.

덧셈($+$), 뺄셈($-$), 곱셈($\times$), 나눗셈($\div$)과 같은 연산 기호와 제곱근($\sqrt{}$), 등호($=$)와 부등호($>$, $<$) 같은 기호들은 제 각각 다른 학자들에 의해 시차를 두고 쓰여지다가 16세기에 프랑스 수학자 비에트에 의해 이러한 기호들이 총정리되어 대중화되기 시작하였다.

비에트[1]는 사칙연산 기호뿐만 아니라 소수의 표기법, 분수를 표시하는 가로줄을 정립했으며, 오늘날에 사용하는 문자 계수 방정식을 처음으로 사용하였다. 거듭제곱의 표식도 비에트에 의해 개발되었다. 이후 데카르트는 비에트의 이러한 시도를 토대로 오늘날에도 사용되고 있는 이차방정식의 일반형 $ax^2+bx+c=0$을 고안하였다.

---

1) 비에트(1540~1603) 프랑스의 수학자. 1591년에 출간한 『해석학 입문』을 통해 처음으로 대수를 기호적으로 다루었으며 삼차방정식을 중심으로 방정식 일반의 풀이를 제안함으로써 17세기 해석기하학 전개의 기초를 확립하는 데 공헌하였다.

■■■ 비례식

(1) $x : y : z = a : b : c \implies x = ak, y = bk, z = ck$

(2) $\dfrac{a}{b} = \dfrac{c}{d} = \dfrac{e}{f} \implies \dfrac{a+c+e}{b+d+f} = \dfrac{pa+qc+re}{pb+qd+rf}$ (단, $b+d+f \neq 0$, $pb+qd+rf \neq 0$)

를 **가비의 리**라 한다.

■■■ 복소수

(1) 제곱하면 -1이 되는 새로운 수를 i로 나타내고 이를 **허수단위**라고 한다.

   ① $i^2 = -1$, $i = \sqrt{-1}$

   ② $a > 0$일 때 $\sqrt{-a} = \sqrt{a}\,i$, $-a$의 제곱근은 $\pm\sqrt{a}\,i$

(2) a, b가 실수일 때 $a + bi$ 꼴의 수를 **복소수**라 하고, a를 **실수부**, b를 **허수부**라고 한다.

$$\text{복소수 } (a+bi) \begin{cases} \text{실수 } (b=0) \\ \text{허수 } (b \neq 0) \cdots \text{순허수 } (a=0, b \neq 0) \end{cases}$$

(3) 허수의 특징

   ① $(\text{순허수})^2 < 0$

   ② 양, 음, 대소 관계가 없다.

■■■ 소수

(1) 1보다 큰 자연수 p가 1과 자기자신만을 양의 약수로 가질 때, p를 **소수**라고 부른다. 1도 아니고 소수도 아닌 자연수를 **합성수**라고 한다.

(2) 자연수 N이 $N = p^a q^b \cdots r^c$으로 소인수분해되면

   양의 약수의 개수 : $(a+1)(b+1)\cdots(c+1)$

   양의 약수의 합 : $(1+p+\cdots+p^a)(1+q+\cdots+q^b)(1+r+\cdots+r^c)$

$$= \frac{p^{a+1}-1}{p-1} \cdot \frac{q^{b+1}-1}{q-1} \cdot \frac{r^{c+1}-1}{r-1}$$

■■■ 유클리드 호제법

$a \geq b > 0$일 때,

$a = qb + r \ (q, r \in Z) \implies \gcd(a, b) = \gcd(b, r)$

■■■ n차 방정식의 근과 계수와의 관계 (비에타 정리)

n차 방정식 $a_n x^n + a_{n-1} x^{n-1} + \cdots + a_1 x + a_0 = 0 \ (a_n \neq 0)$의 근을 $\alpha_1, \alpha_2, \cdots, \alpha_n$이라 하면

$$\alpha_1 + \alpha_2 + \cdots + \alpha_n = -\frac{a_{n-1}}{a_n}$$

$$\alpha_1 \alpha_2 + \alpha_1 \alpha_3 + \cdots + \alpha_{n-1} \alpha_n = \frac{a_{n-2}}{a_n}$$

$$\vdots$$

$$\alpha_1 \alpha_2 \cdots \alpha_n = (-1)^n \frac{a_0}{a_n}$$

이 성립한다.

■■■ 특수 부등식

(1) $a > 0, \ b > 0, \ c > 0$일 때,

① $\dfrac{a+b}{2} \geq \sqrt{ab} \geq \dfrac{2ab}{a+b}$ (단, 등호는 $a = b$일 때 성립)

② $\dfrac{a+b+c}{3} \geq \sqrt[3]{abc}$ (단, 등호는 $a = b = c$일 때 성립)

(2) 문자들이 실수일 때,

① $(a^2 + b^2)(x^2 + y^2) \geq (ax + by)^2 \left(\text{단, 등호는 } \dfrac{x}{a} = \dfrac{y}{b} \text{일 때 성립}\right)$

② $(a^2 + b^2 + c^2)(x^2 + y^2 + z^2) \geq (ax + by + cz)^2 \left(\text{단, 등호는 } \dfrac{x}{a} = \dfrac{y}{b} = \dfrac{z}{c} \text{일 때 성립}\right)$

봄에 나는 나비는 작년에 왔던 그 나비가 아니지만, 여름에 우는 매미는 몇 년 전에 태어난 놈이다. 매미는 나비와 달리 유충 시절이 매우 길다. 우리나라에서 가장 흔히 보는 참매미를 비롯하여 대부분의 매미는 평균 4~6년을 땅 속에서 굼벵이로 유충 시절을 보낸다.

북아메리카에 사는 17년 매미(Magicicada septendecem)는 유충 시절이 매우 길다. 이름 그대로 수명이 17년짜리다. 예전에는 이 매미의 수명이 미국 북부에서는 17년, 남부에서는 13년으로 알려졌는데, 최근 연구 결과 17년살이 3종과 13년살이 3종이 있는 것으로 밝혀졌다.

올 여름, 미국은 이 17년 매미 때문에 굉장히 시끄러울 것으로 보인다. 지난 17년 동안 조용했던 17년 매미가 그동안 어두운 땅 속에서 굼벵이로 살면서 참고 참았던 답답함을 울음으로 내지를 것이 뻔하기 때문이다. 오는 5월부터 기를 쓰고 울어 댈 이 매미는 17년 전인 1987년에 태어난 세대로, 그 아들 세대는 17년 뒤인 2021년에 나타날 것이다.

그렇다고 17년 매미의 울음소리를 17년마다 들을 수 있다는 뜻은 아니다. 1987년 생을 올해 볼 수 있다는 것이다. 1986년생은 작년에 울다가 이미 죽었고, 1988년생은 울기 위해 내년에 기어 나올 것이다. 13년살이도 1991년생을 올해 볼 수 있고, 1990년생은 작년에 이미 보았으며, 1992년생은 내년에 보게 될 것이다.

17년살이에는 적어도 13동기(Brood, 동시에 발생하는 무리)가 있고, 13년살이에는 5동기가 있다. 가장 최근의 동기 IX는 작년 봄에 웨스트 버지니아, 버지니아, 노스캐롤라이나에 나타났다.

올해는 '빅 브루드(Big Brood)'라 불리는 동기 X이 나타날 차례로, 버지니아와 노스캐롤라이나 지역을 중심으로 동쪽으로 뉴저지와 뉴욕, 서쪽으로 테네시를 지나 미주리까지, 남쪽으로 조지아, 북쪽으로 오하이오와 미시건까지 확산될 전망이다.

올해 갑자기 미국에서 17년 매미가 문제가 되는 것은 17년살이인 종과 13년살이인 종의 출현 시기가 겹치기 때문이다. 17년살이와 13년살이의 '빅 브루드'가 올해에 겹친다는 뜻이다. 그러니까 17년살이와 13년살이의 대합창을 미국이 한창 독립

전쟁을 벌이던 1783년 이래 221년 만에 듣게 되는 것이다.

테네시 대학에서 곤충 및 식물 병리학을 연구하고 있는 패리스 램딘 교수는 "올해는 두려움의 해다. 몇 년 전 내쉬빌 근처에 나타났지만, 이번에는 차원이 다를 것이다."고 전망했다. 올해 17년 매미는 다른 매미보다 훨씬 수가 많을 뿐 아니라, 일부 피해 지역은 1에이커당(63m × 63m 정도의 넓이) 1백만 마리 정도가 들끓을 것으로 예상된다는 것이다. 또 악을 쓰고 울어 대는 그 시끄러운 소음을 견딜 수 없는 것은 물론 매미는 본디 잘 날지 못하는 곤충이기 때문에 이리저리 날다가 아무 데나 부딪히는 놈들이 많아 예상치 못한 사건이 발생할 것으로 우려되고 있다.

위의 제시문에서는 수명이 17년, 13년짜리 북아메리카 매미들이 소개되어 있는데, 우리나라의 매미들은 수명이 보통 5년, 7년, 11년이라고 한다. 왜 매미들의 수명은 위와 같은 수로 되었을까를 생각해 보자. 만약 매미들의 수명이 위의 주기보다 1년씩 긴 경우를 가정하여 원래 경우와 비교했을 때, 번식 주기가 2년인 천적과의 관계는 어떠한지 서술해 보시오.

〈 2006 동국대 수시 1 변형 〉

문제 분석

매미와 천적이 만나는 주기는 두 개체의 수명 주기의 최소공배수가 되므로 매미의 수명 주기가 소수가 될 때 매미와 천적이 만나는 주기가 길어진다는 점에 주목해야 한다.

예시 답안

매미와 천적의 주기가 a, b $(a \neq b)$일 때, 번식기가 일치했던 해로부터 그 다음으로 다시 일치하는 해까지의 기간은 a와 b의 최소공배수이다. 따라서 다음 표에서 알 수 있듯이, 천적의 주기가 2년일 때, 매미의 주기가 6년이라면, 매미와 천적은 6년마다 만나고, 매미의 주기가 8년이라면 8년마다 만난다. 그러나 매미의 주기가 5년이라면 10년마다 만나고, 7년이라면 14년마다 만난다. 즉, 주기가 6년에서 5년으로 줄어들면, 천적과 만나는 기간은 오히려 길어진다. 이것은 5가 1과 자신만을 약수로 갖는 소수이기 때문이다.

천적의 주기	매미의 주기	매미와 천적이 만나는 주기
2년	6년	6년
	8년	8년
	10년	10년
	5년	10년
	7년	14년
	13년	26년

이에 대한 해석 중 하나는 매미가 천적을 피하기 위해 주기가 소수가 되도록 적응해 왔다는 설이다. 주기가 소수가 되면 천적과 만날 가능성을 가급적 줄일 수 있기 때문이다. 한 예로, 매미의 주기가 6년이고 천적의 주기가 2년 또는 3년이라면 매미와 천적은 6년마다 만나게 된다. 또 주기가 4년인 천적과는 12년마다 만나게 된다. 그렇지만 매미의 주기가 5년이라면, 주기가 2년인 천적과는 10년마다, 주기가 3년인 천적과는 15년마다, 또 4년인 천적과는 20년마다 만난다. 즉 주기가 6년에서 5년으로 줄어들면 도리어 천적과 만나는 간격은 길어진다. 5는 1과 자기 자신만을 약수로 갖는 소수이기 때문이다.

※ 소수 주기와 관련된 또 다른 설도 있다. 매미들의 출현 주기가 겹치게 되면 먹이를 둘러싼 경쟁이 치열해지므로 가능하면 여러 종의 매미가 동시에 출현하지 않도록 진화했다는 것이다.

소수는 어떻게 분포하는가?

기원전 300년경 유클리드는 소수가 무한히 많다는 것을 귀류법을 이용하여 증명하였다.

그렇다면 소수가 어떻게 분포되어 있는가? 자연수를 따라 진행해 나아가면 처음에는 소수가 매우 많이 나타난다. 그러나 그 이후에는 소수가 드물게 나타난다. 보기를 들면 9999900과 10000000 사이에는 아홉 개의 소수가 있지만 그 다음 10000000부터 10000100까지의 100개의 정수 중에는 10000019와 10000079의 단 두 개의 소수가 있을 뿐이다. 어떤 수보다 작은 소수의 개수를 처음으로 예측한 사람은 가우스와 르장드르이다. 1과 x 사이에 존재하는 소수의 개수를 함수 $\pi(x)$라고 하면,

$$\pi(x) = \lim_{x \to \infty} \frac{x}{\log_e x},$$ 여기서 e는 $e = \lim_{n \to \infty} \left(1 + \frac{1}{n}\right)^n$으로 정의되는 수로 약 2.718 정도이다. 즉, x가 클수록 $\pi(x)$는 $\frac{x}{\log_e x}$에 가까워진다.

다음 식이 성립한다고 한다. 규칙성 및 일반화에 초점을 맞추어 주어진 식과 관련된 수학적 사실을 자유롭게 논술하시오.

$$4=1^2-2^2-3^2+4^2=2^2-3^2-4^2+5^2=3^2-4^2-5^2+6^2$$

〈 2006 고려대 논술 예시 〉

문제 분석

주어진 식의 규칙성을 파악하여 일반적인 식을 추론할 수 있는지 묻고 있다. 그리고 그 추론을 바탕으로 창의적인 사고를 하여 한층 더 일반화된 규칙성을 찾아내는 능력이 필요하다.

예시 답안 (1)

$$4=1^2-2^2-3^2+4^2=2^2-3^2-4^2+5^2=3^2-4^2-5^2+6^2 \qquad \cdots\cdots ㉠$$

여기에 다음과 같은 등식이 계속 이어질 것으로 추측된다.

$$=4^2-5^2-6^2+7^2=5^2-6^2-7^2+8^2=6^2-7^2-8^2+9^2=\cdots$$

실제로 계산을 통하여 위의 각 식의 값은 4로 일정함을 확인할 수 있다. 이들 식은 일반식

$$4=n^2-(n+1)^2-(n+2)^2+(n+3)^2 \ (단, n=1, 2, \cdots) \qquad \cdots\cdots ㉡$$

으로 표현할 수 있는데, 실제로 n에 관계없이 그 값이 4로 일정함을 다음과 같이 알 수 있다.

$$(우변)=[n^2-(n+1)^2]-[(n+2)^2-(n+3)^2]$$
$$=(-1)(2n+1)-(-1)(2n+5)=4$$

㉡은 자연수 4의 매우 특수한 성질을 보여 주고 있다. 즉, 4는 임의의 연속된 네 자연수의 제곱의 합 또는 차로 표현할 수 있음을 알 수 있다.

4에 대한 성질이 다른 자연수에는 어떤 식으로 확장되는지 알아보자.

먼저, ㉡의 양변에 2^2을 곱하면 16에 대한 일반식

$$16=(2n)^2-(2n+2)^2-(2n+4)^2+(2n+6)^2 \ (단, n=1, 2, \cdots)$$

을 얻고 좀 더 일반적으로 양변에 k^2을 곱하면 일반식

$$(2k)^2=(nk)^2-(nk+k)^2-(nk+2k)^2+(nk+3k)^2 \ (단, k, n=1, 2, \cdots)$$

을 얻는다. 이 식으로부터 임의의 짝수의 제곱은 등차수열을 이루는 네 자연수의 제곱의 합과 차로 표현할 수 있음을 알 수 있다.

$$4=1^2-2^2-3^2+4^2=2^2-3^2-4^2+5^2=3^2-4^2-5^2+6^2 \quad \cdots\cdots ㉠$$

여기에 다음과 같은 등식이 계속 이어질 것으로 추측된다.

$$=4^2-5^2-6^2+7^2=5^2-6^2-7^2+8^2=6^2-7^2-8^2+9^2=\cdots$$

실제로 계산을 통하여 위의 각 식의 값은 4로 일정함을 확인할 수 있다. 이들 식은 일반식

$$4=n^2-(n+1)^2-(n+2)^2+(n+3)^2 \ (\text{단}, n=1, 2, \cdots) \quad \cdots\cdots ㉡$$

으로 표현할 수 있는데, 실제로 n에 관계없이 그 값이 4로 일정함을 다음과 같이 알 수 있다.

$$(\text{우변})=[n^2-(n+1)^2]-[(n+2)^2-(n+3)^2]$$
$$=(-1)(2n+1)-(-1)(2n+5)=4$$

㉡을 반복하여 적용하면 **임의의 4의 배수는 연속된 자연수의 제곱의 합과 차로 표현할 수 있음**을 알 수 있다. 예를 들어,

$$8=4+4=(1^2-2^2-3^2+4^2)+(5^2-6^2-7^2+8^2)=\cdots$$

이에 착안하여 4의 배수가 아닌 자연수들에 대해서도 알아보면 다음과 같다.

먼저, $-3=1^2-2^2$과 ㉡을 반복적으로 이용하면 다음과 같이 임의의 $4N+1$꼴의 자연수도 연속된 자연수의 제곱의 합과 차로 표현할 수 있음을 알 수 있다.

$$1=-3+4=(1^2-2^2)+(3^2-4^2-5^2+6^2)$$
$$5=1+4=(1^2-2^2+3^2-4^2-5^2+6^2)+(7^2-8^2-9^2+10^2)$$
$$\vdots$$

또 $3=-1^2+2^2$과 ㉡을 반복적으로 이용하면 임의의 $(4N+3)$꼴의 자연수도 연속된 자연수의 제곱의 합과 차로 표현할 수 있음을 알 수 있다.

$$7=3+4=(-1^2+2^2)+(3^2-4^2-5^2+6^2)$$
$$11=7+4=(-1^2+2^2)+(3^2-4^2-5^2+6^2)+(7^2-8^2-9^2+10^2)$$
$$\vdots$$

이제 마지막 남은 $4N+2$꼴의 자연수에 대한 것은 결국 "2를 연속된 자연수의 제곱의 합과 차로 표현할 수 있는가?"하는 문제로 귀결된다. 이것은 문제이므로 여기서는 문제 제기로 그친다.

연습 논제

1

정수에서 나눗셈의 결과가 항상 정수인 것은 아니다. 따라서 나눗셈 연산을 가능하게 하기 위해서는 정수를 유리수로 확장해야 한다. 또한 밑변의 길이와 높이가 각각 유리수인 직각삼각형에서 빗변의 길이가 항상 유리수인 것은 아니다. 따라서 유리수를 확장한 실수가 필요하게 된다. 이러한 관점에서 복소수는 왜 필요한지 설명하시오. 그리고 복소수의 성질 중에서 실수의 성질과 구별되는 것 세 가지를 찾아서 예를 들어 설명하시오.

〈 2006 고려대 수시 1 〉

2

> 다음은 우리가 일상적으로 사용하는 복사 혹은 인쇄 용지로 사용되는 종이들의 이름과 규격이다.
>
> A4 용지는 가로가 210mm, 세로가 297mm이다.
> A3 용지는 가로가 297mm, 세로가 420mm이다.
> B4 용지는 가로가 257mm, 세로가 364mm이다.
> B5 용지는 가로가 182mm, 세로가 257mm이다.
>
> 이 종이들은 가로 세로의 비율이 2 : 3 혹은 3 : 4 등의 정수비가 되지 않는다. 얼핏 보면 왜 이렇게 간단한 비율로 종이를 만들지 않았을까 하는 의문이 든다.

(1) 위의 예에서 알 수 있듯이 A4의 넓이는 A3 용지 넓이의 반이고, B5 용지의 넓이는 B4 용지 넓이의 반이다. A0 용지와 B0 용지는 얼마의 넓이를 갖는 종이들인지를 추측해 보시오.

(2) 처음으로 이러한 규격을 만든 독일 공업 규격 위원회 위원들은 어떤 생각에서 이런 규격을 만들었는지 추측하여 설명해 보시오. (가로 세로의 비율을 구해 보면 그러한 규격이 탄생한 배경을 쉽게 추측할 수 있다.)

3

다음 그림과 같이 두 개의 직사각형을 각각의 한 모서리에서 서로 붙였다. 그리고 각 직사각형에서 이 모서리와 만나지 않는 두 변의 연장선을 그린 후, 그림과 같이 큰 직사각형을 만들었다.

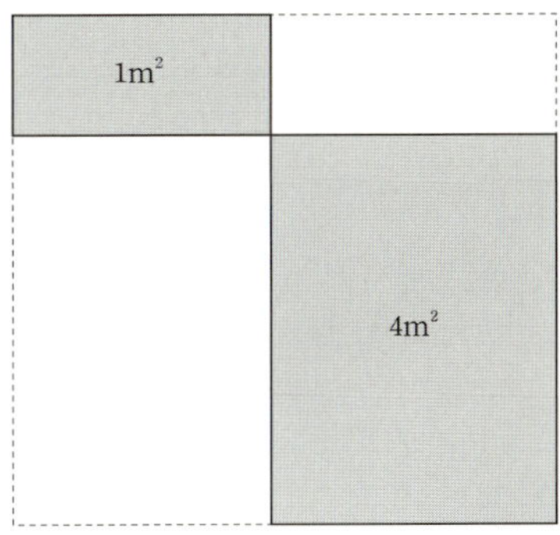

처음 두 직사각형의 넓이가 1m²와 4m²로 일정하다고 가정할 때 큰 직사각형의 넓이의 최소값을 구하는 문제를 다음과 같이 풀었다. 이 풀이의 타당성을 판단하고 문제점이 있으면 그것을 지적하고 올바르게 설명하시오.

[풀이] 넓이가 1m²와 4m²인 두 직사각형의 가로의 길이를 각각 x, y라 하자.

그러면 세로의 길이는 각각 $\dfrac{1}{x}$과 $\dfrac{4}{y}$이다. 이때 큰 직사각형의 가로의 길이는 $x+y$이고, 이 길이는 "산술평균이 기하평균보다 항상 크거나 같다."라는 정리를 사용하면 $2\sqrt{xy}$보다 크거나 같게 된다. 같은 방법으로 세로의 길이는 $\dfrac{1}{x}+\dfrac{4}{y}$이므로 $2\sqrt{\dfrac{4}{xy}}$보다 크거나 같다. 따라서 큰 직사각형의 넓이는 $2\sqrt{xy}\times2\sqrt{\dfrac{4}{xy}}=8$보다 크거나 같다. 그러므로 큰 직사각형의 넓이의 최소값은 8m²이다.

〈 2006 고려대 수시 1 〉

4

> 다음은 어느 신도시의 중심에 일반 통행 도로들이 만나는 두 개의 로터리와 차량 통행 방향을 나타낸 그림이다. 그림 안의 숫자는 이 로터리들을 들어가고 나오는 차량들의 시간당 평균 통과 차량 수로 정의된 교통량을 표시한 것이다.

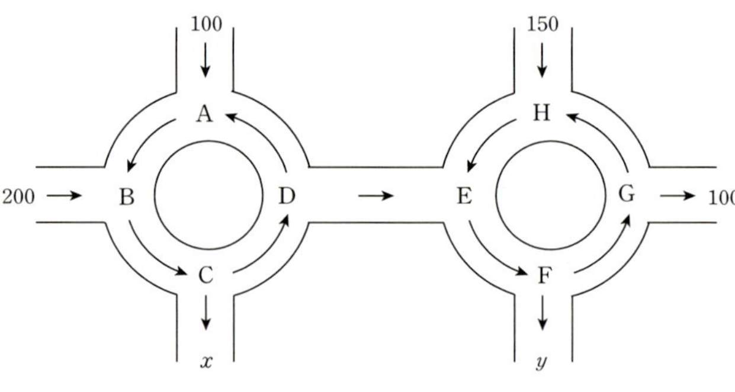

(1) $x=150$일 때 교차로 D와 E 사이의 교통량을 결정하고, 그 이유를 설명하시오.

(2) 교차로 C와 F에서 빠져 나오는 교통량 x와 y의 사이의 관계식을 결정하고 y값의 범위에 대해 논하시오.

〈 2006 이화여대 논술 예시 〉

연습 논제 예시 답안

PART 1 확률과 통계

1장 | 확률　　　　　　　　　pp. 37~44

1

(1) 9권의 서로 다른 책을 2권, 3권, 4권으로 나누는 것은 9권의 책을 일렬로 늘어놓고 $\boxed{2}$, $\boxed{2}$, $\boxed{3}$, $\boxed{3}$, $\boxed{3}$, $\boxed{4}$, $\boxed{4}$, $\boxed{4}$, $\boxed{4}$로 구성된 카드 9장을 섞어서 일렬로 늘어놓아 9권의 책과 대응시키는 경우의 수를 구하는 것과 같다. 왜냐하면 $\boxed{2}$에 대응하는 책들은 2권짜리 묶음에 속하게 되고 $\boxed{3}$에 대응하는 책들은 3권짜리 묶음, $\boxed{4}$에 대응하는 책들은 4권짜리 묶음에 속하게 되기 때문이다.

그러므로 9권의 서로 다른 책을 2권, 3권, 4권으로 나누는 경우의 수는 같은 것이 2개, 3개, 4개 들어 있는 9장의 카드를 일렬로 배열하는 경우의 수인 $\dfrac{9!}{2! \times 3! \times 4!}$과 같다.

(2) (i) $_n\mathrm{C}_r$가 n개 중 r개를 뽑는 경우의 수인데, 이 것은 n개 중 $n-r$개를 남기는 경우의 수와 같기 때문에 $_n\mathrm{C}_r=_n\mathrm{C}_{n-r}$이다.

(ii) 1부터 n까지의 숫자 n개 중 r개를 뽑는 모든 경우의 수 $_n\mathrm{C}_r$는 숫자 1이 반드시 포함되어 있는 경우와 포함되어 있지 않은 경우 두 가지로 나눌 수 있고, 이 두 가지 경우의 수는 각각 다음과 같이 계산될 수 있다.

① n개 중 1을 미리 뽑아 놓고 나머지 $n-1$개 중에서 $r-1$개를 뽑는 경우의 수

$=$1이 반드시 포함되어 있는 경우의 수

$=_{n-1}\mathrm{C}_{r-1}$

② n개 중 1을 제외한 $n-1$개 중 r개를 뽑는 경우의 수

$=$1이 포함되어 있지 않은 경우의 수

$=_{n-1}\mathrm{C}_r$

그러므로 $_{n-1}\mathrm{C}_{r-1}+_{n-1}\mathrm{C}_r=_n\mathrm{C}_r$ $(1 \leq r \leq n-1)$이다.

(3) $\boxed{1}$과 $\boxed{2}$ 두 개의 카드 중 n개를 중복을 허락해서 나열하는 순열의 수는 다음과 같이 같은 것이 들어 있는 순열의 수로 나누어 계산한 후 그 합으로 생각할 수 있다.

($\boxed{1}$의 개수, $\boxed{2}$의 개수)$=(n,\ 0)$인 경우 일렬로 나열하는 순열의 수

$=\dfrac{n!}{n!0!}=_n\mathrm{C}_0$

($\boxed{1}$의 개수, $\boxed{2}$의 개수)$=(n-1,\ 1)$인 경우 일렬로 나열하는 순열의 수

$=\dfrac{n!}{(n-1)!1!}=_n\mathrm{C}_1$

($\boxed{1}$의 개수, $\boxed{2}$의 개수)$=(n-2,\ 2)$인 경우 일렬로 나열하는 순열의 수

$=\dfrac{n!}{(n-2)!2!}=_n\mathrm{C}_2$

$\vdots$

($\boxed{1}$의 개수, $\boxed{2}$의 개수)$=(2,\ n-2)$인 경우 일렬로 나열하는 순열의 수

$=\dfrac{n!}{2!(n-2)!}=_n\mathrm{C}_{n-2}$

($\boxed{1}$의 개수, $\boxed{2}$의 개수)$=(1,\ n-1)$인 경우 일렬로 나열하는 순열의 수

$=\dfrac{n!}{1!(n-1)!}=_n\mathrm{C}_{n-1}$

($\boxed{1}$의 개수, $\boxed{2}$의 개수)$=(0,\ n)$인 경우 일렬로 나열하는 순열의 수

$=\dfrac{n!}{0!(n-0)!}=_n\mathrm{C}_n$

그러므로 $2^n=_n\mathrm{C}_0+_n\mathrm{C}_1+_n\mathrm{C}_2+_n\mathrm{C}_3+\cdots+_n\mathrm{C}_n$이다.

2

(가) 한 개의 동전을 두 번 던지면 표본공간은

$S = \{(앞, 앞), (앞, 뒤), (뒤, 앞), (뒤, 뒤)\}$이고, 모두 앞면이 나오는 사건을 A라 하면 $A = \{(앞, 앞)\}$이다. 따라서 수학적 확률의 정의에 의해

$$P(A) = \frac{n(A)}{n(S)} = \frac{1}{4}$$이다. 결국 주어진 주장은 틀렸다.

(나) n개의 제비 중 당첨제비가 r개인 경우 갑과 을이 순서대로 제비를 뽑는다고 가정하자. 먼저 갑이 당첨될 확률을 구해 보면, 확률의 정의에 따라 $\frac{r}{n}$이다. 을이 당첨되는 경우는 갑이 당첨되고 을도 당첨되거나 또는 갑은 당첨되지 않고 을은 당첨되는 두 가지 경우이다. 이때 갑은 당첨되고 을도 당첨되는 확률은 확률의 곱셈정리에 의해

$\frac{r}{n} \times \frac{r-1}{n-1}$이고, 같은 방법으로 갑은 당첨되지 않고 을은 당첨되는 확률은 $\frac{n-r}{n} \times \frac{r}{n-1}$이다. 그런데 두 사건은 서로 배반사건이므로 확률의 덧셈정리에 의해 을이 당첨되는 경우의 확률은

$$\frac{r}{n} \times \frac{r-1}{n-1} + \frac{n-r}{n} \times \frac{r}{n-1}$$

$$= \frac{r(r-1+n-r)}{n(n-1)} = \frac{r}{n}$$

가 된다. 따라서 갑과 을이 당첨될 확률은 뽑는 순서에 관계없이 $\frac{r}{n}$로 일정함을 알 수 있고 주어진 주장은 틀린 주장이다.

3

(1) 각 전철 도착 시간에 해당하는 자매의 도착 확률을 곱하고 이것들을 모두 더한다.

$$\frac{5}{100} \times \frac{15}{100} + \frac{15}{100} \times \frac{20}{100} + \frac{15}{100} \times \frac{35}{100}$$
$$+ \frac{30}{100} \times \frac{15}{100} + \frac{20}{100} \times \frac{10}{100} + \frac{15}{100} \times \frac{5}{100}$$
$$= \frac{1625}{10000}$$

(2) (자매가 함께 집에 갈 확률)

= (같은 시각 역에 도착할 확률)

  + (지수, 지영이 연속하는 누 전철에 탔을 확률)

  + (지영, 지수가 연속하는 두 전철에 탔을 확률)

$$= \left(\frac{5}{100} \times \frac{15}{100} + \frac{15}{100} \times \frac{20}{100} + \frac{15}{100} \times \frac{35}{100} \right.$$
$$\left. + \frac{30}{100} \times \frac{15}{100} + \frac{20}{100} \times \frac{10}{100} + \frac{15}{100} \times \frac{5}{100} \right)$$
$$+ \left(\frac{15}{100} \times \frac{15}{100} + \frac{20}{100} \times \frac{15}{100} + \frac{35}{100} \times \frac{30}{100} \right.$$
$$\left. + \frac{15}{100} \times \frac{20}{100} + \frac{10}{100} \times \frac{15}{100} \right)$$
$$+ \left(\frac{5}{100} \times \frac{20}{100} + \frac{15}{100} \times \frac{35}{100} + \frac{15}{100} \times \frac{15}{100} \right.$$
$$\left. + \frac{30}{100} \times \frac{10}{100} + \frac{20}{100} \times \frac{5}{100} \right) = \frac{4900}{10000}$$

따라서 같이 집에 갈 확률은 49%이므로 따로 집에 갈 확률이 높다.

4

세 개의 문을 각각 A, B, C라고 가정하자.

이미 선택한 문을 바꾸지 않는 경우를 생각해 본다면 세 개의 문 가운데 하나를 골라 상품을 타게 되는 것이므로 확률은 $\frac{1}{3}$이다.

다시 문을 바꾼다고 가정하자. 이때는 처음 선택한 문에 상품이 있을 때와 없을 때로 나눠 생각해 볼 수가 있다. 처음 선택한 문에 상품이 있을 경우는 $\frac{1}{3}$이고, 이 경우 문을 바꾸게 되므로 상품을 받지 못한다. 처음 선택한 문에 상품이 없는 경우는 $\frac{2}{3}$이다. 이 경우 사회자가 빈 문을 보여 주기 때문에 나머지 한 곳에 반드시 상품이 있어야 하므로 문을 바꿀 경우는 상품을 탈 확률이 $\frac{2}{3}$이고 출연자는 선택한 문을 바꾸는 것이 유리하다. 이 상황을 표로 정리하면 다음과 같다.

	A	B	C
1	○	×	×
2	×	○	×
3	×	×	○

여기서 ○표는 선물이 들어 있는 문, ×표는 비어 있는 문이다. A를 선택했다고 했을 때, 첫 번째 경우는 사회자가 B나 C 중 하나를 열게 된다. 그대로 있으면 상품, 옮긴다면 빈 문이다. 두 번째 경우는 사회자가 C를 연다. 그대로 있으면 빈 문, 움직이면 상품을 얻게 된다. 세 번째 경우엔 B를 열게 된다. 그대로 있으면 빈 문, 움직이면 상품을 탄다. 즉 가만히 있을 때 상품을 탈 확률 $\frac{1}{3}$, 움직일 때 상품을 탈 확률이 $\frac{2}{3}$임을 알 수 있다.

5

(1) 예가 나올 가능성은 크게 두 가지가 있다. 동전의 앞면이 나오고 부정 행위를 한 경우와 동전의 뒷면이 나오고 생일이 짝수일일 경우이다. 이 둘의 합계가 $\frac{P}{100}$이다. 동전의 앞면이 나올 가능성 50%와 부정 행위 경험 비율 Q를 고려하면 $0.5 \times \frac{Q}{100}$가 예라고 말할 것이고, 동전의 뒷면이 나올 가능성 50%와 생일이 짝수일일 가능성 50%를 고려하면 0.25가 예라고 말할 것이다. 이에 따라 다음 식이 도출된다.

$$\frac{P}{100} = 0.5 \times \frac{Q}{100} + 0.25$$

이 결과를 이용하면 부정 행위 경험 비율 Q를 구할 수 있다.

(2) 부정 행위의 경험 유무만을 물어보면 설문 조사의 익명성에도 불구하고 솔직하게 답하지 않을 가능성이 있으므로 실제 부정 행위 경험 비율보다 낮은 비율이 나올 수 있다. 하지만 위와 같이 설문 조사하면 "예"라고 답하더라도 그것이 자신의 생일이 짝수임을 의미하는 것이라고 둘러댈 수 있으므로 보다 정직하게 답할 수 있다.

요즘 학생들은 여러 가지 이유로(예를 들면 익명이 어느 정도 보장된 인터넷에서 원하는 글을 쓰는 데 익숙하다 등) 솔직하기 때문에 비교적 우회적인 방법처럼 보이는 위의 조사 방법보다 직접 조사하는 두 번째 방법을 이용하면 보다 정확한 부정 행위 경험 비율을 구할 수 있게 된다.

6

물줄기가 3개, 4개, 5개 나올 수 있으므로 물줄기의 조합의 수는 $_5C_3 + _5C_4 + _5C_5 = 16$(가지)이다.

오전 6시부터 오후 10시 직전까지 모두 16개의 시간대가 있으므로 물줄기의 조합이 중복되지 않도록 분수 시계를 설계할 수 있다. 16가지 안에서 가능한 물줄기의 조합을 적절하게 배열하면 된다. 일례로 다음과 같은 설계가 가능하다.

오전 6시부터 오후 3시까지는 물줄기 3개를 사용하고, 오후 4시부터 오후 8시까지는 물줄기 4개를 사용하고, 오후 9시는 물줄기 5개를 모두 사용한다.

	06시	07시	08시	09시	10시	11시	12시	1시
빨강	○	○	○	○	○	○		
노랑	○	○	○				○	○
파랑	○			○	○		○	○
초록		○		○		○	○	
보라			○		○	○		○

	2시	3시	4시	5시	6시	7시	8시	9시
빨강			○	○	○	○		○
노랑	○		○	○	○		○	○
파랑		○	○	○		○	○	○
초록	○	○	○		○	○	○	○
보라	○	○		○	○	○	○	○

물줄기로 구별할 수 있는 시간대는 16개이므로 같은 조건에서 분수 시계가 24시간 동안 작동하는 것은 불가능하다.

7

(1) 철수가 결승전에서 최고 실력자를 만나면 준우승이 가능하나, 결승전 이전에 만날 수도 있으므로 철수가 교내 두 번째 실력자임에도 불구하고 준우승이 항상 보장되지는 않는다.

(2) 철수가 준우승할 수 있으려면 대진표를 좌우로 양분하여 두 개의 조로 보았을 때 최고실력자와 다른 조에 속해야 한다.

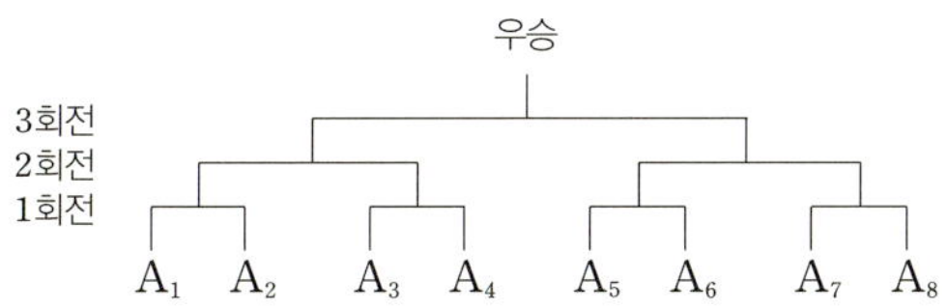

예를 들어 $n=3$인 토너먼트에서 최고 실력자가 A_1의 자리에 있다면 철수가 있을 수 있는 곳은 $A_2 \sim A_8$로 7곳인데, 다른 조에 속하는 $A_5 \sim A_8$의 4개의 자리, 즉 전체 자리(최고 실력자의 자리 포함)에서 절반에 해당하는 곳에 철수가 있어야만 준우승이 가능하다. 따라서 철수가 준우승할 확률은 $\dfrac{4}{7}$이다.

일반적으로, 회전수 n인 토너먼트에서 전체 자리 수는 2^n이므로 철수가 준우승하기 위한 확률은

$$\frac{(\text{전체 자리의 절반})}{(\text{최고 실력자 자리를 제외한 전체 자리수})}$$

$$= \frac{2^{n-1}}{2^n-1} = \frac{1}{2-\dfrac{1}{2^{n-1}}} > \frac{1}{2} \text{이다.}$$

따라서 철수는 토너먼트 회전수 n에 상관없이 준우승할 확률이 $\dfrac{1}{2}$ 이상이므로 대회에 참가한다.
이를 토너먼트 회전수 n에 관하여 살펴보면

$n=1$인 경우 철수의 준우승 확률은 1이다.

$n=2$인 경우 철수의 준우승 확률은 $\dfrac{2}{3}$이다.

$$\vdots$$

$n=k$인 경우 철수의 준우승 확률은

$\dfrac{2^{k-1}}{2^k-1}\left(>\dfrac{1}{2}\right)$이고,

$n \to \infty$로 갈 경우의 철수의 준우승 확률은

$\displaystyle\lim_{n\to\infty} \dfrac{2^{n-1}}{2^n-1} = \dfrac{1}{2}$이다.

8

(1) 일기 예보와 같은 자연 현상이나 주식 시세와 같은 사회 현상에 대하여 예측을 하고자 할 때 수학적 확률을 적용하기에는 곤란하다. 이때 우리는 관찰이나 실험을 반복하여 전체적인 어떤 경향을 판단하거나 많은 자료를 수집하여 조사한다. 이런 경우는 경험적 확률을 적용한다. 예를 들면 다음 표와 같이 어떤 공장에서 생산되는 제품 중에 포함되어 있는 불량품의 개수를 조사한 것이라 하자.

제품의 개수 n	1000	5000	10000	50000	100000	⋯
불량품의 개수 r	24	108	193	985	2023	⋯

이 표에 의하여 불량품이 나타난 상대도수 $\dfrac{r}{n}$의 값은 다음과 같다.

n	1000	5000	10000	50000	100000	⋯
$\dfrac{r}{n}$	0.0240	0.0216	0.0193	0.0197	0.0202	⋯

위의 표에서 n의 값이 커짐에 따라 $\dfrac{r}{n}$의 값은 일정한 값 0.02에 가까워짐을 알 수 있다. 따라서 제품 더미에서 한 개의 제품을 꺼낼 때, 그것이 불량품일 확률은 0.02라고 볼 수 있다.

한편, 생물학에서 배우는 멘델의 유전 법칙은 경험적 확률의 개념을 적용한 것이다.

(2) 실제로는 시행 횟수 n을 한없이 크게 하여 극한 값을 구할 수는 없다. 따라서 시행 횟수를 충분히 크게 했을 경우의 상대도수를 구하여 그것을 통계적 확률로 간주한다.

9

(1) 동전을 세 번 던져 앞면이 나타나는 사건이 먼저 일어나야 하므로 우선 이 사건이 나타날 수 있는 경우의 수를 나열하면 다음과 같다.

(보통 동전∩ 앞면∩ 앞면∩ 앞면) : 보통 동전의 경우 나타날 수 있는 8가지 경우 중의 하나

(동전 1∩ 앞면∩ 앞면∩ 앞면) : 동전 1의 경우 나타날 수 있는 8가지 경우 모두

(동전 2∩ 앞면∩ 앞면∩ 앞면) : 동전 2의 경우 나타날 수 있는 경우 없음

따라서 총 9가지 경우가 앞면이 나타나는 사건이다. 이 중 동전 1일 확률은 $\frac{8}{9}$이고, 이 판단이 오류일 확률은 $\frac{1}{9}$이다.

(2) ① 50원짜리 동전과 100원짜리 동전으로 500원을 만드는 방법에 대한 경우의 수는 다음과 같다.

$(1, 1, 1, 1, 1, 1, 1, 1, 1, 1)$: 1가지

$(1, 1, 1, 1, 1, 1, 1, 1, 2)$　　: $\binom{9}{1} = 9$가지

$(1, 1, 1, 1, 1, 1, 2, 2)$　　　: $\binom{8}{2} = 28$가지

$(1, 1, 1, 1, 2, 2, 2)$　　　　: $\binom{7}{3} = 35$가지

$(1, 1, 2, 2, 2, 2)$　　　　　: $\binom{6}{4} = 15$가지

$(2, 2, 2, 2, 2)$　　　　　　　: 1가지

이므로 총합은 89가지이다.

② 50원 짜리 동전을 1, 100원짜리 동전을 2라고 하고 n에 대응되는 $f(n)$을 나열해 가면 다음과 같다.

목표 금액 (n)	50원	100원	150원	200원	250원	…
경우의 수	(1)	(1,1) (2)	(1,1,1) (1,2) (2,1)	(1,1,1,1) (1,1,2) (1,2,1) (2,1,1) (2,2)	(1,1,1,1,1) (1,1,1,2) (1,1,2,1) (1,2,1,1) (2,1,1,1) (1,2,2) (2,2,1) (2,1,2)	…
합계 $(f(n))$	1 가지	2 가지	3가지	5가지	8가지	…

이런 방법으로 전개를 해 나가면 방법 수는 피보나치 수열을 형성함을 알 수 있다. 즉, n에 대응되는 $f(n)$을 나열해 가면서 $f(n+2) = f(n+1) + f(n)$ $(n \geq 0)$의 관계를 확인할 수 있다.

$$f(n+2) = f(n+1) + f(n)\,(n = 0, 1, \cdots)$$

③ ②에서 얻은 $f(n+2) = f(n+1) + f(n)$ $(n \geq 0)$로 부터 이 식을 다음과 같이 변형한다.

$$f(n+2) - af(n+1) = b(f(n+1) - af(n))$$
$$\cdots\cdots ㉠$$

②에서 얻은 식과 ㉠이 같은 식이므로 $a + b = 1$, $ab = -1$임을 알 수 있고 이차방정식의 근과 계수와의 관계를 이용하면 a, b는 $x^2 - x - 1 = 0$의 근임을, 그리고 이 들 값은 $\frac{1 \pm \sqrt{5}}{2}$임을 쉽게 알 수 있다.

여기서 $g(n) = f(n+1) - af(n)$이라고 하면 $g(n+1) = bg(n)$이므로 이는 공비가 b인 등비수열이 된다. 초항 $g(0) = f(1) - af(0) = 1 - a = b$이므로 수열

$$g(n) = f(n+1) - af(n) = b^{n+1}\,(n \geq 0) \cdots\cdots ㉡$$

이다.

여기서 a의 역할과 b의 역할이 서로 바뀔 수 있으므로 다음 식도 얻어 낼 수 있다.

$$g(n)=f(n+1)-bf(n)=a^{n+1} \ (n\geqq0) \ \cdots\cdots ㉢$$

식 ㉡과 ㉢을 빼면 다음 식이 얻어진다.

$$(b-a)f(n)=b^{n+1}-a^{n+1}$$

$$f(n)=\frac{b^{n+1}-a^{n+1}}{b-a} \ \cdots\cdots ㉣$$

㉣은 a와 b가 $\dfrac{1\pm\sqrt{5}}{2}$ 의 어떤 값을 갖더라도 항상 다음과 같다.

$$f(n)=\frac{\left(\dfrac{1+\sqrt{5}}{2}\right)^{n+1}-\left(\dfrac{1-\sqrt{5}}{2}\right)^{n+1}}{\sqrt{5}} \ (n\geqq0)$$

10

(1) A씨의 친구는 '만약에＝그러면'의 오류를 범하고 있다. 만약에 A씨가 '에이즈 감염인'이라면 진단 시약 검사에서 양성이 나올 확률이 95%이다. 그렇다고 해서 이것이 A씨가 에이즈 감염인일 확률이 95%라는 말은 아니다. 실제 A씨는 에이즈 감염인인지 정상인인지 현재 알 수 없는 상황이고 실제로 A씨가 에이즈 감염인일 확률을 구하기 위해서는 검사 결과가 양성으로 나왔을 때 실제 질병이 있을 확률을 구해야 한다.

즉 조건부 확률로

$$\frac{(\text{양성인 사람들 중에서 질병이 있는 사람의 수})}{(\text{양성인 사람의 수})}=\frac{190}{1180}$$

약, 0.161이 된다.

이에 반해 A씨에게 질병이 있는데 검사 결과가 양성으로 나타날 확률은

$$\frac{(\text{질병이 있는 사람들 중 검사 결과가 양성인 사람의 수})}{(\text{질병이 있는 사람의 수})}=\frac{190}{200}$$

$$=0.95\text{이다.}$$

이 두 가지의 결과는 매우 다름을 알 수 있다. A씨가 질병이 있는지 없는지 모르는 상태에서 진단을 받으러 가서 검사 결과가 양성으로 나타났다면, 실제로 질병에 걸렸을 가능성은 16.1%밖에 되지 않는다. 그와는 별도로 A씨가 질병이 있다는 것을 알고 진단을 받으러 갔다면 양성 반응이 나타날 가능성은 95%가 된다. 현재 A씨의 친구는 이 두 가지를 혼동하고 있다.

(2) A씨는 두 번 연속으로 진단 시약 검사에서 결과에 오류가 있었다. 이는 정상인인데도 불구하고 양성 반응이 일어난 경우이므로 이런 경우의 가능성은

$$\frac{(\text{정상인데 양성 반응이 나온 사람의 수})}{(\text{정상인 사람의 수})}=\frac{990}{19,800}$$

$$=0.05$$

즉, 5%이고, 두 번째 검사는 첫 번째 검사와 독립적인 관계이므로 연속에서 두 번의 결과에 오류가 있을 확률은 $0.05\times0.05=0.0025$ 즉 0.25%로 극히 적은 확률을 갖는다.

이렇게 낮은 확률의 결과를 가지고 만약 A씨가 진단 시약의 정확도가 95%라는 것은 믿을 만한 것이 못된다고 결론을 짓는다면 이것은 '텍사스 명사수의 오류'를 저지르는 것이 된다.

예를 들어 자유투 성공률이 90%인 농구 선수가 한 시합에서 20번의 자유투를 던졌다고 가정했을 때 처음 두 번을 실패했다고 해서 뒤에 던진 18번의 결과를 보지도 않고 무언가 잘못됐다고 생각을 한다는 것은 큰 무리가 따른다. 우연히 두 번 연속해서 결과가 틀렸다고 해서 진단 시약에 정확도를 의심한다면 이는 우연한 결과를 패턴화시키려고 한다고밖에 볼 수 없는 것이다. 만약 A씨가 100번 정도 진단 시약으로 검사를 더 했다면 아마도 정확도에 근접한 결과를 얻었을 것이다.

이 진단 시약은 20,000번(2번과는 비교가 안 되는

횟수)이라는 임상 실험을 통해 95%의 정확도를 얻었으므로 더도 아니고 덜도 아니고 그저 95%정도의 정확도를 가지고 있다고 볼 수 있는 것이다.

2장 | 통계　　　　　　　　　pp. 63~84

1

(1) 우리나라의 암환자 비율은 1만 명당 36명이므로 0.0036이라고 할 수 있다. 즉 임의로 한 명을 골랐을 때, 그 사람이 암일 확률은 0.0036이다. 인천 논현동의 인구수인 361명과 같은 크기의 표본을 임의로 추출할 때 암환자의 수를 X라 하면 X의 확률분포는 B(361, 0.0036)인 이항분포가 된다. 이때 표본의 크기 361을 충분히 큰 수라고 가정하면 X는

$$\mathrm{N}(361 \times 0.0036,\ \sqrt{361 \times 0.0036(1-0.0036)^2}\,)$$

≒N(1.3, 1.14²)인 정규분포를 따른다고 볼 수 있다. 인구수가 361명인 어떤 지역에서 암환자가 3.6명 이상 발생할 확률은

$$\mathrm{P}(X \geq 3.6) = \mathrm{P}\left(Z \geq \frac{3.6-1.3}{1.14}\right)$$
$$\fallingdotseq \mathrm{P}(Z \geq 2) = 2.28\%$$

이고, 이는 논현동의 평균 암환자가 3.6명이므로 논현동과 같은 마을이 있을 확률이 2.28%로 비정상적으로 낮다는 것을 알 수 있다.

또 멕시코의 전체 암환자 비율을 우리나라와 비슷한 수준으로 봤을 때 과달카사르 읍의 인구수인 1000명과 같은 크기의 표본을 임의로 추출할 때 암환자의 수를 Y라 하자. 그러면 마찬가지로 Y의 확률분포는 B(1000, 0.0036)인 이항분포이다. 표본의 크기 1000은 충분히 큰 수라 볼 수 있으므로 Y는

$$\mathrm{N}(1000 \times 0.0036,\ \sqrt{1000 \times 0.0036(1-0.0036)^2}\,)$$

≒N(3.6, 1.9²)인 정규분포를 따른다고 볼 수 있다. 과달카사르 읍은 10년 동안 암환자의 수가 68명으로 연간 약 6.8명이다. 따라서 표본 1000명을 임의로 추출했을 때 중증 질환자가 6.8명 이상 발생할 확률은

$$\mathrm{P}(Y \geq 6.8) = \mathrm{P}\left(Z \geq \frac{6.8-3.6}{1.9}\right)$$
$$\fallingdotseq \mathrm{P}(Z \geq 1.7) \fallingdotseq 4.5\%$$

이다. 이 역시 극히 낮은 확률을 보여 주고 있다.

두 지역에 자료를 토대로 확률분포를 이용하여 두 지역과 같은 마을이 있을 확률을 계산해 본 결과 두 지역 모두 매우 낮은 확률을 보여 주고 있다. 이는 중금속에 오염된 토양과 수질로 인하여 암환자가 이상적으로 급등했다고 볼 수 있다.

(2) (라)에 제시된 자료에 의하면 361명 중의 암환자의 수를 X라 하면 X의 확률분포는 N(1.3, 1.14²)인 정규분포를 따른다. 따라서

$$\mathrm{P}(X \geq 3) = \mathrm{P}\left(Z \geq \frac{3-1.3}{1.14}\right) \fallingdotseq \mathrm{P}(Z \geq 1.49)$$
$$\fallingdotseq 6.8\%$$

$$\mathrm{P}(X \geq 4) = \mathrm{P}\left(Z \geq \frac{4-1.3}{1.14}\right) \fallingdotseq \mathrm{P}(Z \geq 2.37)$$
$$\fallingdotseq 0.9\%$$

$$\mathrm{P}(X \geq 5) = \mathrm{P}\left(Z \geq \frac{5-1.3}{1.14}\right) \fallingdotseq \mathrm{P}(Z \geq 3.25)$$
$$\fallingdotseq 0.1\%$$

이와 같이 계산해 본 결과 확률은 기하급수적으로 작아지는 것을 알 수 있다. 즉 암발병율은 기하급수적으로 커진다고 볼 수 있다.

2

연령별 표본수가 인구 구성비와 반대 방향으로 구성되었다. 예를 들면 20대의 찬성률이 상당히 높으나 인구 구성비에 비해 표본수를 적게 함으로 실제

찬성자 수보다 적은 수만 찬성하는 것처럼 보이게 되었다. 따라서 결과가 왜곡되었다. 이러한 문제점은 찬성률을 연령별 구성비로 가중 평균함으로써 어느 정도 완화될 수 있다.

〈또 다른 답안〉
연령별 표본이 인구 구성비와 반대 방향으로 구성되어 결과가 왜곡되었다. 이러한 문제점은 찬성률을 연령별 구성비로 가중 평균함으로써 어느 정도 완화할 수 있다. 단순 평균에 의한 찬성률은 48%이나, 연령별 구성비로 가중 평균한 찬성률은 61.25%이므로 A법안을 상정하여야 한다.

$$61.25 = 0.3 \times \frac{80}{100} + 0.3 \times \frac{140}{200} + 0.25 \times \frac{120}{300} + 0.15 \times \frac{140}{400}$$

3

(가)의 문제점은 (나) 속에 제시되어 있다. 즉, (가)에서는 토지 소유 현황에 대한 개인별 소유 현황 조사 결과를 제시하였는데, 이는 현실적으로 모든 개인이 토지 소유의 주체가 될 수 없음을 감안할 때 현실성이 없다는 점이다. 이는 조사 분석 과정에서 현실성 없는 측정의 대상 또는 측정의 단위를 사용함으로 인해 발생된 문제이다.

한편 (나)에서는 (가)를 비판하였으나, (가)에 제시된 통계 결과 중 일부만을 인용하여 비판함으로써 독자들에게 불완전하고 부분적인 정보를 전달하고 있다. 즉, (나)에서 주장하는 현실적인 측정 단위인 가구주를 기준으로 (가)의 수치들을 환산하였을 경우에도 토지 분배의 불평등성은 여전히 존재한다. 예를 들면 (가)의 면적 기준 토지 소유 현황에서 상위 5%가 전체 사유지의 82.7%, 상위 10%가 91.4%를 소유하고 있다는 사실을, 가구주 기준으로 환산하여 보면 상위 15% 정도의 국민이 전체 사유지의 82.7%를 소유하고 있는 가구에 속해 있고, 상위 30% 정도의 국민이 전체 사유지의 91.4%를 소유하고 있는 가구에 속해 있다고 추산할 수 있다. 이는 토지 분배 불평등의 정도가 상당히 심각함을 의미한다. 따라서 (나)에서 비판하고 있는 것과 같이 토지 분배의 불평등성이 문제가 되지 않는다는 논리는 비판을 받을 수 있다.

이상의 내용을 정리하면, (가)는 조사 과정에서의 측정 단위의 비현실적인 설계로 인해 현실적이지 못한 분석 결과를 제시하였다는 점이 문제점이라 할 수 있고, (나)에서는 이러한 (가)의 오류를 비판하면서 그 근거로 (가)의 일부 정보만을 사용함으로써 현상을 잘못 전달하고 있다는 점이 문제점이라 할 수 있다.

4

이 문제의 핵심은 위험에 직면한 경우 정보가 갖는 가치를 판단하는 기준이 무엇인지 알아보는 것이다.

(1) 이 기업이 기대 이윤에만 관심이 있다는 것은 위험 중립적임을 의미한다. 각 신규 사업으로부터 예방되는 기대 이윤을 계산하면 신규 사업 1이 28억으로 가장 많으므로 여기에 투자한다.

(2) 정보란 정보 신호의 형태로 의사 결정 과정에서 불확실한 상태가 실현될 확률을 수정하도록 해 준다. 그렇지만 불확실성 그 자체에 영향을 미치는 것은 아니다. 따라서 어떤 정보 신호를 제공할지 예상해서 자신에게 가장 유리한 계획을 선정한다. 그 절차는 다음과 같다.

(i) 호황이라는 정보를 주는 경우 : 이것은 호황이 발생할 확률이 1이고 불황이 발생할 확률은 0임을

의미한다. 따라서 호황을 전제로 세 개의 신규 사업의 수익을 비교해서 결정하면 된다. 이 경우 신규 사업 3이 가장 많은 수익을 주므로 이것을 선택하면 된다.

(ii) 불황이라는 정보를 주는 경우 : 이것은 불황이 발생할 확률이 1이고 호황이 발생할 확률은 0임을 의미한다. 따라서 불황을 전제로 세 개의 신규 사업의 수익을 비교해서 선택하면 된다. 이 경우 신규 사업 1이 가장 많은 수익을 주므로 이것을 선택하면 된다.

(3) 앞에서 분석했듯이 완전한 정보를 전제로 이 기업은 호황이라는 정보가 주어지면 신규 사업 3을, 불황이라는 정보가 주어지면 신규 사업 1을 선택할 것이다. 여기서 중요한 것은 자문 회사가 호황이라는 정보를 제공할 가능성(확률)과 불황이라는 정보를 제공할 가능성을 추정하는 것인데 완전한 정보의 경우는 간단해서 원래 각 불확실한 상태가 실현될 확률과 동일하다. 따라서 이 경우 이 기업이 예상하는 기대 이윤은 다음과 같다.

(기대 이윤)= (호황이라는 정보를 얻을 확률)×60억
+ (불황이라는 정보를 얻을 확률)×20억
=0.4×60억+0.6×20억=36억

(4) (1)에서 이 기업은 정보가 없는 경우 신규 사업에 투자하면 28억의 기대 이윤을 예상할 수 있다. 그런데 완전한 정보를 이용하는 경우에는 36억의 기대 이윤을 예상하므로 그 차액에 해당하는 8억까지는 자문료로 제공할 수 있다.

5

우리는 운전 중 차선을 자유롭게 바꿀 수 있으므로 각 차선은 비슷한 대수의 차량이 움직이고 있다고 가정할 수 있다. 그런데 우리가 옆 차선을 추월할 때(옆 차선엔 차가 빽빽하게 놓여 있을 테니까) 짧은 시간에 많은 대수의 차를 추월하게 되고, 반대로 옆 차선의 차들에 추월당할 경우(이 경우 옆 차선엔 차가 한산하게 놓여 있을 테니까) 비교적 오랜 시간동안 소수의 차들에 추월당하게 되므로 우리는 심리적으로 옆 차선이 내 차선보다 차가 더 빨리 간다고 생각하게 된다.

반면에 차가 진행하는 방향은 목적지의 위치에 의해 결정되므로 우리가 자유롭게 바꿀 수 없다. 보기를 들면, 출근 시간에는 주택가로부터 상업 지역 방향으로 많은 차가 몰릴 것이며 퇴근 시간에는 반대가 될 것이다. 따라서 "우리가 가는 차선의 방향이 반대 방향보다 더 막힌다."라는 이야기엔 통계적 근거가 있다.

건강과 관련하여 머피의 법칙을 적용하면 어느 정도 통계적 근거가 있다.

어떤 사람이 "몸이 안 좋으니 계속 안 좋아진다."라고 말했다고 하자. 몸이 나빠지면 생활습관도 나쁜 쪽으로 가는 것을 볼 수 있다. 건강이 나빠질수록 더욱 더 나쁜 습관으로 생활하게 되고, 습관이 나빠질수록 건강은 더 악화되는 것이다.

비만을 예로 들면, 살찌기 시작하면 모든 습관이 살이 더 찌는 쪽으로 맞추어지기 시작한다. 평소에 오래 씹으면서 천천히 식사하던 사람이 씹지도 않고 허겁지겁 먹어 치우게 되고, 운동을 좋아하던 사람이 운동이 싫어지고 몸이 무거워지면서 점점 더 안 움직이게 되고 잘 드러눕는다.

또한 간식을 찾지 않던 사람이 먹을 것을 자꾸 찾게 되고, 그것도 고칼로리와 고탄수화물의 음식을 더 찾게 된다. 저녁 식사는 더욱 과식을 하게 되고 TV 보는 시간이 길어지며, 자기 전에도 먹을 것을

찾게 된다. 이같이 나쁜 습관으로 바뀌면서 점점 더 살이 찌게 되는 것이다.

나쁜 것은 더 첩쳐지게 마련이어서 송래에는 비만으로 인하여 순환기 질환이나 성인병까지 얻게 되는 악순환으로 머피의 법칙이 확실히 실현되는 것이다. 어디 그뿐인가. 체질별 음식 습관에서도 이러한 설상가상의 경우를 많이 볼 수 있다.

사람이 건강할 때는 자신의 몸에 이로운 음식이 주로 당긴다. 인체에 필요한 것이 더 당기게 마련이다. 그러나 건강이 나빠지면 자연히 이러한 기능도 나빠져 해로운 것이 더 맛있어지고 당기게 되는 것이다. 그러므로 건강이 나쁜 만큼 해로운 음식을 더 찾게 된다. 이렇게 되면 몸은 더욱 나빠지게 되고, 다시 해로운 것이 더욱 당기게 되는 것이다. 이러한 현상은 일상에서 수도 없이 찾을 수 있다.

아주 건강한 사람에게 자신의 체질에 맞는 음식을 가르쳐 주면 원래 그것을 좋아한다고 하고, 몸이 만성적으로 나쁜 사람에게 체질에 맞는 음식을 권장하면 싫어해서 먹지 않는 음식이라고 불평을 한다. 중환자나 죽을 병에 걸리면 완전히 해로운 것만 먹는 것을 볼 수 있다.

머피의 법칙을 잘못 적용한 예를 들면 '못을 박다가 망치를 떨어뜨리면 항상 발등 위에 떨어진다.' 는 머피의 법칙을 생각해 보자. 못을 박을 때 운동 중인 망치가 떨어질 수 있는 면적은 팔의 운동에 따라 대략 13,000cm^{2}이다. 그런데 사람의 발이 차지하는 면적은 두 쪽 다 합해 봐야 800cm^{2}내외이므로 정말로 망치가 내 발등에 떨어질 확률은

$$\frac{800}{13,000} \times 100 ≒ 6(\%)$$

가 된다. 이 결과값은 일반적으로 거의 발생하기 어려운 확률이다. 그런데 왜 사람들은 이런 비합리적인 주장들을 너그럽게 수용하는 것일까.

모든 확률은 통계 자료와 밀접한 관계를 갖고 있다. 좀 더 정확히 말하면 올바른 확률 계산은 정확한 통계 자료를 토대로 했을 때 가능하다. 그런데 생활 속의 경험을 통해 쌓아 온 개인적 통계 자료들은 객관적이지 못하다. 위에서 말한 머피의 법칙처럼 모든 일이 순조롭게 풀리기를 바라는 마음과 모종의 피해 의식이 적절하게 결합돼 개개인의 통계자료들은 각기 특정 방향으로 편향되어 있는 것이다. 이를 잘못 활용하면 손해와 이득이 분명하게 드러나는 현실 속에서 엉뚱한 판단을 내리게 된다.

6

통제되지 않은 실험에서 결과를 해석할 때 주의해야 할 점을 논리적으로 설명하는 문제이다.

일반적으로 두 거짓말 탐지기의 정확도는 실험에서 관심 있는 반응에 영향을 줄 수 있는 변수들이 잘 통제되어 있다면 〈표 1〉에서 주어진 ①과 ②의 상황을 동시에 비교하여 판단하면 되기 때문에 그 결과에 따라 거짓말 탐지기 B가 높다고 결론 내릴 수 있다.

하지만 주어진 통계는 질문 형태에 따라 정확도 계산은 달라질 수 있다고 지적하였고 〈표 2〉는 실제 실험도 그렇게 수행되었다고 밝혀졌기 때문에 〈표 1〉의 결과를 그대로 해석할 수 없다.

두 탐지기의 반응에 영향을 줄 수 있는 질문 형태의 비율이 〈표 2〉와 같이 주어져 있기 때문에 이를 반영해야 하지만 각각의 상황에서 두 탐지기의 거짓말 탐지 능력을 알지 못하는 상황이기 때문에 〈표 2〉의 결과를 적용할 수 없다.

만약 두 거짓말 탐지기가 ②의 상황에서 같은 올바른 판단 비율을 가진다고 가정한다면 다음과 같은 비율을 계산할 수 있다.

탐지기 A＝0.9×0.7＋0.95×0.3＝0.915

탐지기 B＝0.9×0.3＋0.95×0.7＝0.935

즉, 두 탐지기가 ②의 상황에서 올바른 판단을 내릴 능력이 같다고 하더라도 〈표 1〉의 ②와 같이 탐지기 B가 더 정확하게 보이게 나타날 수 있다.

따라서 주어진 통계와 〈표 2〉를 고려했을 때 〈표 1〉의 실험 결과로 어떤 탐지기가 더 정확한지를 판단할 수 없다. 즉, 두 거짓말 탐지기의 정확도를 비교하려고 한다면 정확도 계산에 영향을 주는 거짓말 형태의 비율을 통제한 후 실험을 수행해야 한다.

7

(가)의 모 전자 회사는 2년간 총 6억 원의 비용을 들여 15년간 총 13억 5천만 원에서 18억 원 사이의 수익을 예상하고 제품 개발에 착수했다. 그러나 2억 원의 비용을 지출한 1년 후의 시점에서 예상치 못한 환경 관련 비용이 1억 원 추가되고, 예상 수익도 10년간 총 4억 원에 불과한 것으로 사업 전망이 수정되었다. 이 경우 사업을 계속하게 되면 총 7억 원의 비용을 들여 4억 원의 수익을 얻는 셈이 되고, 사업을 포기하게 되면 이미 지출한 매몰 비용 2억 원만 포기하면 된다.

결국 이윤 극대화를 추구하는 기업의 목적상 모 전자 회사는 제품 개발을 포기하는 것이 합리적인 선택이다. 즉, 회수할 수 없는 성격의 매몰 비용 2억 원 때문에 사업을 계속하게 되면 1억 원의 더 큰 손실을 입게 되므로 비합리적 선택이 되는 것이다.

(나)의 나라의 경우 900억 원의 비용이 들어갔지만 핵심 부품을 완성한다 하더라도 다른 나라에서 이미 개발하여 판매에 들어간 부품과 비교하여 경쟁력이 없기 때문에 시장성을 가질 수 없을 것이다. 따라서 이 경우 사업을 계속하게 되면 총 1,000억

원의 비용이 들어가는 반면 수익은 없을 것이므로 이미 지출된 900억 원의 매몰 비용을 포기하는 것이 손실을 줄이는 보다 합리적인 선택이 된다. 즉, 사업을 포기하게 되면 100억 원만큼 손실을 줄일 수 있게 되는 것이다.

8

실험을 통해 얻어진 결과로부터 의사 결정을 하려고 하는 데 존재할 수 있는 두 가지 오류를 찾는 문제이다.

〈그림 1〉을 보면 심장박동 수가 110을 초과하는 경우 거짓말을 하지 않는 피의자가 거짓말을 한다는 오류가 거짓말을 하고 있는 피의자가 거짓말을 하지 않는다는 오류보다 상대적으로 크게 나타나고 있음을 볼 수 있고, 〈그림 2〉를 〈그림 1〉의 반대 상황이 나타나고 있음을 알 수 있다.

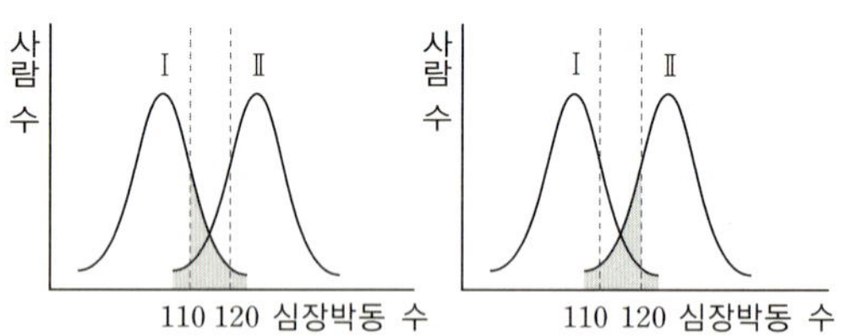

〈그림 1〉 심장박동 수 110을 기준　〈그림 2〉 심장박동 수 120을 기준

첫 번째 기준인 110을 이용해서 진술의 진위 여부를 판단하는 경우는 거짓을 말하는 피의자를 잘 가려낼 수 있지만 선의의 피해자가 많이 생길 수 있는 기준일 수 있고, 두 번째 기준인 120을 이용해서 진술의 진위 여부를 판단하는 경우는 선의의 피의자를 어느 정도 잘 보호할 수는 있지만 상대적으로 거짓을 말하고 있는 피의자를 잘 가려낼 수 없다. 따라서 합리적인 의사 결정을 내릴 때 이 두 가지 오류를 적절히 상황에 맞게 조절하는 것이 필요하다.

9

주어진 자료의 정부 목표는 2000년도에 주택 가구
당 보급률을 전국적으로는 100%, 수도권 지역은
90%를 달성하는 것이다.

(1) 주택 보급 증대에 관련된 내용은 정부의 발표
내용 자료 (가)의 〈표 2〉에서 확인할 수 있고 실제
통계상의 각 연도별 실제 주택수는 자료 (나)에서
확인할 수 있다. 〈표 2〉에서 1995년 정부의 공급량
을 포함한 주택의 예측 수는 1,160만인데, 자료
(나)에서 1995년 실제 주택수의 통계 자료는 950만
가구로 약 200만 가구 목표 미달이다. 2000년 역
시 1995년 예측 수는 1,400만인데, 자료 (나)의
2000년 주택수가 1,150만 가구로 약 300만 가구
목표 미달이다.

(2) 주택 보급률에 대한 정부의 발표 내용은 자료
(가)의 지문에서 파악할 수 있고 실제 주택 보급률
에 대한 자료는 자료 (나)의 주택 보급률 항목에서
확인할 수 있다.

정부의 주택 보급률 목표는 전국 100%, 수도권
90%인데, 실제의 주택 보급률은 각각 96%, 85%
로 정부의 주택 보급률 발표 내용에 비하여 4%,
5% 목표에 미달되었다.

(3) 정부 발표안인 자료 (가)의 〈표 3〉과 실제 통계
자료인 자료 (다)를 비교하여 가구당 가구원 수별
비율의 변화 요인을 통해 목표에 미달한 점을 분석
해 보면 가구당 거주 인구 감소로 실제 인구당 필
요한 가구의 수 자체가 증가하였기 때문이라고 볼
수 있다. 즉, 1990년도의 가구당 가구원 수는 3.7
인으로 정부가 계산한 필요 주택의 수는 총인구를
3.7로 나누어 필요한 주택의 수를 계산하였다. 그
러나 자료 (다)에서 알 수 있듯이 1990년의 가구당

가구원 수와 비교했을 때, 평균 가구원의 수는 나
와 있지 않지만 1~3인의 소형 가구가 전체 가구에
서 높은 비중을 차지하고 있음을 알 수 있고, 이를
통해 실제 인구당 필요한 가구의 수 자체가 증가하
였음을 알 수 있다.

그래서 1990년도의 인구와 가구당 가구원 수의 수
별 비율을 통하여 주택 공급량의 예측이 현 시점에
서는 잘못된 근거를 가지고 주택 보급량을 예측한
상황이 된 것이다.

10

(1) 표에 의하면 2000년에 7.2%, 2020년에 15.7%
이므로 대략 20년 정도 걸린다고 볼 수 있다. 보다
정확하게 계산하기 위해서 제시된 자료의 연간 변
화를 일정하게 변화한다고 가정한다.

1995~2000년의 노년 구성비의 연간 증가 비율은
$\dfrac{1.3}{5} = 0.26(\%)$ 이고 1995년의 5.9%에서 0.26%
씩 더해 나가면 2000년에 7%를 넘게 된다.

마찬가지로 2015~2020년의 노년 구성비의 연간
증가 비율은 $\dfrac{2.8}{5} = 0.56(\%)$ 이고 2015년의 12.9%
에서 0.56%씩 더해 나가면 2017년에 14%를 넘게
된다.

그러므로 고령화 사회에서 고령 사회로 가는 데 17
년 정도 걸린다고 할 수 있다.

(2) (유년 부양비)$= \dfrac{(유년\ 인구)}{(생산\ 가능\ 인구)} \times 100(\%)$ 이므로

(유년 인구)$= \dfrac{(유년\ 부양비) \times (생산\ 가능\ 인구)}{100}$ 이다.

생산 가능 인구 구성비는 생산 가능 인구를 총인구
로 나눈 것이므로 여기서 생산 가능 인구를 구할
수 있다. 따라서

$$(\text{유년 인구}) = \frac{(\text{유년 부양비}) \times (\text{생산 가능 인구 구성비}) \times (\text{총인구})}{100}$$

$$= \frac{17.3 \times 68.3 \times 49836000}{10000}$$

으로 계산할 수 있다.

11

(1) 〈도표 2〉를 이용하여 우리나라 전체 인구의 평균 연령 변화를 정확히 구하는 것은 불가능하나 근사적인 것을 구할 수는 있다.

그리고 계급값을 구간의 중간값으로 결정하여 0~14세는 7세로, 15~64세는 40세로 정하고 65세 이상의 계급값을 정하기가 어려운데 조사 대상 연령 구분의 대칭성을 고려하여 '0~14세'와 같은 간격인 '65~79세'로 하여 계급값을 중간값인 72세로 정하자.

예를 들어 1970년의 평균 연령을 구해 보면(단, 퍼센트 확률의 소수점 아래 첫째 자리에서 반올림한다.)

연령 X	7	40	72
확률 $\mathrm{P}(X)$	0.43	0.54	0.03

평균 연령은

$$\mathrm{E}(X) = 7 \times 0.43 + 40 \times 0.54 + 72 \times 0.03 = 26.77$$

다른 해의 평균 연령도 위와 같은 방법을 써서 평균 연령을 구해 보면 다음 표와 같다.

연도	인구 비율(%)			전체 평균 연령	평균 연령 증감
	0~14세	15~65세	65세 이상		
1970	43	54	3	26.77	—
1980	35	62	4	30.06	3.29
1990	26	69	5	33.02	2.96
2000	21	71	7	35.31	2.29
2010	16	73	11	38.24	2.93
2020	13	72	16	41.23	2.99
2030	11	65	24	44.05	2.82
2040	10	58	32	46.94	2.89
2050	9	54	37	48.87	1.93

위 표를 볼 때, 0~14세까지의 유년층의 평균 연령은 점차로 줄어들고 있으며, 15~64세의 중장년층의 인구도 2010년을 기점으로해서 감소하는 현상을 보이고 있다. 반면에 2000년대까지만 해도 미미하던 노년층의 평균 연령이 그 이후로 빠르게 증가하고 있음을 알 수 있으며, 그 현상은 더 심해질 것으로 예상된다.

우리나라 전체의 평균 연령에 대한 증감을 살펴보면 매년 증가세를 볼 수 있으며 이로부터 우리나라가 고령화 사회로 변화하고 있다는 사실을 알 수 있다.

(2) 주어진 〈도표 1〉의 막대그래프를 통하여 2000년도의 조출생률을 구해 보자.

2000년의 신생아 수를 대략 640,000명 정도라 하면,

$(2000년도의 조출생률)$

$$= \frac{(\text{2000년도 출생아 수})}{(\text{2000년도 전체 인구})} \times 100$$

$$= \frac{640,000}{46,000,000} \times 1,000$$

$$\fallingdotseq 13.9$$

이제 〈도표 1〉로부터 2000년도의 조출생률을 구해 보자.

2000년도의 전체 인구에 대한 0~14세 인구의 비율이 21.1%이므로

$(0{\sim}14세의 인구 비율) = 46,000,000 \times 0.211$

$$\fallingdotseq 9,706,000(\text{명})$$

이다. 0~14세의 인구가 어떻게 분포되어 있는지 확실하지 않지만 균등하게 분포되어 있다고 본다면

$(2000년도의 신생아 수) = 9,706,000 \times \dfrac{1}{15}$

$$\fallingdotseq 647,000(\text{명})$$

이다. 따라서

$(2000년도의 조출생률)$

$$= \frac{647,000}{46,000,000} \times 1,000 \fallingdotseq 14.07$$

으로 〈도표 1〉에서 구한 수치와 비슷함을 알 수 있다. 〈도표 1〉에서 볼 수 있듯이 2000년 이후로 신생아 수의 증가가 거의 없는 것으로 판단할 때, 현재의 인구수는 거의 변화하지 않는다고 할 때, 신생아 수의 비율의 변화를 통하여 향후 40년간의 조출생률의 변화를 예측할 수 있을 것이다.

연도	전체 인구	0~14세의 인구 비율	신생아 수	조출생률
2000	46000000	0.21	644000	14
2010	46000000	0.16	491000	10.7
2020	46000000	0.13	399000	8.6
2030	46000000	0.11	337000	7.3
2040	46000000	0.1	307000	6.7

위 표에서와 같이 조출생률은 계속 감소할 것이다. 그러나 그 감소폭은 계속 둔화되고 있다.

12

(1) 연령별 찬성률의 가중평균을 구하는 문제이므로 A지역의 찬성률은

$80 \times 0.5 + 50 \times 0.3 + 25 \times 0.2 = 40 + 15 + 5 = 60(\%)$
(혹은 간단하게 전체 400명 중 찬성자 240명이므로 60%)이다. B지역의 평균 찬성률은

$80 \times 0.3 + 60 \times 0.3 + 40 \times 0.4 = 24 + 18 + 16 = 58(\%)$
(혹은 $\dfrac{290}{500} = 58\%$)이다. 이 평균 찬성률로서 두 지역의 찬성률을 비교한다면 A지역의 사람들이 B지역의 사람들보다 더 찬성률이 높다.

(2) A지역의 사람들은 연령별로 비슷한 비율을 형성하고 있는데, A지역의 설문 조사의 경우는 20~30대 연령층에 전체의 조사 대상자의 50%를 할당하고 있다는 데 문제가 있다. 이럴 경우 20~30대 환자가 높은 찬성률을 보이고 있기 때문에 다른 연령층에서 찬성률이 낮게 나타나더라도 평균 찬성률이 높아지게 된다. 따라서 이 설문 조사에서 얻어진 평균 찬성률을 이용해서 이 지역의 인간 복제 연구에 대한 찬성률을 보고한다면 실제보다 이 지역의 평균 찬성률을 과대 추정하게 된다. 따라서 첫 번째 설문 조사의 평균 찬성률은 과대평가되어 평균 찬성률로 두 지역의 찬성률을 비교하는 데 문제가 있다.

(3) 조사 결과에 영향을 미치는 요인이 세 개 있고 그 요인들에 대응되는 사람들의 비율이 서로 다를 때는 그 비율과 비례해서 조사 대상자의 수를 할당해 주어야 한다. 이러한 할당 방식을 지키지 않는다면 결과를 해석할 때 잘못된 결론을 유도할 수 있다.

조사 대상자의 수 요인별 배정표

성별	학력별	인구 비율(%)			합계	
		20~30대	40~50세	60대 이상		
남자	고졸 이하	㉠ 108	㉡ 108	㉢ 144	360	600
	대학 이상	㉣ 72	㉤ 72	㉥ 96	240	
여자	고졸 이하	㉦ 72	㉧ 72	㉨ 96	240	400
	대학 이상	㉩ 48	㉪ 48	㉫ 64	160	
합계		300	300	400	1000	

13

(1) 주어진 조건을 사용하면 $N = 10$이고, 10개의 S_{ij}의 값은 다음과 같이 얻어진다.

$$\frac{1}{2}, \frac{2}{3}, \frac{3}{4}, \frac{4}{3}, 1, 1, \frac{7}{4}, 1, 2, \frac{5}{2}$$

이렇게 구해진 10개의 S_{ij}값들을 사용한다면, 문제에서 주어진 5개 점 좌표로부터의 기울기에 대한 정보는 이들 10개의 S_{ij} 값들을 통하여 함축할 수 있다. 따라서 이러한 10개의 값(데이터)들은 모두 기울기를 추정하는 데 사용가능한 값들이다. 또한 이 경우에는 10개의 값 가운데 지나치게 크거나 작은 소수의 값이 없다고 볼 수 있으므로 데이터의

대표값으로 가장 널리 사용되는 10개 값들의 평균 값인 $\frac{5}{4}$를 사용하는 것은 타당하다.

(2) 이 논제는 학생들의 다양한 사고력을 측정했기 때문에 다양한 답안이 가능할 것으로 생각된다.

〈예시 답안 1〉

위에서 구한 10개의 S_{ij}의 값을 크기 순서로 나열 하면 다음과 같다.

$$\frac{1}{2}, \frac{2}{3}, \frac{3}{4}, 1, 1, 1, \frac{4}{3}, \frac{7}{4}, 2, \frac{5}{2}$$

위 10개 값의 중앙값(또는 최빈값)은 1이므로 이 값을 기울기의 추정값으로 사용하는 것이 가능하 다. 중앙값(또는 최빈값)은 자료의 중심을 나타내는 대표값으로서 평균과 함께 자주 사용된다. 또한 중 앙값(또는 최빈값)은 자료 가운데 지나치게 크거나 작은 값에 큰 영향을 받지 않는 장점이 있어 위와 같은 문제에서 만약 소수의 크거나 작은 값이 존재 할 때 평균보다 더 자료의 중심을 잘 대표할 수 있 게 된다.

〈예시 답안 2〉

찾고자 하는 직선을 $y^* = a^*x + b^*$라 하자. 실제로 관측된 다섯 개의 x 좌표의 값을 이 식에 대입하여 얻어지는 다섯 개의 y^* 값과 관측되었던 다섯 개 y 값과의 차이의 절대값(또는 제곱값)의 합을 최소로 해주는 a^*, b^*값을 구한다.

(3) 주어진 다섯 개의 점의 x좌표의 값을 제곱한 것 을 $t_i = x_i^2$, $i = 1, 2, 3, 4, 5$라 하면, 이 문제는 다음 과 같이 새로운 다섯 개의 점

$(t_1, y_1) = (1, 1)$, $(t_2, y_2) = (9, 2)$,

$(t_3, y_3) = (16, 3)$, $(t_4, y_4) = (25, 4)$,

$(t_5, y_5) = (49, 9)$

에 관하여 $y = ct + d$ (단, c와 d는 상수)라는 직선 에서 기울기를 나타내는 c를 구하는 문제로 변형된

다. 따라서 가장 간단한 답안은 **(1)**에서 제시한 방법 또는 **(2)**에서 학생이 제시한 방법에 근거하여 c를 구하면 된다.

14

(1) ① 지구 온난화로 인한 여러 가지 대재앙이 예측 되는 상황에서 그 피해를 최소한으로 줄이기 위해 서 세계는 각국이 협력하여야 한다. 지구 온난화의 주범은 온실 가스 배출이다. 따라서 온실 가스 배 출을 각 국이 줄여 나가기로 약속한 것이 교토 의 정서이다. 우리나라도 기후 변화 협약 당사국으로 서 온실 가스 배출 감축 시책을 강력히 추진해야 할 상황이다. 따라서 온실 가스의 대부분을 차지하 는 CO_2의 주 배출 원인 화석 연료(석탄, 석유, 액화 천연 가스)를 줄이기 위해 정부 차원의 계획이 필요 하다. 주어진 표는 에너지 총소비를 매년 3%씩 증 가시키는 반면, CO_2배출의 증가율은 최대한 줄이 기 위해 중장기적으로 에너지 종류의 구성을 탄소 집약도가 높은 종류에서 수력 에너지와 같은 탄소 집약도가 낮은 에너지 종류로 전환해 나가기 위한 데이터를 나열하고 있다.

② (2005년도 화석 연료를 제외한 수력, 원자력, 기 타 에너지의 총소비량)

=(2005년도 에너지 총소비량)×(수력, 원자력, 기타 에너지의 구성 비율)

$= 220 \times 17 \times \dfrac{1}{100} = 37.4$ (100만 TOE)

(2015년도 화석 연료를 제외한 수력, 원자력, 기타 에너지의 총소비량)

=(2015년도 에너지 총소비량)×(수력, 원자력, 기타 에너지의 구성 비율)

$= 296 \times 19 \times \dfrac{1}{100} = 56.24$(100만 TOE)

따라서 2005년도 37.4(100만 TOE)가 2015년도 56.24(100만 TOE)로 10년 동안 약 18.84(100만 TOE)가 증가됨을 알 수 있다.

매년 증가율을 r라 하면,

(2015년 총소비량)

$=$(2005년 총소비량)$\times(1+r)^{10}$이므로

$56.24=37.4(1+r)^{10}$ 즉, $(1+r)^{10}=\dfrac{56.24}{37.4}≒1.5$

이다. 양변에 상용로그를 취하면

$\log(1+r)=\dfrac{\log 1.5}{10}≒0.0176≒\log 1.042$이므로

$r≒0.042$이다.

따라서 화석 연료의 총에너지 소비량은 매년 약 4.2%씩 증가함을 알 수가 있다.

(2) 주어진 자료에서

CO_2 배출량

$=$(탄소 집약도)$\times$(연료별 에너지 소비량) 이다.

문제 (1)에서와 같이 각 에너지 종류별로 에너지 소비량을 계산해서 2005년도 각 에너지 별로 CO_2 배출량을 구해 보자.

2005년도 에너지 구성비 및 에너지 소비량

에너지 종류	탄소 집약도	에너지 구성비	에너지 소비량	CO_2 배출량
석탄류	1.1	24	52.8	58.0
석유류	0.8	46	101.2	80.9
액화 천연 가스	0.6	13	28.6	17.1
수력, 원자력, 기타	0.0	17	37.4	0.0
합계			220	156.0

위 표에서와 같이 2005년도 CO_2 총배출량은 156(100만 TC)이 됨을 알 수 있다.

이제 2015년도 CO_2 배출량을 180(100만 TC)으로 줄이는 것이 가능한지 조사해 보자.

주어진 표에서 2015년도 전체 에너지의 총소비량은 296(100만 TOE)이고, 이 수치에서 '수력, 원자력, 기타'가 차지하는 비중이 19%이므로 화석 연료의 비중은 81%임을 알 수 있다. 따라서 2015년 화석 연료의 총에너지 소비량은

$296\times0.81≒240$(100만 TOE)이다. CO_2 배출량을 최소로 줄여야 하므로 화석 연료 중 탄소 집약도가 높은 석탄류는 사용비중을 최소화하고 반면에 탄소 집약도가 상대적으로 낮은 액화 천연 가스와 석유류는 사용 비중을 늘려야 할 것이다. 그러므로 일단은 액화 천연 가스는 5%씩 증가시키고, 석유류는 3%씩 증가시킨다. 이러한 조건을 적용하여 액화 천연 가스와 석유류의 2015년 에너지 소비량을 구하면

(2015년 액화 천연 가스의 에너지 사용량)

$=28.6\times\left(1+\dfrac{5}{100}\right)^{10}$

$≒47$(100만 TOE)

(2015년 석유류의 에너지 사용량)

$=101.2\times\left(1+\dfrac{3}{100}\right)^{10}$

$≒136.0$(100만 TOE)

위에서 구한 수치를 이용하여 탄소 집약도가 가장 높은 석탄류의 에너지 소비량을 구해 보면

(2015년 석탄류의 에너지 사용량)

$=240-(47+136)=57$(100만 TOE)이다.

2005년에 석탄류의 에너지 사용량이 52.8이었으므로 2015년의 가능한 연평균 증가율 $-1.0%$에서 3.0% 범위 내에서 나올 수 있는 수치이다.

앞에서 구한 수치들을 이용하여 2015년 CO_2 총배출량을 구해 보자.

2015년도 에너지 구성비 및 에너지 소비량

에너지 종류	탄소 집약도	에너지 소비량	CO_2 배출량
석탄류	1.1	57	62.7
석유류	0.8	136	108.8
액화 천연 가스	0.6	47	28.2
수력, 원자력, 기타	0.0	56	0.0
합계		296	199.7

표에서 알 수 있듯이 2015년 CO_2 총배출량을 약 200(100만 TC)으로 2015년도의 CO_2 총배출량을 180(100만 TC)으로 줄이는 것은 힘들 것으로 판단된다.

15

(1) (다)의 주장은 경찰관의 수(x)가 많은 곳에 강력 범죄(y)가 많다는, 경찰관의 수와 강력 범죄와의 상관성을 인과성으로 오인한 예로 볼 수 있다.

이를 바로잡아 보면, 경찰관의 수가 많아서 강력 범죄가 많았던 것이 아니라, 강력 범죄가 많아서 경찰 수를 늘린 것이다. 즉, 이 경우에 있어서 x, y가 상관성을 보인 이유는 x가 y를 유발했기 때문이 아니라, y가 x를 유발했기 때문이다.

(2) (라)는 해외 자본 유치와 경제 성장률 사이의 상관성을 인과성으로 오인한 것으로 (다)와 유사한 오류를 범하고 있다.

해외 자본 유치와 경제 성장률 사이의 상관관계가 있다고 해서, 해외 자본이 경제 성장률을 높였다고 주장하기는 어려우며 이를 바로 잡으면 다음과 같다.

해외 자본 유치가 경제 성장률을 높인 것이 아니라, 경제 성장률이 높을 법 한 곳에 해외 자본가들이 투자를 한 것이다. 해외 투자가들이 아무 곳에나 투자하는 것이 아니라 가장 높은 투자 수익이 생길 것 같은 곳에 투자를 하게 되기 때문에 이렇게 해석하는 것이 보다 적절할 것이다.

PART 2 수열과 극한

1장 | 수열과 극한   pp. 105~110

1

(1) 네 직선이 모두 평행하지 않고 어떤 세 직선이 한 점에서 만나지 않도록 아래 그림처럼 그리면 11개가 된다.

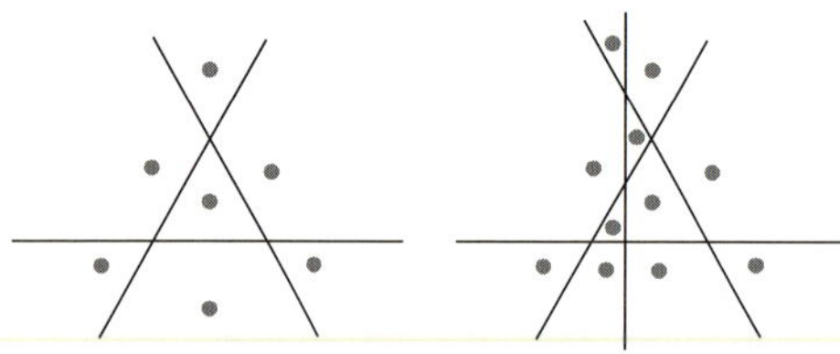

(2) n개의 직선으로 구분할 수 있는 정면의 최대 개수를 a_n이라고 하자. (1)에서처럼 어떤 두 직선도 평행하지 않고 어떤 세 직선도 한 점에서 만나지 않게 해 주면 $(n+1)$번째 직선이 추가될 경우, 기존 n개의 직선과 모두 만나면서 $(n+1)$개의 영역을 더 만들게 된다. 즉,

$$a_{n+1} = a_n + n + 1$$

$$\therefore a_n = a_1 + \sum_{k=1}^{n-1} (k+1) = \frac{n^2+n+2}{2}$$

(3) xy, yz, zx평면 그 어느 것과도 평행하지 않은 한 평면을 생각하자.

xy, yz, zx평면에 의해 8개로 나뉘는 8분 공간 중 $x>0$, $y>0$, $z>0$인 영역을 제1영역이라고 부른다면, 위의 평면이 원점으로부터 평면까지의 거리

가 가장 가까운 점이 제1영역에 있는 평면이라고
가정하자.

이 평면은 $x<0$, $y<0$, $z<0$인 영역을 제외하고
나머지 7개의 영역을 둘로 가르면서 지나가므로 최
대 $7+7+1=15$(개)의 영역으로 나누어진다.

2

(1) 도형 A_{n-1}에서 A_n이 될 때 한 개의 변으로부터
4개의 변이 생긴다. 즉, $a_n=4a_{n-1}$, $a_0=3$이므로
$a_n=3\cdot4^n$

(2) A_0에 원래 길이의 $\dfrac{1}{3}$짜리 정사각형이 덧붙여지
고, 다음에는 원래 길이의 $\left(\dfrac{1}{3}\right)^2$, $\left(\dfrac{1}{3}\right)^3$짜리 정삼각
형이 차례로 덧붙여지게 되는 것이므로 A_{n-1}에서
A_n이 될 때 넓이는

$$S_n=S_{n-1}+S_0a_{n-1}\left\{\left(\frac{1}{3}\right)^n\right\}^2$$

$$=S_{n-1}+S_0 3\cdot4^{n-1}\cdot\left(\frac{1}{9}\right)^n=S_{n-1}+S_0\frac{3}{4}\left(\frac{4}{9}\right)^n$$

$$S_n=S_0\left\{\frac{8}{5}-\frac{3}{5}\left(\frac{4}{9}\right)^n\right\}$$에서 $S_0=\frac{\sqrt{3}}{4}$ 이므로

$n\to\infty$라고 했을 때 $S=\displaystyle\lim_{n\to\infty}S_n=\frac{2\sqrt{3}}{5}$

(3) 변의 길이는 변의 개수와 길이의 곱의 합으로
계산된다.

$$L=a_0\cdot1+a_1\cdot\frac{1}{3}+a_2\cdot\left(\frac{1}{3}\right)^2+\cdots$$

$$=\lim_{n\to\infty}\sum_{k=0}^{n}3\cdot4^k\cdot\left(\frac{1}{3}\right)^k$$

$$=\lim_{n\to\infty}\frac{3\left\{\left(\frac{4}{3}\right)^{n+1}-1\right\}}{\frac{4}{3}-1}$$

이므로 무한대로 발산한다.

(4) 이것의 대표적인 예로 해안선의 길이는 확대하

면 확대할수록 무한히 길어지는데 그러한 해안선
으로 둘러싸인 면적은 일정한 경우가 있다. 또다른
예로는 사람의 창자의 겉넓이, 혹은 허파꽈리의 겉
넓이는 코흐의 삼각형처럼 무한히 반복되는 구조
와 유사하여 그 넓이가 매우 넓은데 반해, 부피는
일정한 경우가 바로 그렇다.

또 파슬리 같은 야채의 경우에도 한 줄기에서 세
개의 줄기가 계속해서 반복적으로 뻗어 나가므로
그 겉넓이가 매우 넓은데 반해서 부피는 유한한 경
우라고 할 수 있다.

3

(1) 과거의 일정 시점을 $n=0$이라고 하고, 현재의
시점이 기준 시점으로부터 N년이 지난 후라고, 즉
$n=N$이라고 가정하고, 기준 시점으로부터 n년 후
의 황사 농도를 c_n, 사막의 넓이를 A_n이라고 하자.
주어진 근거 자료에 의하면 황사 농도는 사막 지역
의 넓이에 비례하며, 사막 지역은 전년도에 비해서
0.1%씩 확대되었으므로 다음과 같은 관계식이 성
립한다.

$c_n=kA_n$ (단, k는 비례상수)

$A_{n+1}=1.001A_n$

만약 기준 시점의 사막의 넓이를 A_0이라고 하면
$A_n=1.001^n A_0$이고,

$c_n=(1.001)^n c_0$ (단, $c_0=kA_0$)이다.

현재의 시점이 $n=N$이므로 $c_N=1.001^N c_0$이고
이로부터 기준 시점에서의 황사 농도를 현재 시점
의 황사 농도로 추정해 보면 $c_0=c_N\times1.001^{-N}$임
을 알 수 있다.

또한 황사의 농도가 2배 증가할 때 그로 인한 피해
는 8배로 증가했다는 근거에 따라 어떤 시점의 황
사 농도 c_n과 피해 규모를 d_n이라고 하면

$d_n = k'c_n^3 = k' \times 1.001^{3n} c_0^{\ 3}$ (k'은 비례상수)임을 알 수 있고, 현재의 시점이 $n=N$이므로 앞으로 m년 후의 피해 규모는 다음과 같이 추정된다.

$$d_{m+N} = d_N \times 1.001^{3m}$$

단, $d_N = 1.001^{3N} d_0$ $(d_0 = k'c_0^{\ 3})$

(2) (ⅰ) 조림 사업과 황사 농도와의 관계 추정

조림 사업을 한 만큼 사막의 넓이가 줄어들게 되는 것이므로 어느 시점의 사막의 넓이를 A_n이라고 하고 1년 동안 조림 사업을 한 넓이를 F라고 하면, 다음 해의 사막의 넓이 A_{n+1}은

$A_{n+1} = 1.001 A_n - F$ (A_0은 현재 시점의 사막의 넓이)이다.

이때 $A_{n+1} + \alpha = 1.001(A_n + \alpha)$ 라고 하면 $0.001\alpha = -F$이므로 $\alpha = -1000F$이다.

그러므로 현재로부터 n년 후의 사막의 넓이를 A_n이라 하고, 현재의 사막의 넓이가 A_0이라고 하면 $A_n = 1000F + 1.001^n (A_0 - 1000F)$가 된다.

그런데 황사의 농도는 사막의 넓이에 비례하므로 (비례상수 k) 현재 시점으로부터 n년 후의 황사 농도는 다음과 같다.

$$c_n = kA_n = 1000kF + 1.001^n k(A_0 - 1000F)$$

① $F > 0.001A_0$인 경우

매년 일정하게 진행되는 조림 사업의 넓이 F가 현재의 사막의 넓이 A_0의 0.001보다 크면, 즉 $F > 0.001A_0$이면 $A_0 - 1000F < 0$이 되어 c_n은 n의 값이 커짐에 따라 감소하는 수열이 된다. 그리고

$$\log \left(\frac{1000F}{1000F - A_0} \right) = n \log 1.001$$

$$n = \frac{\log \left(\dfrac{1000F}{1000F - A_0} \right)}{\log 1.001}$$ 일 때, 사막의 넓이와

황사 농도는 0이 된다.

② $F = 0.001A_0$인 경우

매년 진행되는 조림 사업의 넓이가 현재 사막의 넓이의 0.001과 같을 때이다. 이때 $A_0 - 1000F = 0$이므로 황사 농도는 $c_n = 1000kF = kA_0$로 일정한 값이 된다. 즉, 사막이 늘어나는 넓이와 조림 사업 하는 넓이가 같으므로 매년 사막의 넓이와 황사의 농도는 변함없는 값이 되는 것이다.

③ $F < 0.001A_0$인 경우

매년 진행되는 조림 사업의 넓이가 현재의 사막 넓이의 0.001배보다 작은 경우, 즉 $A_0 - 1000F > 0$이므로 c_n은 n이 커짐에 따라 증가하는 수열이 된다. 이는 사막의 넓이가 계속 늘어나고 황사 농도도 계속 늘어난다는 것을 의미한다.

(ⅱ) 황사 피해 규모를 절반 이하로 줄이기 위한 조림 사업 규모 추정

황사 피해 규모는 황사 농도의 세제곱에 비례하므로 **(1)**에서 구한 황사 농도 c_n과 d_n 사이에는 다음과 같은 관계식이 성립한다.

$$d_n = k'c_n^{\ 3}$$
$$= k'[1000kF + 1.001^n k(A_0 - 1000F)]^3$$
$$d_0 = k'c_0^{\ 3} = k'k^3 A_0^{\ 3}$$

현재로부터 n년 후의 황사 피해 규모를 d_n이라고 할 때, $d_n \leq \frac{1}{2} d_0$을 만족하는 조림 사업 규모를 추정해야 한다. 즉,

$$d_n = k'[1000kF + 1.001^n k(A_0 - 1000F)]^3$$
$$\leq \frac{1}{2} d_0 = \frac{1}{2} k'k^3 A_0^{\ 3}$$

을 만족해야 한다. 이것을 F에 대해서 풀면

$$F \geq \frac{A_0}{1000} \cdot \frac{1.001^n - \dfrac{1}{\sqrt[3]{2}}}{1.001^n - 1}$$

이다. 만약 지금으로부터 n년 후의 황사 피해 규모를 지금의 황사 피해 규모의 절반으로 줄이고 싶다면 조림사업 면적을 최소한

$$F = \frac{A_0}{1000} \cdot \frac{1.001^n - \dfrac{1}{\sqrt[3]{2}}}{1.001^n - 1}$$

으로 매년 일정하게 유지하면 된다는 뜻이다.

이때 $1.001^n - \dfrac{1}{\sqrt[3]{2}} > 1.001^n - 1$이므로 A_0의 0.001 배보다 넓은 조림 사업의 넓이 F를 유지해야 한다는 것이고 이것은 (i)의 ①의 경우와 일관성이 유지되는 결과이다.

4

(1) (i) 과거 일정 시점의 도로 운행 빈도수 추정

과거의 일정 시점을 $n=0$이라고 하고, 현재의 시점이 기준 시점으로부터 N년이 지난 후라고 즉, $n=N$이라고 가정하고, 기준 시점으로부터 n년 후의 도로 운행 빈도수를 f_n, 운송되는 화물량을 A_n이라고 하자.

주어진 근거 자료에 의하면 빈도수는 화물량에 비례하며, 화물량은 전년도에 비해서 3%씩 확대되었으므로 다음과 같은 관계식이 성립한다.

$f_n = kA_n$ (k는 비례상수)

$A_{n+1} = 1.03 A_n$

만약 기준 시점의 화물량을 A_0이라고 하면

$A_n = 1.03^n A_0$이고,

$f_n = (1.03)^n f_0$ (단, $f_0 = kA_0$) 이다.

현재의 시점이 $n=N$이므로 $f_N = 1.03^N f_0$이고 이로부터 기준 시점에서의 빈도수를 현재 시점의 빈도수로 정해 보면 $f_0 = f_N \times 1.03^{-N}$임을 알 수 있다.

(ii) 미래의 환경과 사회의 비용 추정

빈도수가 2배 증가할 때 그로 인한 비용 부담은 4배로 증가했다는 근거에 따라 어떤 시점의 빈도수를 f_n, 비용 부담을 c_n이라고 하면

$c_n = k'f_n^2 = k' \times 1.03^{2n} f_0^2$ (k'은 비례상수)임을 알

수 있고, 현재의 시점이 $n=0$이라고 하면, 앞으로 m년 후의 비용은 다음과 같이 추정된다.

$c_m = c_0 \times 1.03^{2m}$ (단, $c_0 = k'f_0^2$)

(2) (i) 화물량을 줄임에 따라 빈도수가 어떻게 변할지 예측

다른 운송 수단으로 대체된 만큼 운송량이 줄어들게 되는 것이므로 어느 시점의 화물량을 A_n이라고 하면 1년 동안 다른 수단으로 대체한 운송량을 F라고 하면, 다음 해의 운송량 A_{n+1}은

$A_{n+1} = 1.03 A_n - F$이다.

이때 $A_{n+1} + \alpha = 1.03(A_n + \alpha)$라고 하면

$0.03\alpha = -F$이므로 $\alpha = -\dfrac{F}{0.03}$이다.

그러므로 현재로부터 n년 후의 화물량을 A_n이라고 하고, 현재의 화물량을 A_0이라고 하면

$A_n = \dfrac{F}{0.03} + 1.03^n \left(A_0 - \dfrac{F}{0.03} \right)$가 된다.

그런데 빈도수는 화물량에 비례하므로(비례상수 k) 현재 시점으로부터 n년 후의 빈도수는 다음과 같다.

$f_n = kA_n = \dfrac{kF}{0.03} + 1.03^n k \left(A_0 - \dfrac{F}{0.03} \right)$

① $F > 0.03 A_0$인 경우

매년 일정하게 줄이는 화물 운송량 F가 현재의 운송량 A_0의 0.03보다 크면, 즉 $F > 0.03 A_0$이면

$A_0 - \dfrac{F}{0.03} < 0$이 되어 f_n은 n의 값이 커짐에 따라 감소하는 수열이 된다. 그리고

$\log \left(\dfrac{F}{F - 0.03 A_0} \right) = n \log 1.03$, 즉

$n = \dfrac{\log \left(\dfrac{F}{F - 0.03 A_0} \right)}{\log 1.03}$ 일 때, 화물의 운송량은 0이 된다.

② $F = 0.03 A_0$인 경우

매년 줄이는 화물의 운송량이 현재 운송량의 0.03배와 같을 때이다. 이때 $A_0-\dfrac{F}{0.03}=0$이므로 빈도수는 $f_n=\dfrac{kF}{0.03}=kA_0$로 일정한 수열 즉, 상수수열이 된다. 즉, 늘어나는 운송량과 줄여 주는 운송량이 같으므로 매년 빈도수와 운송량은 변함없는 값이 되는 것이다.

③ $F<0.03A_0$인 경우

매년 줄이는 운송량이 현재 운송량의 0.03배보다 작은 경우, 즉 $A_0-\dfrac{F}{0.03}>0$이므로 f_n은 n이 커짐에 따라 증가하는 수열이 된다. 이는 운송량이 계속 늘어나고 빈도수도 계속 늘어난다는 것을 의미한다.

(ii) 비용이 80% 이하로 줄이기 위한 운송량 축소 규모 추정

비용은 빈도수의 제곱에 비례하므로 빈도수 f_n과 비용 c_n 사이에는 다음과 같은 관계식이 성립한다.

$$c_n=k'f_n{}^2=k'\left[\dfrac{kF}{0.03}+1.03^n k\left(A_0-\dfrac{F}{0.03}\right)\right]^2,$$

$$c_0=k'f_0{}^2=k'k^2A_0{}^2$$

현재로부터 n년 후의 비용을 c_n이라고 할 때, $c_n\leq0.8c_0$을 만족하는 운송량 축소 규모 추정해야 한다. 즉,

$$c_n=k'\left[\dfrac{kF}{0.03}+1.03^n k\left(A_0-\dfrac{F}{0.03}\right)\right]^2\leq0.8c_0$$
$$=0.8k'k^2A_0{}^2$$

을 만족해야 한다. 이것을 F에 대해서 풀면

$$F\geq0.03A_0\dfrac{1.03^n-\sqrt{0.8}}{1.03^n-1}$$

이다. 만약 지금으로부터 n년 후의 비용을 현재 비용의 80%로 줄이고 싶다면 운송량 축소를 최소한

$$F=0.03A_0\dfrac{1.03^n-\sqrt{0.8}}{1.03^n-1}$$

로 매년 일정하게 유지하면 된다는 뜻이다.

이때 $1.03^n-\sqrt{0.8}>1.03^n-1$이므로 A_0의 0.03배보다 큰 F를 유지해야 한다는 것이고 이것은 (1)의 (i)의 경우와 일관성이 유지되는 결과이다.

5

$2.7=3\times0.9$, $2.43=3\times0.9^2$, …이므로 t분 후 인공위성의 속력은

$$S(t)=60-\sum_{k=1}^{t}3\times0.9^{k-1}=60-\dfrac{3(1-0.9^t)}{1-0.9}$$
$$=30+30\times0.9^t$$

따라서

$$\lim_{t\to\infty}S(t)=30,\ S(60)=30+30\times0.9^{60}$$

이제 한계 속력 x의 범위에 따라 다음과 같은 결정을 할 수 있다.

(i) $x<30$일 때

인공위성은 시간의 흐름에 관계없이 절대로 추락하지 않는다. 따라서 언제든 비행선을 보내서 인공위성을 고칠 수 있다.

(ii) $30\leq x<30+30\times0.9^{60}$일 때

1시간이 지날 때까지 인공위성이 추락하지 않으므로 비행선을 보내 인공위성을 고친다.

(iii) $x\geq30+30\times0.9^{60}$일 때

인공위성이 추락하므로 인공위성이 추락하는 궤도를 수정하거나, 그럴 수 없는 경우 대기권 밖에서 폭파시켜 인명 사고 같은 피해가 발생하지 않도록 한다.

6

대학원에 진학하는 경우와 취업하는 경우 n년에 발생하는 소득(비용 또는 연봉)의 차

$S_n = $ (대학원 진학 시 소득) $-$ (취업 시 소득)을 계산해 보자.

$S_1 = S_2 = -1{,}000 - 1{,}500 = -2{,}500$(만 원),

$S_3 = S_4 = S_5 = S_6 = S_7$
$\quad = 3{,}000 - 2{,}000 = 1{,}000$(만 원)

이고, 8년째부터는 연봉이 3,000만 원으로 동일하므로 $S_8 = 0$, $n \geqq 8$

이렇게 계산하면, $\displaystyle\sum_{n=1}^{\infty} S_n = 0$이므로 대학원에 진학하나 취업하나 차이가 없다는 결론을 얻는다. 그러나 이 방법은 시장 이자율을 무시한 방법으로 올바른 판단이 아니다. 즉, S_3과 S_4가 절대 금액으로는 같은 1,000만 원이지만 시장 이자율을 생각할 때 3년 후의 1,000만 원과 4년 후의 1,000만 원은 현재가치로 환산해 보면 같은 가치라고 할 수 없다. 따라서 매해 발생하는 소득의 차를 현재 가치로 환산한 후 그 합을 구하여 유리할지 불리할지를 판단해야 할 것이다.

즉, 이율이 r일 때, n이라는 기간 동안 저금한 원금 a는 복리로 $a(1+r)^n$이 되므로, N의 현재 가치는 $a = \dfrac{N}{(1+r)^n}$이라고 하면 된다. 따라서 시장 이자율이 연간 10%이므로 시장 이자율을 감안한 매해 소득의 차의 현재 가치는 $\dfrac{S_n}{(1.1)^n}$이고,

$$S = \sum_{n=1}^{\infty} \frac{S_n}{(1.1)^n} = \sum_{n=1}^{8} \frac{S_n}{(1.1)^n} \quad (\because S_n = 0,\ n \geqq 8)$$

을 계산하여 $S > 0$이면, 대학원 진학이 유리하고, $S < 0$이면 바로 취업하는 것이 유리하다고 결론 지으면 된다. 실제로 계산을 해 보면

$$S = \sum_{n=1}^{8} \frac{S_n}{(1.1)^n} = -\left(\frac{2{,}500만}{1.1} + \frac{2{,}500만}{1.1^2} \right)$$
$$+ \frac{1{,}000만}{1.1^3} + \cdots + \frac{1{,}000만}{1.1^7} = -1{,}203만 \text{ (원)}$$

이므로 갑은 대학원에 진학하지 않는 것이 유리하다.

7

n년 후의 농촌과 도시의 인구를 각각 a_n, b_n이라 하자. 해마다 농촌에서 도시로 4%가 이동하고, 도시에서 농촌으로 1%가 이동하므로 다음과 같은 관계가 성립한다.

$$a_{n+1} = \frac{96}{100} a_n + \frac{1}{100} b_n \qquad \cdots\cdots \ \text{㉠}$$

$$b_{n+1} = \frac{4}{100} a_n + \frac{99}{100} b_n \qquad \cdots\cdots \ \text{㉡}$$

이때 현재 인구의 합은 10(임의로 설정)이고, 도시와 농촌의 인구 총합은 항상 일정하다고 했으므로

$$a_n + b_n = 10 \qquad \cdots\cdots \ \text{㉢}$$

(물론 ㉠$+$㉡을 해도 $a_n + b_n$이 일정함을 알 수 있다.)

일반항 a_n을 구해 보자.

㉢에서 b_n을 ㉠에 대입하여 정리하면

$$a_{n+1} = \frac{95}{100} a_n + \frac{10}{100}$$

$$(a_{n+1} - 2) = \frac{95}{100} (a_n - 2)$$

$$(a_n - 2) = (a_1 - 2) \left(\frac{95}{100} \right)^{n-1}$$

$$\therefore a_n = 5 \left(\frac{95}{100} \right)^{n-1} + 2$$

따라서 $\displaystyle\lim_{n \to \infty} a_n = 2$이므로 ㉢에서 $\displaystyle\lim_{n \to \infty} b_n = 8$

그러므로 도시와 농촌의 인구 비는 최종적으로 $4 : 1$이 된다.

8

처음 1분 동안 개미는 $\dfrac{1}{3}$m 기어간다. 1분이 되는 순간 띠의 길이는 km가 되었고 개미의 위치도 $\dfrac{k}{3}$m가 된다. 다음 1분 동안 개미는 역시 $\dfrac{1}{3}$m 기어갔으므로 개미의 위치는 $\left(\dfrac{1}{3} + \dfrac{k}{3} m \right)$가 되는데,

2분이 되는 순간 띠의 길이는 k^2m가 되면서 개미의 위치도 $\left(\dfrac{k}{3}+\dfrac{k^2}{3}\right)$m가 된다.

n분이 지난 후 개미의 위치는

$$\dfrac{k}{3}+\dfrac{k^2}{3}+\dfrac{k^3}{3}+\cdots+\dfrac{k^n}{3}=\dfrac{k(k^n-1)}{3(k-1)}\text{m}$$

가 되고 띠의 길이는 k^nm가 되어 있으므로 개미가 띠의 끝에 도달할 수 있는 조건은 $\dfrac{k(k^n-1)}{3(k-1)}\geqq k^n$

이다.

띠가 늘어난다고 했으므로 $k>1$이다. 양변을 k^n으로 나눈 후, $n\to\infty$인 극한에서 이 부등식을 풀면 $1<k\leqq\dfrac{3}{2}$이 되지만 $k=\dfrac{3}{2}$은 $n\to\infty$일 때에만 성립하므로 무한대의 시간이 필요하다. 즉, 개미가 띠의 끝에 도달할 수 없다는 뜻이 된다. 그러므로 구하는 조건은 $1<k<\dfrac{3}{2}$이 된다.

PART 3 함수

1장 ｜ 함수의 개념　　　　pp. 123~130

1

(1) 두 가지 답안이 가능하다.

〈예시 답안 1〉

총매출액은 $3x+4y$이므로 매출 극대화는 생산 가능 곡선상에서 $3x+4y$가 극대화되는 점을 찾으면 된다. 〈그림 1〉에서 매출이 극대화되는 점은 $(0, 10)$이 됨을 쉽게 알 수 있다. 즉, A전자는 반도체 생산을 중단하고 휴대 전화만 10단위 생산함으로써 매출을 극대화한다.

〈예시 답안 2〉

휴대 전화를 한 단위 더 생산하기 위해서는 반도체 생산을 한 단위 줄여야 하는 반면 가격은 휴대 전화가 더 높으므로 A전자는 휴대 전화만을 생산하여 판매하는 것이 가장 유리하다.

(2) 이 경우 매출이 극대화되는 조건은 〈그림 2〉에서 볼 수 있듯이 생산 가능 곡선인 $y=\sqrt{100-x^2}$과 매출액을 나타내는 $3x+4y=k$ (단, k는 임의의 양수)의 그래프가 접하는 지점이다. 매출 극대화 생산 전략은 반도체와 휴대 전화의 생산량을 접점의

좌표만큼 생산하는 것으로 〈그림 1〉에서와는 다르게 반도체와 휴대 전화 모두를 일정량 생산하는 것이다.

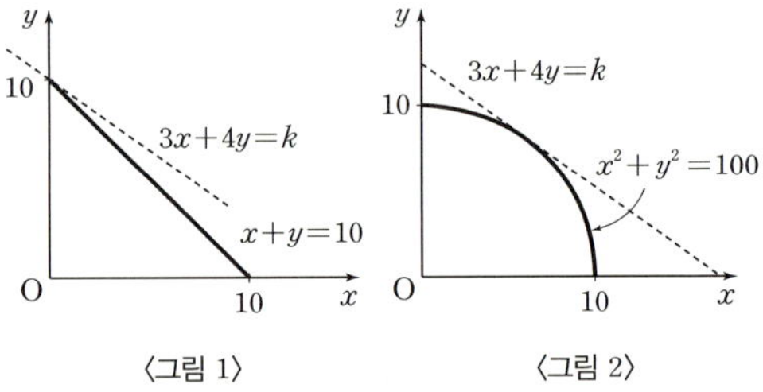

2

(1) 함수적 표현이 되지 못하는 예

（ⅰ） 서로 다른 구에 같은 이름의 동이 존재할 때

（ⅱ） 대치동이 강남구에만 존재한다고 가정할 때, 정의역에는 대치동이 있지만, 공역에 강남구가 빠진 경우

(2) 공역은 같은 이름의 동을 갖지 않는 서울시 구들의 모임, 정의역은 공역에 존재하는 구들에 포함되는 동들의 집합으로 정의하면, 함수가 된다.

(3) $h(g(f(a)))=h(b),\ g(f(a))\neq b$

(4) 역함수 g^{-1}가 존재한다는 것은 함수 g가 일대일

대응이다. 즉 구와 시 사이에는 일대일 대응 관계가 성립하므로 하나의 시에는 단 하나의 구만 존재한다는 것이다. 따라서 시와 구의 구문이 불필요하므로 행정 구역 체계를 도, 시, 동 단위 또는 도, 구, 동 단위로 보다 단순하게 정리할 수 있다.

3

$A(x)$를 A를 선택했을 때의 사용 요금이라 하자. A의 경우 12시간까지는 일정하고 그 이후는 시간당 1,000원의 비율로 증가하므로

$$A(x) = \begin{cases} 15000 & (0 < x \leq 12) \\ 15000 + 1000(x-12) & (12 < x) \end{cases}$$

이다. 마찬가지로 $B(x)$를 B를 선택했을 때의 사용 요금이라 하면

$$B(x) = \begin{cases} 18000 & (0 < x \leq 24) \\ 18000 + 1200(x-24) & (24 < x) \end{cases}$$

로 나타낼 수 있다. $A(x)$, $B(x)$를 동일한 좌표평면에 나타내면 다음 그림과 같다.

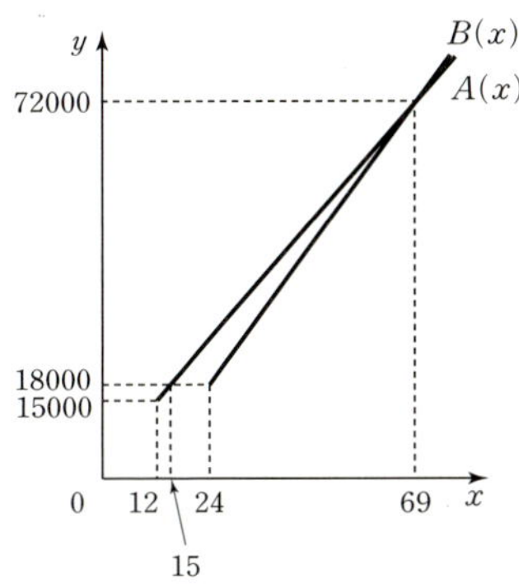

그림에서 보는 바와 같이 24시간 전에는 15시간 때, 24시간 이후에는 69시간 때에 두 가지의 사용료는 서로 일치한다. 즉, 24시간 전에 일치할 때는 $15000 + 1000(x-12) = 18000$, $x = 15$(시간)이고, 24시간 이후에 일치할 때는

$$15000 + 1000(x-12) = 18000 + 1200(x-24),$$
$x = 69$이다.

따라서 사용 시간이 15시간 미만일 경우에는 A가 더 유리하고, $15 \sim 69$ 시간의 경우에는 B가 유리하다. 그 이후의 시간에는 다시 A를 사용하는 것이 더 유리하게 된다.

4

(1) (i) 농약 살포량을 $x$kg이라 하면, 농약 살포에 드는 비용은 ax원(a는 양의 상수)이다.

(ii) 고추의 kg당 출하 가격은 $1000 - 2x$원이고, 고추의 생산량은 $5000 + 40x$kg이다.

(iii) A씨가 얻을 수 있는 수익은

$(1000 - 2x)(5000 + 40x) - ax - b$원($b$는 기타 비용)이다.

(iv) 수익은 x에 관한 이차함수이므로 이것이 최대가 되는 x의 값을 완전제곱을 써서 구하면 된다.

(2) 농약 살포에 드는 비용 중 농약값에서 차이가 난다.

농약 1kg당 가격이 일정한 경우 농약 $x$kg의 가격은 cx원(c는 농약 1kg당 정가)이지만, 50원 추가 할인 방식에서는 농약 $x$kg의 가격은

$$c + (c-50) + (c-100) + \cdots + \{c - 50(x-1)\}$$
$$= \frac{1}{2}x[c + \{c - 50(x-1)\}]$$
$$= x(c + 25 - 25x) \text{(원)}$$

이 된다. 이때 A씨가 얻을 수 있는 수익은

$(1000 - 2x)(5000 + 40x) - x(c + 25 - 25x) - b'$원($b'$은 농약값 이외의 농약 살포에 드는 비용과 b를 합한 비용)이다.

5

(1) 2003년도와 2004년도를 비교하면 세 학교 모두 이용자 수가 증가하였고 이용량은 대략 2배 증가하였으나 평균 이용 시간은 변화가 거의 없었다.

(2) 이용 시간을 x, 이용 정보량을 y라 하면

$$(\text{요금}) = f(x) + g(y) \qquad (x < 2 \text{이고 } y < 10)$$
$$= 2f(x) + 2g(y) \quad (x > 2 \text{이고 } y > 10)$$
$$= 2f(x) + g(y) \quad (x > 2 \text{이고 } y < 10)$$
$$= f(x) + 2g(y) \quad (x < 2 \text{이고 } y > 10)$$

여기서 f와 g는 임의의 증가함수이다.

(3) 위의 식의 입력 자료인 이용 시간 및 이용 정보량을 산출하기 위한 방법은
① 통신 회사의 이윤을 높이기 위해서는 이용 시간이 2 이상이고 이용 정보량이 100보다 큰 대학교의 자료를 사용한다.
② 이용 시간은 2 이상이고 이용 정보량은 세 대학교의 평균값을 이용한다.
이유는 평균값이 모두 100보다 크기 때문이다.

6

주어진 문제를 수리적인 모형으로 표현하는 데 편리하도록 다음과 같이 변수를 정의하자. M을 원금, r를 연이율, t를 해약 시점이라 하고 $R(\mathrm{A})$를 상품 A의 해약 반환금, $R(\mathrm{B})$를 상품 B의 해약 반환금이라 하자.

(1) 위에서 정의한 변수를 이용하여 두 상품 A, B를 각각 선택하였을 때의 해약 반환금은 다음과 같다.

$$R(\mathrm{A}) = M\left(1 + \frac{t}{365}r\right) - a \cdot M \cdot \left(\frac{365-t}{365}\right)$$

$$R(\mathrm{B}) = M\left(1 + \frac{t}{365}r\right) - bM$$

여기서 a와 b는 문제에서 주어진 상수와 같으며,

해약 시점 t는 $0 < t < 365$인 연속적인 값이다. 만일 만기까지 해약을 하지 않는다면, 두 상품 중 어떤 것을 선택했을지라도 만기에 지급받는 금액은 같아지게 된다. 또한 a와 b의 값은 만기 이전에 아무 때나 해약하더라도 해약 부담금이 원금을 초과하지 않도록 합리적인 값을 가져야 함은 너무나 자명하다.

이 은행의 1년 만기 정기 예금의 두 가지 상품 A와 B에 가입하는 고객이 있기 위해서는 다음 그래프에서 볼 수 있는 것처럼 $R(\mathrm{A})$와 $R(\mathrm{B})$의 직선이 만나는 점이 0과 365 사이에 존재하여야 하는 것이 합리적이고 논리적인 상황 설정이라 할 수 있다. 즉, $R(\mathrm{A})$와 $R(\mathrm{B})$의 직선이 만나는 점이 없다면 해약 시점에 관계없이 두 개의 그래프 중 위쪽에 존재하는 상품이 더 많은 금액을 돌려주므로 고객은 당연히 모두 두 개의 그래프 중 위쪽에 존재하는 상품을 선택할 것이다.

$R(\mathrm{A}) = R(\mathrm{B})$로 놓고 이를 t에 관해서 풀면
$t = 365\left(1 - \dfrac{b}{a}\right)$가 되므로 이 해가 0과 365 사이에 존재하기 위한 조건은 $a > b$가 된다. 두 상품에 대하여 $R(\mathrm{A}) = R(\mathrm{B})$를 동일한 좌표상에 그래프로 그리면 다음과 같다.

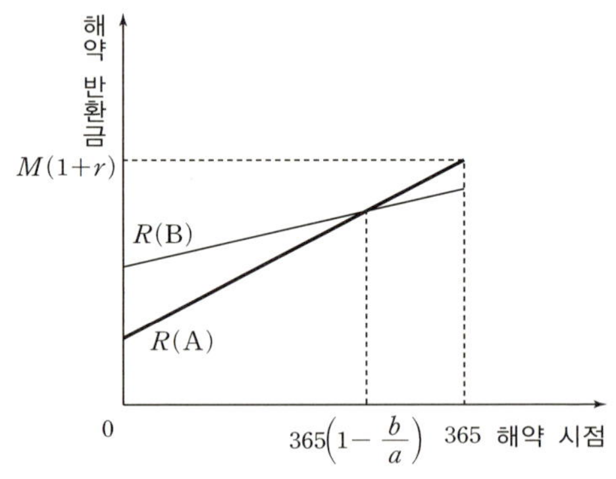

(2) 실제로 은행에서 1년 만기 정기 예금을 두 가지

상품으로 만들어 마케팅을 한다고 가정하면, 위 그래프처럼 $R(\mathrm{A})$와 $R(\mathrm{B})$가 교차하는 지점이 0과 365 사이에 존재하도록 문제에서 주어진 해약 부담금 규정 내의 a와 b가 미리 결정되어 있다고 할 수 있다. 따라서 K씨는 (1)에서 구한 $t=365\left(1-\dfrac{b}{a}\right)$를 이용하여 만일 자신이 해약 가능성이 있다고 예상하는 해약 시점이 이 값보다 작다면 이러한 경우에 해약 시 돌려받는 금액이 더 큰 상품 B를 선택하는 것이 유리하며, 자신이 해약 가능성이 있다고 예상하는 해약 시점이 이 값보다 크다면 그러한 경우에 해약 시 돌려받는 금액이 더 큰 상품 A를 선택하는 것이 유리할 것이다.

물론 리스크(risk)에 대한 개인의 성향에 따라서 위험을 감수하고라도 주관적으로 판단하여 이익이 더 크다고 여겨지는 상품을 선택할 수도 있으나 이러한 결정은 객관적이거나 논리적이라고 하기에는 많은 무리가 있다고 할 수 있다. 또한 두 그래프가 거의 차이가 없이 비슷하다면 어떤 상품을 택해도 특별히 유리하거나 불리하다고 할 수는 없지만, 이러한 경우가 발생한다고 가정하는 것은 현실적으로 합리적이지 않다고 볼 수 있으므로 배제하여도 될 것이다.

7

〈배경 개념 확인〉

$(\text{전력})=\dfrac{(\text{전력량})}{(\text{시간})}$, $(\text{전력량})=(\text{전력})\times(\text{시간})$,

$(\text{전력량})=(\text{전기 에너지})$

〈프린터의 에너지 소모 비교〉

예열 전력량을 e, 대기 전력량을 P_s, 인쇄 전력량을 P_p라 하고 일반적으로 예열 전력량은 예열하는 데 걸리는 시간(예열 시간) r만큼을 대기하면서 소모하

는 전력량 보다 크다고 가정하자. 즉, $e>P_s r$이다.

(i) 인쇄를 마치고 바로 전원이 꺼지는 프린터의 경우 에너지 소모량

k번째 인쇄를 하는 데 걸리는 시간을 t_k라고 할 때, 인쇄를 하고 바로 꺼지는 경우 n번 인쇄를 하는 경우 매번 예열을 해야 하므로 에너지 소모량은 다음과 같다.

$$E_1=ne+\sum_{k=1}^{n} P_p t_k$$

(ii) 인쇄를 하는 사이사이 전원이 꺼지지 않고 대기 전력이 소비되는 경우 에너지 소모량

k번째 인쇄를 하기 전 대기 시간을 $T_k(2\leq k\leq n)$라고 하면 에너지 소모량은 다음과 같다.

$$E_2=e+\sum_{k=2}^{n} P_s T_k+\sum_{k=1}^{n} P_p t_k$$

$$E_1-E_2=(n-1)e-\sum_{k=2}^{n} P_s T_k$$

만약 첫 번째 항이 두 번째 항보다 크다면, 즉 $(n-1)$번 전원을 켤 때마다 예열 전력량이 n번 대기에 해당하는 전력량보다 크다면 인쇄를 하고 나서 매번 끄는 것보다 켜 놓았을 때가 에너지 소모가 작다는 것을 알 수 있다.

$$E_1-E_2=(n-1)\left(e-\frac{1}{n-1}\sum_{k=2}^{n} P_s T_k\right)$$

두 번째 괄호 안의 두 번째 항은 평균 대기 전력량이라고 할 수 있는데, 만약 평균 대기 전력량이 예열 전력량보다 크다면 전원이 켜진 채 대기하게 설정된 프린터가 에너지 소모가 작다고 말할 수 없다. 어떤 경우에 평균 대기 전력량이 예열 전력량보다 커지는지, 즉 $E_1<E_2$인지 구체적으로 따져 보자.

$$\frac{1}{n-1}\sum_{k=2}^{n} P_s T_k=P_s T_{av}$$ (여기서 $T_{av}=\sum_{k=1}^{n} T_k$로서 평균 대기 시간이다.)

$P_s T_{av}>e$인 경우 $e-\dfrac{1}{n-1}\sum_{k=2}^{n} P_s T_k=e-P_s T_{av}<0$

이므로 $E_1 < E_2$가 된다.

그러므로 평균 대기 시간이 $\dfrac{e}{P_s}$보다 커지게 되는 경우 전원이 안 꺼지게 설정된 프린터의 에너지 소모가 크다.

이것을 개선하기 위해서 어떤 기준 시간을 정해서 대기 시간이 그 기준 시간보다 커질 경우 전원이 꺼지게 설정을 하자. 예를 들어 기준 시간을 예열 시간 정도로 잡고 대기 시간이 예열 시간이 되는 순간 전원을 꺼지게 설정하자.

이 경우 n번 인쇄를 하는 동안 소모되는 전력은 다음과 같다.

$$E_3 = ne + (n-1)P_s\tau + \sum_{k=1}^{n} P_p t_k$$

이 경우 명백히 $E_3 > E_1$이 된다.

하지만 $T_k = 2\tau + T'_k$ (T'_k는 전원이 꺼진 상태로 대기하는 시간, 즉 에너지 소모가 없는 대기 시간)이므로

$$\begin{aligned}
E_2 &= e + \sum_{k=2}^{n} P_s T_k + \sum_{k=1}^{n} P_p t_k \\
&= e + P_s \sum_{k=2}^{n} (2\tau + T'_k) + \sum_{k=1}^{n} P_p t_k \\
&= e + 2(n-1)P_s\tau + P_s \sum_{k=2}^{n} T'_k + \sum_{k=1}^{n} P_p t_k
\end{aligned}$$

두 에너지의 차이를 구해 보면

$$\begin{aligned}
E_2 - E_3 &= (n-1)P_s\tau - (n-1)e + P_s \sum_{k=2}^{n} T'_k \\
&= (n-1)P_s \left(\frac{1}{n-1} \sum_{k=2}^{n} T'_k - \left(\frac{e}{P_s} - \tau \right) \right)
\end{aligned}$$

가 되는데 이때, 전원이 안 들어온 상태에서 대기하는 평균 시간, 즉 $\dfrac{1}{n-1} \sum_{k=1}^{n} T'_k$가 $\dfrac{e}{P_s} - \tau$보다 크면 E_3이 작아지게 되는 것이다.

8

오전 6시부터 3시간 간격으로 A역에서 완행과 급행 열차가 출발한다고 하자. 그렇다면 B역에서는 8시, 11시, 14시, …에 잠시 정차하게 되므로 준기의 출발 시각에 따라서 집에 도착하는 시각은 다음과 같이 변하게 된다.

준기의 출발 시각	역에 도착하는 시각	열차 탑승	집에 도착하는 시각
6시$< h \leqq$7시	A역 도착$(h+2)$시	9시	13시
	B역 도착$(h+2)$시	11시	15시
7시$< h \leqq$9시	A역 도착$(h+2)$시	12시	16시
	B역 도착$(h+2)$시	11시	15시
9시$< h \leqq$10시	A역 도착$(h+2)$시	12시	16시
	B역 도착$(h+2)$시	14시	18시

준기의 출발 시각이 A역에서 열차 출발 후 한 시간 이내라면 A역에서 급행을 타는 것이 유리하다. 준기의 출발 시각이 열차 출발 후 1시간부터 다음 열차 출발 직전까지라면 B역으로 가서 완행을 타는 것이 유리하다. 준기가 집에 일찍 도착하기 위해서 고려해야 할 조건은 A역에서 열차 출발 시각과 자신의 출발 시각과의 관계이다.

배차 시간이 변하는 경우를 하나씩 살펴보면 다음과 같다. 배차 시간이 2시간으로 줄어드는 경우를 살펴보자.

준기의 출발 시각	역에 도착하는 시각	열차 탑승	집에 도착하는 시각
6시$< h \leqq$8시	A역 도착$(h+2)$시	10시	14시
	B역 도착$(h+2)$시	10시	14시
8시$< h \leqq$10시	A역 도착$(h+2)$시	12시	16시
	B역 도착$(h+2)$시	12시	16시

이 경우에는 언제 출발하여 어느 역으로 가더라도 집에 도착하는 시간은 같다.

(i) 배차 시간이 1시간으로 줄어드는 경우는 어떨까?

준기의 출발 시각	역에 도착하는 시각	열차 탑승	집에 도착하는 시각
6시$< h \leqq$7시	A역 도착$(h+2)$시	9시	13시
	B역 도착$(h+2)$시	9시	13시
7시$< h \leqq$8시	A역 도착$(h+2)$시	10시	14시
	B역 도착$(h+2)$시	10시	14시

이때도 마찬가지로 언제 출발하건 어느 역으로 향하건 같은 시각에 급행 또는 완행을 탑승하여 같은 시각에 집에 도착하게 된다.

(ii) 만약 배차 시간이 4시간이라면 어떻게 달라질까?

준기의 출발 시각	역에 도착하는 시각	열차 탑승	집에 도착하는 시각
6시 $< h \leqq$ 8시	A역 도착$(h+2)$시	10시	14시
	B역 도착$(h+2)$시	12시	16시
8시 $< h \leqq$ 10시	A역 도착$(h+2)$시	14시	18시
	B역 도착$(h+2)$시	12시	16시
10시 $< h \leqq$ 12시	A역 도착$(h+2)$시	14시	18시
	B역 도착$(h+2)$시	16시	20시

열차가 출발한 지 2시간 이내에 준기가 출발한다면 A역으로 가서 급행열차를 타는 게 낫고, 열차가 출발한지 2시간이 지난 이후라면 B역으로 가서 완행을 타는 것이 집에 더 일찍 도착하는 방법이다.

9

1건당 보상액을 계산하기 위하여 일별 누적 조사 보호 관리 비용을 처음 예산 75억에서 뺀 액수와 처음 신고 건수에서 일별 누적 허위 신고 건수를 뺀 건수를 구하여 나눈다. 이것을 표로 작성해 보면 다음과 같다.

	0일	1일	2일	3일
남은 예산	75억	74억	72억	69억
보상해야 할 건수	1000건	900건	810건	730건
1건당 보상액 (단위 1만 원)	7,500	8,222	8,887	9,452

4일	5일	6일	7일	8일
65억	60억	54억	47억	39억
660건	600건	550건	510건	480건
9,848	10,000	9,818	9,216	8,125

위의 표에 의하면 5일째 조사가 끝난 후 1건당 보상액이 최대가 됨을 알 수 있다.

그런데 총접수 건수 중 진짜 피해 건수는 상수이므로 보상액과 보상의 효과는 비례하는 관계이다. 그러므로 보상의 효과는 5일째 조사가 끝난 후 최대가 된다.

〈참고 1〉

일별 허위 신고 적발 건수는 매일 10건씩 감소하여 10일째 10건이 적발된 후 11일째는 0건이 된다. 그러므로 허위 신고 건수는 총 550건이며 진짜 피해 건수는 450건으로 볼 수 있다. 하지만 11일째부터 0건이라는 것이 다른 요인에 의해 못 찾는 것일 수도 있으므로 진짜 피해 건수가 450건이라고 확정적으로 말할 수는 없다. 그래도 진짜 피해 건수는 변수가 아니라 상수이므로 이 문제를 풀어 나가는 데에는 관계가 없다.

〈참고 2〉

남은 예산과 보상해야 할 건수를 조사 일수 n의 함수로 표현하면 각각 다음과 같다.

(남은 예산)$= 75 - \dfrac{n(n+1)}{2}$ (억 원)

(보상해야 할 건수)

$= 1000 - \dfrac{n}{2}(200 + (-10) \cdot (n-1))$

$= 1000 - 105n + 5n^2$ (건)

그러므로 1건당 보상해야 할 액수는

$$\dfrac{75 - \dfrac{n(n+1)}{2}}{1000 - 105n + 5n^2}$$ (억 원/건)이 되는데 이 함수

의 최대값을 수학 I 의 지식으로 구하기는 힘들다. 그렇기 때문에 예시 답안에서처럼 일별 건당 보상액을 계산하여 그 추이를 보고 판단하는 것이 좋다.

10

(1) $\cosh(-x)=\dfrac{e^{-x}+e^{-(-x)}}{2}=\cosh x$ 이므로

우함수인데 $\cos x$가 우함수인 것과 대응한다.

또한

$$\sinh(-x)=\frac{e^{-x}-e^{-(-x)}}{2}=-\frac{e^{x}-e^{-x}}{2}=-\sinh x$$

이므로 $\sin x$가 기함수인 것에 대응한다.

그리고 임의의 실수 x에 대하여 $\cos^2 x+\sin^2 x=1$ 과 대응하는 성질로서 임의의 실수 x에 대하여 $\cosh^2 x-\sinh^2 x=1$이 성립한다.

(2) 임의의 다항함수

$$f(x)=a_0+a_1 x+a_2 x^2+\cdots+a_n x^n$$

은 다음과 같이 우함수 부분과 기함수 부분의 합으로 표현할 수 있다.

$$f(x)=(a_0+a_2 x^2+a_4 x^4+\cdots+a_n x^n)$$
$$+(a_1+a_3 x^3+\cdots+a_{n-1}x^{n-1}$$

(단, n은 짝수이다. n이 홀수인 경우에는 우변의 첫 번째 괄호와 두 번째 괄호 안의 각각 마지막 항을 바꾸면 된다.)

정의역이 실수인 임의의 함수는 다음과 같이 우함수 부분과 기함수 부분의 합으로 표현할 수 있다.

$$f(x)=\frac{f(x)+f(-x)}{2}+\frac{f(x)-f(-x)}{2}$$

왜냐하면 위의 식의 우변의 첫 항에 $-x$를 대입하면 자기 자신과 같으므로 첫 항은 우함수 부분이 되고, 두 번째 항에 $-x$를 대입하면 $\dfrac{f(-x)-f(x)}{2}=-\dfrac{f(x)-f(-x)}{2}$가 되어 두 번째 항은 기함수 부분이 되기 때문이다.

1

문제의 지문에서 $t=0$일 때 존재하던 탄소 14의 양을 A_0, 시간이 t만큼 흐른 후 남아 있는 탄소 14의 양을 $A(t)$라고 하면, $A(t)=A_0\left(\dfrac{1}{2}\right)^{\frac{t}{T}}$ 을 만족해야 한다는 사실을 유추해야 한다.

이때 $T=5700$(년)이다.

(1) 탄소 14가 35.6% 남아 있다는 말은

$$\frac{A(t)}{A_0}=0.356=2^{-\frac{3}{2}}=\left(\frac{1}{2}\right)^{\frac{3}{2}}\text{이므로}$$

$$t=\frac{3}{2}T=\frac{3}{2}\times 5700=8550\text{(년)}$$

(2) 탄소 14가 70.7% 남아 있다는 말은

$$\frac{A(t)}{A_0}=0.707=2^{-\frac{1}{2}}=\left(\frac{1}{2}\right)^{\frac{1}{2}}\text{이므로}$$

$$t=\frac{1}{2}T=\frac{1}{2}\times 5700=2850\text{(년)}$$

(3) $\dfrac{A(1500)}{A_0}=\left(\dfrac{1}{2}\right)^{\frac{1500}{5700}}=\left(\dfrac{1}{2}\right)^{0.2631}$ 이므로

양변에 상용로그를 취하면

$$\log\frac{A(1500)}{A_0}=0.2631\times(-0.301)$$
$$=-0.07921$$
$$=-1+0.9208$$
$$=\log 10^{-1}+\log 8.33$$
$$=\log 0.833$$

이므로 $\dfrac{A(1500)}{A_0}=0.833$ 즉, 1500년이 지난 후 탄소 14가 남아 있는 양은 83.3%라고 할 수 있다.

2

$$\varDelta S=nR\log_e \frac{V_2}{V_1}=\frac{N}{N_A}R\log_e 2=Nk_B\log_e 2$$

이다. 왜냐하면 $k_B=\dfrac{R}{N_A}$ 이고, 칸막이로 나누어진

같은 크기의 방 한쪽에만 입자가 있었다가 칸막이가 제거된 후 입자들은 두 방을 모두 채우게 되므로 $V_2=2V_1$이기 때문이다. 한편 로그의 성질에 의해 $\Delta S=Nk_\mathrm{B}\log_e 2=k_\mathrm{B}\log_e 2^N$이 된다.

이 결과를 엔트로피의 미시적 정의를 이용하여 해석해 보면 다음과 같다.

처음 상태의 입자들은 왼쪽 방에만 모여 있으므로 그 경우의 수는 $\Omega_1=1^N=1$이고 그러므로 처음 상태의 엔트로피는 $S_1=k_\mathrm{B}\log_e \Omega_1=k_\mathrm{B}\log_e 1=0$이다.

칸막이를 제거한 후인 나중 상태에 N개의 입자들은 각각이 독립적으로 왼쪽 방에 있거나 오른쪽 방에 있을 것이므로 N개의 입자들이 존재하는 경우의 수는 $\Omega_2=\underbrace{2\times 2\times\cdots\times 2}_{2\text{가 }N\text{개}}=2^N$이 된다.

그러므로 나중 상태의 엔트로피는
$S_2=k_\mathrm{B}\log_e \Omega_2=k_\mathrm{B}\log_e 2^N$이다.

엔트로피 변화량은
$\Delta S=S_2-S_1=k_\mathrm{B}\log_e 2^N-0=k_\mathrm{B}\log_e 2^N$
으로 거시적 정의를 이용한 계산과 일치함을 알 수 있다.

PART 4 행렬

1

(1) $N=M^2$

$$=\begin{pmatrix} 0 & 1 & 0 & 1 \\ 0 & 0 & 1 & 1 \\ 1 & 0 & 0 & 1 \\ 0 & 1 & 1 & 0 \end{pmatrix}\begin{pmatrix} 0 & 1 & 0 & 1 \\ 0 & 0 & 1 & 1 \\ 1 & 0 & 0 & 1 \\ 0 & 1 & 1 & 0 \end{pmatrix}$$

$$=\begin{pmatrix} 0 & 1 & 2 & 1 \\ 1 & 1 & 1 & 1 \\ 0 & 2 & 1 & 1 \\ 1 & 0 & 1 & 2 \end{pmatrix}$$

$$N_{ii}=\underbrace{M_{i1}M_{1i}}_{①}+\underbrace{M_{i2}M_{2i}}_{②}+\underbrace{M_{i3}M_{3i}}_{③}+\underbrace{M_{i4}M_{4i}}_{④}$$

① (P_i가 P_1을 좋아하는지의 여부)$\times$(P_1이 P_i를 좋아하는지의 여부)

서로 좋아한다면 $M_{i1}M_{1i}=1$ (P_i와 P_1은 친구 사이)

② (P_i가 P_2를 좋아하는지의 여부)$\times$(P_2가 P_i를 좋아하는지의 여부)

서로 좋아한다면 $M_{i2}M_{2i}=1$ (P_i와 P_2는 친구 사이)

③, ④도 같은 원리이다.

결과적으로 N_{ii}가 의미하는 수는 P_i의 친구 수이다.

(2) N의 대각 성분의 합
$=M_{11}M_{11}+M_{12}M_{21}+M_{13}M_{31}+\cdots+M_{1n}M_{n1}$
$\quad+M_{21}M_{12}+M_{22}M_{22}+M_{32}M_{23}+\cdots+M_{2n}M_{n2}$
$\quad+M_{31}M_{13}+M_{32}M_{23}+M_{33}M_{33}+\cdots+M_{3n}M_{n3}$
$\quad+\cdots$
$\quad+M_{n1}M_{1n}+M_{n2}M_{2n}+M_{n3}M_{3n}+\cdots+M_{nn}M_{nn}$

M_{ii}는 모두 0, $M_{ij}M_{ji}+M_{ji}M_{ij}=2M_{ij}M_{ji}$ 쌍으로 이루어지므로 N의 대각 성분의 합은 짝수이다.

2

$(1\ \ -5)A+B=(2\ \ 3)$ $\cdots\cdots$ ㉠
$(4\ \ -4)A+B=(-1\ \ 2)$ $\cdots\cdots$ ㉡
$B=(p\ \ q)$라 하면
㉠, ㉡에서

$$\begin{pmatrix} 1 & -5 \\ 4 & -4 \end{pmatrix} A = \begin{pmatrix} 2-p & 3-q \\ -1-p & 2-q \end{pmatrix} \text{에서}$$

$$A = \begin{pmatrix} 1 & -5 \\ 4 & -4 \end{pmatrix}^{-1} \begin{pmatrix} 2-p & 3-q \\ -1-p & 2-q \end{pmatrix}$$

$$= \frac{1}{16} \begin{pmatrix} -p-13 & -q-2 \\ 3p-9 & 3q-10 \end{pmatrix}$$

(i) 갑의 풀이

갑은 임의의 1×2 암호화 전 행렬에서 1×2 암호화 후 행렬을 얻어 내려면, 행렬의 원소의 수가 언제나 정수이므로 $A = \frac{1}{16} \begin{pmatrix} -p-13 & -q-2 \\ 3p-9 & 3q-10 \end{pmatrix}$과 $B = (p \quad q)$가 정수를 원소로 가지는 행렬이 되어야 하고, 1×2 행렬의 수의 범위가 -10에서 14까지인 것을 고려하면 $p = 3$, $q = -2$임을 알아냈을 것이다.

따라서 $A = \begin{pmatrix} -1 & 0 \\ 0 & -1 \end{pmatrix} = -E$, $B = (3 \quad -2)$임을 생각했다.

$(0 \quad 3)$, $(-9 \quad 3)$, $(-1 \quad 8)$의 암호화 전 행렬을 각각 순서대로 $(x_1 \quad y_1)$, $(x_2 \quad y_2)$, $(x_3 \quad y_3)$으로 놓자. 그러면

$$(x_1 \quad y_1) A + B = (0 \quad 3)$$
$$(x_2 \quad y_2) A + B = (-9 \quad 3)$$
$$(x_3 \quad y_3) A + B = (-1 \quad 8)$$

이므로 각각의 식에

$A = \begin{pmatrix} -1 & 0 \\ 0 & -1 \end{pmatrix} = -E$, $B = (3 \quad -2)$를 대입하

면 $(x_1 \quad y_1) = (3 \quad -5)$, $(x_2 \quad y_2) = (12 \quad -5)$, $(x_3 \quad y_3) = (4 \quad -10)$이 된다. 따라서 원래 암호화하기 이전의 단어는 '도토리'이다.

(ii) 을의 풀이

을은 주어진 조건을 수식화한 ㉠, ㉡만으로는 A, B가 결정나지 않으므로 해독하지 못하겠다는 회신을 보내왔을 가능성이 크다. 즉 암호화 행렬의 원소들이 언제나 정수라는 사실을 간과했을 것이다.

3

각 서클 모임을 꼭지점으로 나타내고 동시에 소속된 학생이 있는 서클 모임을 변으로 연결하면 다음과 같은 그래프를 얻을 수 있다.

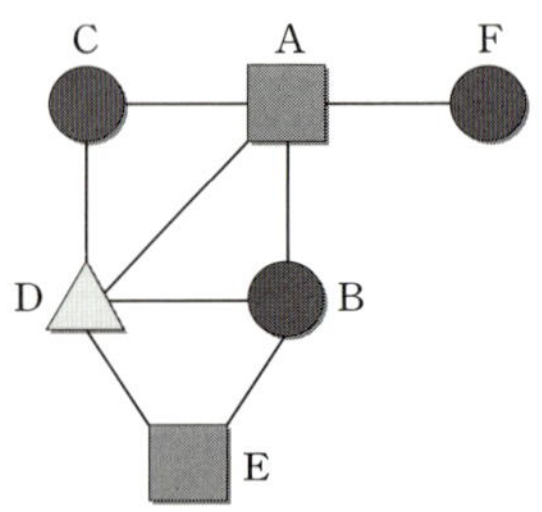

이 그래프를 서로 변으로 연결된 꼭지점들은 서로 다른 색으로 칠할 때 필요한 최소 색의 수가 바로 최소 요일 수가 될 것이다.

적절하게 칠하는 최소의 색은 3이므로 3일만 서클 모임을 해도 학생이 빠지는 일이 없게 할 수 있다.

1

A가 생각한 재산의 합은 3060만 원이고 상속자는 세 명이므로 A가 생각하는 몫은 전체 금액의 $\frac{1}{3}$인 1020만 원이다. 같은 방법으로 B, C가 생각하는 각자의 몫을 구하면

(단위 : 만 원)

	A	B	C
몫	1020	950	1100

상속되는 재산은 그 재산을 가장 높게 평가한 사람에게 우선 배정하여 집은 A에게, 땅은 C에게 배정하기로 한다. A는 자기의 몫이 1020만 원인데 2600만 원인 집을 받았으므로 그 차인 1580만 원을 현금으로 지불한다. 이와 같은 방법으로 B, C가 지불해야 할 금액을 구하면

(단위 : 만 원)

	A	B	C
몫	1020	950	1100
배당된 금액	2600	0	800
지불할 금액	1580	−950	−300

앞의 표에서 지불할 금액이 양인 사람이 지불하는 돈으로 지불할 금액이 음인 사람에게 그 사람의 몫을 채워 주고 남는 나머지 금액을 구하면 330만 원이다.

남은 금액은 3등분하여 각 자녀에게 지불한다. A, B, C가 상속받은 금액은 다음표와 같다.

(단위 : 만 원)

	A	B	C
몫	1020	950	1100
나머지 금액의 $\frac{1}{3}$	110	110	110
상속받은 금액	1130	1060	1210

집과 땅은 각각 그 값을 가장 높게 책정한 A와 C에게 판 결과와 같아서 그 총액은 각 상속자가 적어낸 금액의 총액보다 크게 된다. 따라서 각 상속자는 자기가 생각한 몫보다 더 많이 받게 된다. 그러나 이 방법으로 분배할 때는 각 상속자가 유산을 받은 몫 이외의 나머지를 현금으로 지불할 수 있어야 한다.

2

주어진 작업들 중에서 동시에 진행시킬 수 있는 작업들이 있으므로 45일이나 걸리지는 않는다. 주어진 표에서 작업 A 다음에 작업 B, C, D는 동시에 진행시킬 수 있으므로 작업 A, B, C, D를 끝마치는 데 드는 작업 일수는 A 다음에 D를 하는 데 걸리는 시간인 10일로 단축할 수가 있다. 작업을 끝내는 데 필요한 최소 시간을 파악하려면 작업을 꼭 지점으로 하고, 두 작업 사이에 선후 관계를 화살표로 표시하여 그래프로 나타내면 작업 일정을 보다 쉽게 파악할 수 있다. 이때 전체 작업을 마치기 위해 필요한 최소의 시간은 시작에서 마지막 작업까지의 경로 중에서 작업 시간이 가장 긴 경로로 결정된다. 위의 표를 근거로 하여 그래프를 그리면 다음 그림과 같다.

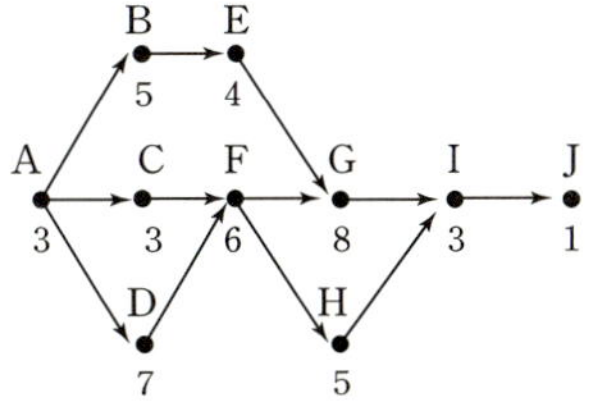

작업 A에서 작업 J까지 모든 경로들을 조사하고 걸리는 시간을 조사하면

A → B → E → G → I → J : 24일
A → C → F → G → I → J : 24일

A→C→F→H→I→J : 21일
A→D→F→G→I→J : 28일
A→D→F→H→I→J : 25일
따라서 최소한 28일이 필요하다.

3

(1) 각 물품에 대하여 시작 시점부터 현재 시점까지 총판매 개수를 살펴보면, 다음 표와 같다.

물품 번호	1	2	3	4	5	6
판매 개수	15	10	10	6	4	4

물품 번호	7	8	9	10	평균
판매 개수	5	3	8	11	7.6

10개의 물품 중에서 가장 적게 팔린 물품은 3개 팔린 물품 8이다. 따라서 사업자는 주어진 기간의 물품의 판매 개수를 기준으로 했다. 그런데 물품 8은 주어진 기간에 가장 적게 팔렸으나 최근에 잘 판매되고 있음을 알 수 있다. 그러므로 주어진 기간의 물품의 판매 개수를 기준으로 하면 최근에 소비자들의 인지도가 급격히 높아져 잘 팔리기 시작하는 물품이 자판기에서 제외될 수 있는 문제점이 있다.

(2) 물품 3의 총판매 개수는 적지 않은 편이나 초기에 판매되기 시작하다가 최근에는 전혀 판매되고 있지 않다. 따라서 제외 기준은 마지막 판매 시점에서 현재까지의 기간이다. 이 기준은 판매가 잘 되는 기간이 주기적으로 반복되는 물품에 불리하게 작용하는 문제점이 있다.

예를 들면 모기향은 여름에 잘 판매되는 물품이다. 그런데 현재 시점이 봄이면 마지막 판매 시점에서 현재까지의 기간이 상당히 길어 조만간 판매가 활발히 이루어질 것임에도 불구하고 자판기에서 제외될 것이다.

(3) (1)에서는 현재 시점까지 판매 개수, (2)에서는 물품이 현재 시점까지 판매되지 않은 기간이 기준이다. 기준은 다르지만 판매가 부진한 물품을 다른 것으로 교체해서 판매 이익을 극대화하려는 동일한 목표를 가지고 있다. 두 기준이 가지고 있는 문제점을 해결하기 위해서는 먼저 좀 더 긴 기간 동안 조사하여 각 물품의 판매 경향의 주기성이 있는지를 파악하여 제외될 물품을 결정한다. 조사 기간을 늘릴 수 없다면 (1)과 (2) 기준에 가중치를 두어 두 기준을 모두 적용할 수 있도록 한다. 외부적으로는 소비자들의 반응을 조사하거나 물품의 특성을 면밀히 분석하여 앞으로의 판매 예상을 하는 방법도 있을 수 있다.

4

상품 개수	연필의 총효용	연필의 한계 효용	연필 1원 어치의 한계 효용	과자의 총효용	과자의 한계 효용	과자 1원 어치의 한계 효용
1	12	12	0.06	7	7	0.07
2	22	10	0.05	13	6	0.06
3	30	8	0.04	18	5	0.05
4	36	6	0.03	22	4	0.04
5	40	4	0.02	25	3	0.03
6	42	2	0.01	27	2	0.02

연필의 개수를 x, 과자의 개수를 y라고 한다면 1000원의 돈으로 살 수 있는 연필과 과자의 개수는 다음 식을 만족한다. $200x + 100y = 1000$

위의 식을 만족하는 (x, y)의 쌍과 각 쌍에 대응하는 연필과 과자의 총효용의 합은 다음과 같다.

(x, y)	연필의 효용	과자의 효용	두 효용의 합
$(1, 8)$	12	표에 없음	
$(2, 6)$	22	27	49
$(3, 4)$	30	22	52
$(4, 2)$	36	13	49
$(5, 0)$	40	0	40

위의 표에 의하면 연필 3개, 과자 4개를 살 때 효용이 가장 높다. 효용의 합, 즉 만족감이 가장 높다. 이것이 합리적 소비를 위한 첫 번째 조건이다.

두 번째 조건은 이때 단위 화폐당 한계 효용이 같아진다는 점이다. 즉, 위의 첫 번째 표에서도 알 수 있듯이 연필을 3개 샀을 때 연필 1원어치의 한계 효용과 과자 4개를 샀을 때 과자 1원어치의 한계 효용이 모두 0.04로 같다. (총효용이 극대가 되기 위한 필요조건이 바로 단위 화폐당 한계 효용이 같아졌을 때이다.)

5

주어진 표에서 두 행끼리 비교하면 을이 어떤 음식을 판매하든지 A는 D보다, C는 B보다 각 값이 모두 작다. 따라서 갑이 켤코 판매하지 않을 음식은 A, C이다. 음식 A, C에 해당하는 두 행을 지운다. 남은 표의 두 열끼리를 비교하면, 갑이 음식 B, D 어느 음식을 선택하더라도, 을은 음식 A, C를 판매하지 않는다. 서비스 A, C에 해당하는 열을 지운다. 남은 표에서 갑은 음식 B를 판매하는 것이 언제나 유리하므로 음식 B를 선택할 것이다. 이때 을도 음식 B를 판매하는 것이 적자를 최소화할 수 있다.

6

(1) x축을 인구의 누적 분포, y축을 소득의 누적 분포라고 하면

인구의 누적 분포	0.2	0.4	0.6	0.8	1
소득의 누적 분포	0.008	0.064	0.216	0.512	1

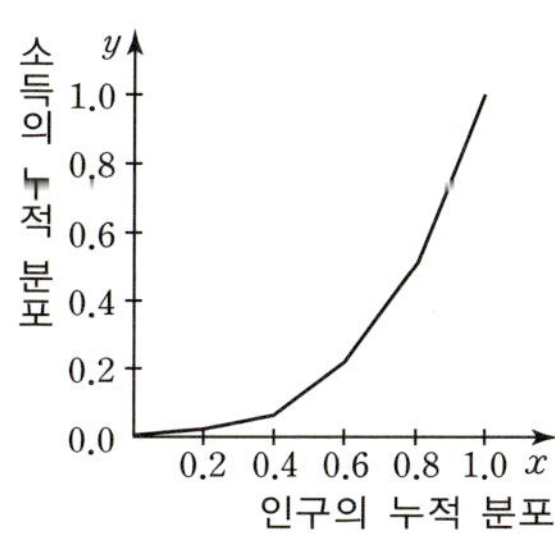

만약 소득이 균등하다고 한다면 인구의 누적 분포와 소득의 누적 분포는 정비례하는 직선이 나와야 한다. 이것을 완전 균등선이라고 한다.

(2) 서로 다른 두 개의 로렌츠 곡선이 교차할 경우 어느 곡선이 좀 더 균등한 소득 분포를 표시하는지를 비교하는 척도로 지니 계수라는 것이 있다. 지니 계수는 완전 균등선과 로렌츠 곡선으로 둘러싸인 부분의 넓이로 정의된다. 이 넓이가 클수록 소득의 불균등 정도는 크며, 넓이가 작을수록 완전 균등선에 가깝다는 의미로 소득의 불균등 정도는 낮다.

또 다른 척도로 5분위 배율이라는 것이 있다. 소득 계층 최하위 20%의 소득과 최상위 20%의 소득을 비교한 값이다.(또는 10분위 배율을 사용하기도 한다.) 예를 들어 (1)의 주어진 자료에서 5분위 배율은 $\dfrac{488,000}{8,000}=61$이다.

7

(가)의 관점을 취한다면, 전체의 행복의 총량이 기준이 된다. 따라서 개발도상국 정부는 협상안의 수용 여부를 치유되는 환자 수로 결정할 것이다.

A도시의 인구를 a명이라 하고, B도시의 인구를 b명이라 하자. 협상안을 수용하기 전에 치유되는 환자 수를 P_1이라 하면, 신약이나 복제약을 살 수 있는 환자의 비율이 다음 표와 같다.

	신약을 살 수 있는 환자	복제약을 살 수 있는 환자
A도시	10%	80%
B도시	50%	50%

따라서

$$P_1 = (\text{A도시에서 치료되는 환자 수})$$
$$+ (\text{B도시에서 치료되는 환자 수})$$
$$= (0.1a \times 0.8 + 0.8a \times 0.3)$$
$$+ (0.5b \times 0.8 + 0.5b \times 0.3)$$
$$= 0.32a + 0.55b$$

이다. 협상안을 수용한다면 치유되는 환자 수를 P_2 라 하면, 신약이나 복제약을 살 수 있는 환자의 비율이 아래 표와 같다.

	신약을 살 수 있는 환자	복제약을 살 수 있는 환자
A도시	20%	50%
B도시	70%	30%

따라서

$$P_2 = (\text{A도시에서 치료되는 환자 수})$$
$$+ (\text{B도시에서 치료되는 환자 수})$$
$$= (0.2a \times 0.8 + 0.5a \times 0.3)$$
$$+ (0.7b \times 0.8 + 0.3b \times 0.3)$$
$$= 0.31a + 0.65b$$

이다. 협상안 수용 시의 치료 환자 수에서 현행 치료 환자 수를 빼서 어느 쪽이 이득인지 예측해 보자. $S = P_2 - P_1 = 0.1b - 0.01a$라 할 때,

$S > 0$, 즉 $b > 0.1a$라면 협상안을 수용한다. 다시 말하면, B도시의 인구가 A도시의 인구의 10%보다 크면 협상안을 수용한다. 협상안을 수용하면 실제로 A도시에서 치료되는 환자 수는 줄고 B도시에서 치료되는 환자 수가 늘어난다. 따라서 가난한 A도시는 피해를 보나 이 나라의 치료되는 환자의 총수는 늘어난다.

$S < 0$, 즉 $b < 0.1a$라면 협상안을 거부한다.

$S = 0$, 즉 $b = 0.1a$라면 (가)의 입장에서는 어떤 선택도 상관없지만 가난한 A도시의 인구가 월등히 많기에 A도시 사람들이 피해 의식을 가지지 않도록 협상안를 거부하는 것이 좋다.

8

(나)의 관점이 의사 결정의 요소로서 자신의 이윤만이 아니라 상대방를 배려하는 식으로 행동해야 함을 나타내고 있다. 그리고 이러한 마음을 가지고 있을 것이라 친구 사이인 갑과 을은 서로 미루어 예측할 것이다.

(가)에 밝히는 것처럼 서로 자신의 이익만을 추구하였을 때 가질 수 있는 이윤이 갑과 을 모두 10이다. 그러나 갑과 을이 (나)와 같은 철학적 입장을 가졌을 경우에는 보다 더 많은 이윤을 가질 수 있게 된다.

갑은 을이 어떤 사업을 선택하건 자신이 사업 A를 선택해야 을이 더 많은 이윤을 가져갈 수 있음을 알 수 있다. 을도 갑이 어떤 사업을 선택하건 자신이 사업 A를 선택해야 을이 더 많은 이윤을 가져갈 수 있음을 알 수 있다.

갑은 을을 배려하는 마음으로 자신이 사업 A를 선택했을 때, 을도 자신과 같은 생각을 가지고 있기에 자신에게 이윤이 적은 사업 B를 선택하지는 않을 것이라고 신뢰감을 가질 것이다. 을의 생각도 마찬가지일 것이다.

따라서 두 사람은 모두 사업 A를 선택하여 12의 이윤을 가져갈 것이다.

9

숙박비를 계산하는 기준이 달라질 수 있다. 예를 들면 한 감독이 3일 연속으로 시사회를 개최할 때, 호텔에 2박으로 할 것인지 3박으로 할 것인지를 결

정해야 하는데, 비용을 절감하는 것이 목적이므로 2박으로 하는 것으로 하자.

1회 왕복 항공료를 a, 1일 숙박비를 b라 하면 각 감독별로 필요한 비용은 다음과 같다.

영화 감독	㉠ 제주도에 계속 머무르게 할 때의 비용	㉡ 서울에 갔다 다 시 돌아오게 할 때 의 비용	㉢ ㉠의 비용−㉡ 의 비용
A	$a+6b$	$2a+3b$	$-a+3b$
B	$a+5b$	$2a+3b$	$-a+2b$
C	$a+7b$	$2a+3b$	$-a+4b$
D	$a+8b$	$2a+3b$	$-a+5b$
E	$a+8b$	$3a+2b$ 또는 $2a+4b$	$-2a+6b$ 또는 $-a+4b$

감독 E에서 서울에 갔다 다시 돌아오게 할 때의 비용이 두 가지로 나오는 이유는 3일과 7, 8, 9일 2번 모두 서울에 돌아가는 경우와 7, 8, 9일에만 서울에 돌아가는 경우를 모두 생각할 수 있기 때문이다.

각 감독에 대하여 ㉢의 값이 양수이면 서울에 갔다 다시 놀아오게 하는 것이 비용이 석게 늘 것이고, ㉢의 값이 음수이면 제주도에 계속 머무르게 하는 것이 비용이 적게 들 것이다. 따라서 항공료 a와 숙박비 b의 값에 따라서 상황이 달라진다고 할 수 있다.

시사회 개최 시간이나 항공편의 일정에 의해서 한 감독이 3일 연속으로 시사회를 개최할 때, 호텔에 3박으로 해야 되는 경우와 같을 때도 비슷한 방식으로 각 감독의 일정을 계획할 수 있다.

비용의 합이 최소가 되기 위해서는 각 감독에게 들어가는 비용이 최소가 되어야 한다. 각 감독에게 들어가는 비용은 항공료와 숙박비의 대소 관계에 따라 달라진다.

PART 6 기본 도형과 삼각법

1장 ❘ 기본 도형과 삼각법　　pp. 209~210

1

(1) 남산 타워를 바라본 각도를 α, 남산의 정상을 바라본 각도를 β, 영희 집의 해발 고도를 x라고 하면 남산 타워의 높이 h는 다음과 같다.

$$h=(H-x)\left(\frac{\tan\alpha}{\tan\beta}-1\right)$$

(2) 같은 열 12층에 사는 친구 집에서 남산 타워를 바라본 각도를 γ, 남산의 정상을 바라본 각도를 δ, 8층과 12층 사이의 높이를 y, 남산과 12층의 높이의 차를 d라고 하면,

$$d=y\cdot\frac{\tan\delta}{\tan\beta-\tan\delta}$$

이다. 그러므로 8층을 해수면으로 간주하고 (1)의 방법을 적용하면 남산 타워의 높이 h는

$$h=d\cdot\left(\frac{\tan\gamma}{\tan\delta}-1\right)$$

$$=y\cdot\frac{\tan\delta}{\tan\beta-\tan\delta}\left(\frac{\tan\gamma}{\tan\delta}-1\right)$$

이다.

(3) 불가능하다. 주어진 자료만으로는 (1)과 (2)에서처럼 남산 정상과 8층의 해발 고도의 차이가 유일하게 결정되지 않는다. 따라서 이 차이가 유일하게 결정되기 위해서는 다른 정보가 더 필요하다. 예를 들어, 영희 집을 A, 친구 집을 B, 그리고 영희네 집과 해발 고도가 같은 남산의 한 지점을 C라 하면 삼각형 ABC에서 $\angle A$, $\angle B$가 추가로 주어지면 남산 타워의 높이를 결정할 수 있다.

친구 집에서 남산 타워를 바라본 각도를 γ, 남산의 정상을 바라본 각도를 δ, 남산 정상과 8층의 해발 고도의 차이를 d라 하면 $\overline{AC}=\dfrac{d}{\tan\beta}$, $\overline{BC}=\dfrac{d}{\tan\delta}$

영희 집과 친구 집 사이의 수평 거리 $\overline{AB}$를 c라 하면, 제일코사인법칙에 의해

$$c=\overline{AC}\cos A+\overline{BC}\cos B$$

$$=\frac{d}{\tan\beta}\cos A+\frac{d}{\tan\delta}\cos B$$

$$\therefore d=c\cdot\frac{\tan\beta\tan\delta}{\cos A\tan\delta+\cos B\tan\beta}$$

이다. 따라서 (1)의 공식을 적용하면 남산 타워의 높이는

$$h=d\cdot\left(\frac{\tan\gamma}{\tan\delta}-1\right)$$

$$=c\cdot\frac{\tan\beta\tan\delta}{\cos A\tan\delta+\cos B\tan\beta}\left(\frac{\tan\gamma}{\tan\delta}-1\right)$$

이다.

2

B를 원점으로 놓고, 선분 BC를 x축의 양의 방향으로 놓자.

$\angle B=\theta$, $\angle C=\alpha$라 하고

$\overline{AB}=a$, $\overline{BC}=b$, $\overline{CD}=c$라 하면 삼각비의 정의에 의하여

$A(a\cos\theta,\ a\sin\theta)$,

$D(b+c\cos(\pi-\alpha),\ c\sin(\pi-\alpha))$

$=D(b-c\cos\alpha,\ c\sin\alpha)$

이고 따라서

$$\overline{AD}=\sqrt{(a\cos\theta-b+c\cos\alpha)^2}$$
$$+\sqrt{(a\sin\theta-c\sin\alpha)^2}$$

이다.

3

(1)

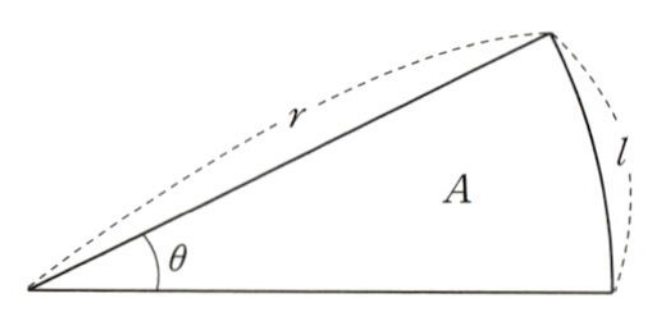

위의 그림에서처럼 부채꼴의 넓이 A는

$$A=\frac{1}{2}rl=\frac{1}{2}r^2\theta\ \text{로 주어진다. 만약 시간당 돌아}$$

간 각이 일정하다면, 즉 $\dfrac{\theta}{t}$가 일정하다면

$$\frac{A}{t}=\frac{1}{2}r^2\frac{\theta}{t}\ \text{가 일정하다, 즉 면적 속도 일정의 법}$$

칙이 성립한다.

(2)

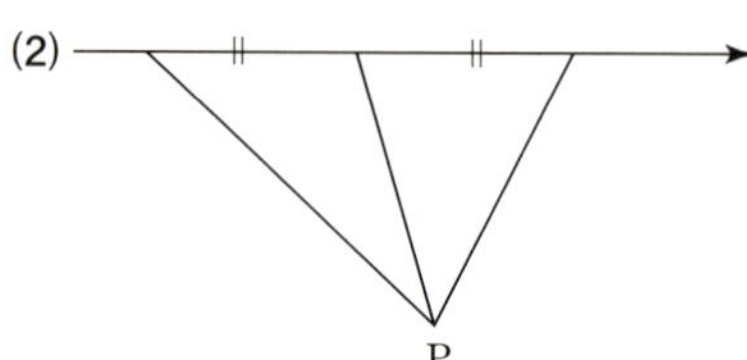

위의 그림에서처럼 직선을 따라 움직이는 물체라도 직선 밖의 한 점 P에서 보면 직선상의 물체와 점 P를 잇는 선분과 직선상의 어떤 기준점(예를 들어 점 P에서 직선에 내린 수선의 발)과 점 P를 잇는 선분이 이루는 각이 계속 변하므로 회전 운동을 한다고 볼 수 있다.

또한 일정한 속도로 직선 운동하고 있다면 위의 그림에서처럼 같은 거리를 움직이는 데 걸리는 시간이 같다는 뜻이다. 그런데 점 P를 꼭지점으로 하여 만들어진 두 삼각형은 같은 높이와 같은 밑변을 가지고 있으므로 넓이가 같다. 그러므로 시간당 휩쓸고 지나간 넓이가 같다, 즉 면적 속도가 일정하다고 말할 수 있다.

1

(1) 함수 $f(n)$을 다음과 같이 정의하면 자연수 집합에서 정수 집합으로의 일대일 대응이다.

$$f(n)=\begin{cases} -\dfrac{n-1}{2} & (n\text{이 홀수일 때}) \\[2mm] \dfrac{n}{2} & (n\text{이 짝수일 때}) \end{cases}$$

따라서 정수 전체의 집합은 셀 수 있는 집합이다.

(2) 다음 그림과 같은 점열 $\mathrm{P}_1(1,1)$, $\mathrm{P}_2(2,1)$, $\mathrm{P}_3(1,2)$, $\mathrm{P}_4(3,1)$, $\cdots$에 대해서 x, y좌표의 합이 일정한 점끼리 묶는 군수열을 생각하자.

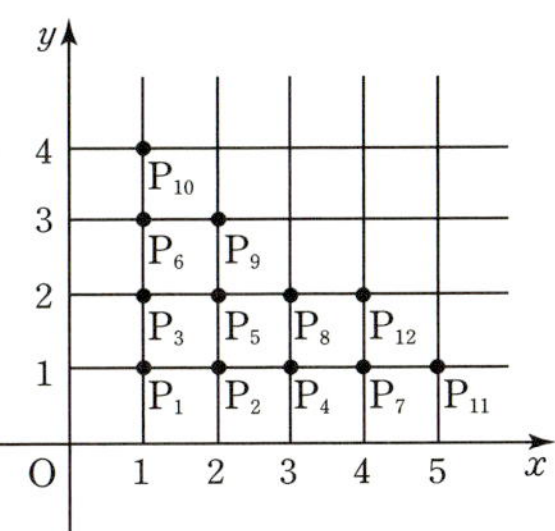

제1군 : $\mathrm{P}_1(1,1)$

제2군 : $\mathrm{P}_2(2,1)$, $\mathrm{P}_3(1,2)$

제3군 : $\mathrm{P}_4(3,1)$, $\mathrm{P}_5(2,2)$, $\mathrm{P}_6(1,3)$

$$\vdots \qquad \vdots$$

n번째 점 $\mathrm{P}_n(x,y)$가 m군의 k번째라면,

$$\dfrac{(m-1)m}{2}<n\leq\dfrac{m(m+1)}{2} \qquad \cdots\cdots \text{㉠}$$

$$k=n-\dfrac{(m-1)m}{2} \qquad \cdots\cdots \text{㉡}$$

㉠, ㉡을 만족하는 m, k에 대하여 $\mathrm{P}_n(x,y)$의 좌표는 $(m-k+1, k)$이다.

따라서 $f(n)=(m-k+1, k)$로 정의하면, 함수 $f(n)$은 자연수에서 제1사분면의 정수점들

로의 일대일 대응이다. 따라서 제1사분면 위에 있는 정수점들의 집합은 셀 수 있는 집합이다.

2

서로 다른 r개의 물건을 5개의 상자 안에 분배하는 모든 경우의 집합을 S라 하자. 전체집합 U에서 상자 i가 비어 있는 경우의 집합을 A_i라 하자. 그러면 적어도 한 상자가 빈 경우의 수는 $n(A_1\cup\cdots\cup A_5)$이다.

$n(S)=5^r$, $n(A_i)=4^r$ (각각의 물건을 서로 다른 4개의 상자 중 한 개의 상자 안에 분배하는 경우의 수), $n(A_i\cap A_j)=3^r$, $\cdots$임을 알게 된다. 그러므로 다음이 성립한다.

$$n(A_1\cup A_2\cup A_3\cup A_4\cup A_5)$$
$$=\sum_{i=1}^{5}n(A_i)-\sum_{1\leq i<j\leq 5}n(A_i\cap A_j)$$
$$+\sum_{1\leq i<j<k\leq 5}n(A_i\cap A_j\cap A_k)$$
$$-\sum_{1\leq i<j<k<l\leq 5}n(A_i\cap A_j\cap A_k\cap A_l)$$
$$+(-1)^{5-1}n(A_1\cap A_2\cap\cdots\cap A_5)$$
$$={}_5\mathrm{C}_1 4^r-{}_5\mathrm{C}_2 3^r+{}_5\mathrm{C}_3 2^r-{}_5\mathrm{C}_4 1^r+0$$

3

방이 4개이므로 어른이 최대 8명까지 투숙이 가능하다. 조건 (바)에 의해 다음 3가지 경우가 가능하다. (어른, 아이)=(8명, 4명), (6명, 3명), (4명, 2명) 조건 (나)에 의해 모든 사람의 합은 홀수이어야 하므로 어른 6명, 아이 3명이어야 한다.

조건 (라)로부터 2호실과 4호실에는 각각 1명과 3명 혹은 3명과 1명이 투숙해야 하는데(2명과 2명은 조건 (나)에 의해 불가능하다.) 네 개의 방에는 어른이 반드시 1명 이상 있어야 하므로(어른이 2명씩 세 방에 투숙을 하게 되면 한 방에는 아이만 3명

들어가야 하는데 조건 (가)에 위배된다.) 조건 (사)로부터 2호실에는 1명, 4호실에는 3명이 들어가야 한다. 이때 다시 조건 (가)에 의해 4호실에는 어른 2명과 아이 1명이 투숙하고 있다. 이상의 결과를 표로 만들면 다음과 같다.

	1호실	2호실	3호실	4호실
어른		1명		2명
아이				1명

남은 어른이 3명이고 최대 2명까지 들어갈 수 있으므로 1호실과 3호실에는 각각 어른 2명, 어른 1명 또는 어른 1명, 어른 2명이 들어가야 한다.

(i) 1호실에 어른 1명, 3호실에 어른 2명이 들어갔다고 가정하면 아이 2명을 1호실과 3호실에 배정해야 하는데 조건 (가)에 의해 아이의 수는 어른의 수를 넘을 수 없으므로 1호실에 아이 1명, 3호실에 아이 1명이 들어간다. 이럴 경우 3호실과 4호실의 사람수가 같아져서 조건 (사)에 위배된다.

(ii) 1호실에 어른 2명, 3호실에 어른 1명이 들어갔다고 가정하면 1호실에 아이가 1명, 3호실에 아이가 1명 들어가면 모든 조건을 만족시킨다.

그러므로 3호실에는 어른 1명, 아이 1명이 들어가 있다.

4

편의상 참가자를 P_1, P_2, $\cdots$, P_{1985}로 나타내자.

만약 P_1이 나머지 1984명의 참가자 전원과 적어도 한 가지의 언어를 동시에 알고 있다면 P_1이 아는 언어의 종류는 5개 이하이고 $\dfrac{1984}{5} > 200$이므로 비둘기집의 원리에 의해 증명이 끝난다. 따라서 P_1은 나머지 1984명의 참가자 중 적어도 1명과 동시에 아는 언어가 없는 경우를 생각하면 된다.

일반성을 잃지 않고 P_1, P_2가 서로 동시에 아는 언어가 없다고 가정하자. 어느 세 사람이 모이면 적어도 두 명은 동시에 아는 언어가 있으므로 P_3, P_4, $\cdots$, P_{1985}의 각각은 P_1, P_2 중 적어도 한 명과는 동시에 아는 언어가 있다. $\dfrac{1983}{2} > 991$이므로 비둘기집의 원리에 의해 P_1, P_2 중 한 명은 적어도 P_3, $\cdots$, P_{1985} 중 992명과 동시에 아는 언어가 있다.

일반성을 잃지 않고 P_1이 992명과 동시에 아는 언어가 있다고 하면, $\dfrac{992}{5} > 198$이므로 P_1은 적어도 199명의 참가자와 같은 언어를 안다.

따라서 P_1을 포함하면 참가자 중 적어도 200명은 같은 언어를 안다.

5

(귀류법) 결론이 성립하지 않는 $n \geq 5$가 존재한다고 가정하고, 그러한 n 중 최소의 것을 편의상 n이라 하자.

결론이 성립하지 않으려면 어느 2개의 위원회를 취해도 공통된 2명의 회원을 갖거나 공통의 회원을 전혀 갖지 않아야 한다. 이때 $(n+1)$개의 위원회는 각각 3명의 회원을 가지므로 $(3n+3)$개의 자리가 있다고 할 수 있고, $\dfrac{3n+3}{n} > 3$이므로 비둘기집의 원리에 의해 n명의 회원 중 적어도 1명은 4개 이상의 위원회에 속하게 된다.

이 회원을 A라 하고, 이 회원이 속하는 위원회를 r_1, r_2, $\cdots$, r_k $(k \geq 4)$라 하자.

만약 r_1이 회원 A, B, C로 구성되어 있고, r_2가 회원 A, B, D로 구성되어 있다면 r_3은 회원 A, B를 반드시 포함해야 한다. 만약 그렇지 않다면 r_3은 자동적으로 회원 A, C, D로 구성되어야 하고, 이들 $(k+2)$명의 회원 A, B, C_1, $\cdots$, C_k는 k개의 위원회 r_1, r_2, $\cdots$, r_k에만 속해야 한다. (그렇지 않은 경

우 1명의 회원만을 공유하는 두 위원회가 존재하게
된다.)

따라서 나머지 $n-(k+2)$명의 회원들로 $(m+1-k)$
개의 위원회를 구성해야 한다. 즉, $n-(k+2)=m$
이라 하면 m명의 회원들로 $(m+3)$개의 위원회를
구성해야 한다. 그러나 $m<n$이고 n은 귀류법의
가정에 맞게 위원회를 만들 수 있는 최소의 회원
수이다. 곧, m명의 회원들로는 $(m+1)$개의 위원
회도 만들 수 없으므로 모순이다.

6

17인의 국방 담당 대표 중의 한 사람 A가 있어서,
그는 16인의 다른 나라 국방 담당 대표와 3종류 문
제점에 관해서 논의를 하므로 비둘기집의 원리에

의하여 $\dfrac{16-1}{3}+1=6$이니까, 문제점 X, Y, Z 중

어떤 특정 문제점 하나에 관하여만 A와 논의하는
6인의 다른 나라 국방 담당 대표들이 반드시 존재
한다.

이제 이들이 논의하고 있는 특정 문제를 X라고 하
여도 일반성을 잃지 않는다.

X에 관하여 논의하고 있는 이들 6인 (A를 제외
한) 중에서

(i) 만약 어느 두 사람이 X를 논의하고 있다면, 그
두 사람과 A는 모두 같은 문제 X를 논의하고 있는
세 사람이라고 볼 수 있다.

(ii) 만약 이들 6인끼리 절대로 X를 논의하지 않고
Y, Z에 관해서만 논의를 하고 있다면, 이들 중에
는 Y만 논의하고 있는 세 사람 이상이 있거나 또는
Z만 논의하고 있는 세 사람이 반드시 있게 된다.

(i), (ii)에 의하여 문제에서 요구하는 바가 증명되었다.

1

(i) 복소수의 필요성

$x^2+1=0$의 근은 실수 범위에 포함되지 않는다.
따라서 (실계수) 다항방정식의 근을 나타내는 실수
를 확장한 어떤 수(복소수)가 필요하게 된다.

(ii) 실수와 복소수의 차이점

① 실수끼리는 대소 비교가 가능하지만 복소수는
　불가능하다.

　㉐ 0과 1, 0과 i

② 실수 범위에서는 (실계수) 다항방정식의 근이 존
　재하지 않을 수도 있지만 복소수 범위에서는 항
　상 존재한다.

　㉐ $x^4+4=0$의 실근은 존재하지 않으나, 복소
　　수 근 $1\pm i$, $-1\pm i$가 존재한다.

③ 실수는 수직선상의 한 점과 일대일 대응이 되
　고, 복소수는 좌표평면상의 한 점과 일대일 대
　응이 된다.

　$a+bi \iff (a,\,b)$

④ 실수끼리는 순서가 있지만, 복소수는 순서를 정
　할 수 없다.

　㉐ 1, 2, 3 (실수) $i, i+1, i-1$ 등

2

(1) A3 용지의 넓이는 $297 \times 420 = 124{,}740\,(\mathrm{mm}^2)$
로 이것을 두 배하면 A2 용지의 넓이가 되고 A0
용지는 A3 용지의 8배이므로
$124{,}740 \times 8 = 997{,}920\,(\mathrm{mm}^2)$로 거의 정확하게
$1\mathrm{m}^2$이다. 마찬가지로 B0 용지의 넓이는 $1.5\mathrm{m}^2$임을
알 수 있다.

(2) A4 용지의 경우 세로와 가로의 비율은

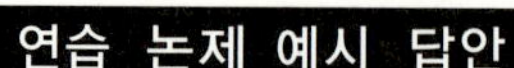

$297 \div 210 = 1.414\,(\mathrm{mm})$이고 A3 용지 역시 $420 \div 297 = 1.414$이다. 이는 B4 용지 혹은 B5 용지에서도 그대로 성립한다는 것을 알 수 있다. 즉, 가로와 세로의 비율이 $1 : \sqrt{2}$이다.

가로와 세로의 비율을 이처럼 만들면 세로의 길이를 반으로 잘라 내어 넓이가 반이 되더라도 가로와 세로의 비율은 $\dfrac{\sqrt{2}}{2} : 1 = 1 : \sqrt{2}$가 된다. 독일 공업 규격 위원회 위원들은 넓이를 반으로 만들어도 계속해서 닮은 직사각형이 되도록 하기 위해서 이러한 규격을 만들었다고 볼 수 있다. 이러한 규격은 종이의 낭비를 없앨 수 있어 실용적이다.

3

문제에서는 $x + y \geq 2\sqrt{xy}$이고, $\dfrac{1}{x} + \dfrac{4}{y} \geq 2\sqrt{\dfrac{4}{xy}}$ 이므로

$$(x+y) \cdot \left(\dfrac{1}{x} + \dfrac{4}{y} \right) \geq 2\sqrt{xy} \times 2\sqrt{\dfrac{4}{xy}} = 8$$

임을 이용했다.

그런데 최소값이 8이 되기 위해서는 등호가 성립해야 한다. 즉, $x + y = 2\sqrt{xy}$가 성립하기 위한 조건은 $x = y$일 때이고, $\dfrac{1}{x} + \dfrac{4}{y} = 2\sqrt{\dfrac{4}{xy}}$가 성립할 조건은 $\dfrac{1}{x} = \dfrac{4}{y}$일 때이다. 하지만 $x = y$이면서 동시에 $\dfrac{1}{x} = \dfrac{4}{y}$를 만족하는 x, y의 값은 존재하지 않는다. 올바른 풀이는 다음과 같다.

$$(x+y) \cdot \left(\dfrac{1}{x} + \dfrac{4}{y} \right) = 1 + 4 \cdot \dfrac{x}{y} + \dfrac{y}{x} + 4$$

$$\geq 2\sqrt{4 \cdot \dfrac{x}{y} \cdot \dfrac{y}{x}} + 5 = 9$$

따라서 큰 정사각형의 넓이의 최소값은 9이며 그 때의 x, y의 값은 $4 \cdot \dfrac{x}{y} = \dfrac{y}{x}$일 때이므로 $y = 2x$이다.

4

(1) 전체 들어온 양은 450, 전체 나가는 양은 $x + y + 100$이므로 $450 = x + y + 100$ 곧 $x + y = 350$이다.

왼쪽 로터리로 들어오는 양은 300이고 x로 나가는 양은 150이다. 그러므로 $D \to E$로 나가는 양은 150이다. (나가는 양의 합도 300이어야 한다.)

(2) x와 y의 관계식은 $x + y = 350$이다.

(i) x로 나가는 양이 0일 때 $D \to E$로 나가는 양은 300이다. 오른쪽 로터리로 들어오는 양은 450이다.

$\therefore y = 350 \; (\because 300 + 150 = 350 + 100)$

(ii) x로 나가는 양이 300일 때 $D \to E$로 나가는 양은 0이다. 오른쪽 로터리로 들어오는 양은 150이다.

$\therefore y = 50 \; (\because 150 = 50 + 100)$

(i), (ii)에 의해 y값의 범위는 다음과 같다.

$50 \leq y \leq 350$

곰TV와 함께하는
호랑이 통합 논술

수리 논술 1

1판 1쇄 찍음 2007년 11월 14일
1판 1쇄 펴냄 2007년 11월 21일

지은이　　신준호 · 정연수
편집인　　이지연
발행인　　박근섭
펴낸곳　　민음in

출판등록　　1996. 5. 3 (제16-1305호)
주소　　135-887 서울 강남구 신사동 506 강남출판문화센터 5층
전화　　영업부 515-2000 / 편집부 3446-8773 / 팩시밀리 515-2007
홈페이지　　www.minumin.com

값 15,000원

ⓒ (주)황금가지, 2007. Printed in Seoul, Korea

ISBN 978-89-6017-033-9 54410
ISBN 978-89-6017-032-2 (세트)

＊ 민음in은 민음사 출판 그룹의 새로운 브랜드입니다.